全国高职高专规划教材——工学结合教材

园艺植物种苗生产技术

顾　绘　殷琳毅　主编

中国环境出版集团·北京

图书在版编目（CIP）数据

园艺植物种苗生产技术/顾绘，殷琳毅主编. — 北京：中国环境出版集团，2016.5（2019.8 重印）
全国高职高专规划教材. 工学结合教材
ISBN 978-7-5111-2790-7

Ⅰ. ①园… Ⅱ. ①顾… ②殷… Ⅲ. ①园林植物—育苗—高等职业教育—教材 Ⅳ. ①S680.4

中国版本图书馆 CIP 数据核字（2016）第 096828 号

出 版 人　武德凯
责任编辑　孟亚莉
责任校对　任　丽
封面设计　宋　瑞

出版发行　中国环境出版集团
（100062　北京市东城区广渠门内大街 16 号）
网　　址：http://www.cesp.com.cn
电子邮箱：bjgl@cesp.com.cn
联系电话：010-67112765（编辑管理部）
010-67112735（第一分社）
发行热线：010-67125803，010-67113405（传真）

印　　刷　北京市联华印刷厂
经　　销　各地新华书店
版　　次　2016 年 5 月第 1 版
印　　次　2019 年 8 月第 2 次印刷
开　　本　787×960　1/16
印　　张　20.75
字　　数　390 千字
定　　价　38.00 元

编审人员

主　编　顾　绘（南通科技职业学院）

　　　　殷琳毅（南通科技职业学院）

副主编　戴云新（南通蔬菜科学研究所）

　　　　毛　丽（南通市园艺站）

　　　　周蒋陈（南通科技职业学院）

　　　　周婷婷（南通科技职业学院）

　　　　袁玉娟（南通科技职业学院）

编　者　张　熹（南通科技职业学院）

　　　　陈美丽（南通科技职业学院）

　　　　尹升华（如皋禾盛现代农业园）

　　　　张丹丹（南通佳富隆园艺有限公司）

主　审　杨献娟（南通科技职业学院）

序　言

工学结合人才培养模式经由国内外高职高专院校的具体教学实践与探索，越来越受到教育界和用人单位的肯定和欢迎。国内外职业教育实践证明，工学结合、校企合作是遵循职业教育发展规律，体现职业教育特色的技能型人才培养模式。工学结合、校企合作的生命力就在于工与学的紧密结合和相互促进。在国家对高等应用型人才需求不断提升的大环境下，坚持以就业为导向，在高职高专院校内有效开展结合本校实际的“工学结合”人才培养模式，彻底改变了传统的以学校和课程为中心的教育模式。

《全国高职高专规划教材——工学结合教材》丛书是一套高职高专工学结合的课程改革规划教材，是在各高等职业院校积极践行和创新先进职业教育思想和理念，深入推进工学结合、校企合作人才培养模式的大背景下，根据新的教学培养目标和课程标准组织编写而成的。

本套丛书是近年来各院校及专业开展工学结合人才培养和教学改革过程中，在课程建设方面取得的实践成果。教材在编写上，以项目化教学为主要方式，课程教学目标与专业人才培养目标紧密贴合，课程内容与岗位职责相融合，旨在培养技术技能型高素质劳动者。

前　言

目前，南通科技职业学院正处于江苏省示范性高等职业院校建设之中。在示范院校建设过程中，学院坚持以人为本、以服务为宗旨，以就业为导向，紧密围绕行业和地方经济发展的实际需求，致力于积极探索和构建行业、企业、学院三方共同参与的高职教育运行机制。在此基础上，人才培养模式创新为改革的切入点，推动专业建设，引导课程改革。

在课程建设与改革中，我们坚持以职业岗位核心能力为基础，以课程和教学方法改革为切入点，坚持将行业标准和职业岗位要求融入课程教学之中，使课程教学内容与职业岗位能力融通、与生产实际融通、与行业标准融通、与职业资格证书融通。同时，强化课程教学内容的系统化设计，协调基础知识培养与实践动手能力培养的关系，增强学生的可持续发展能力。

园艺发展需要大量的种苗，毫无疑问，优质的种苗是保证园艺植物生产优质高产的前提。

本教材是《园艺植物种苗生产技术》课程团队与南通市蔬菜科学研究所、南通市绿化造园总公司等校企合作单位，根据南通、上海等长三角周边地区园艺植物种苗生产行业的实际情况，以园艺植物种苗生产职业岗位对园艺专业学生的综合素质（知识、技能及素质）要求为依据，制订编写大纲。教材内容包括园艺植物种苗基础理论知识、实生苗培育、扦插苗培育、嫁接苗培育、分株苗培育、压条苗培育、组织培养技术、工厂化育苗八个方面。在内容安排上力求体现先进性、应用性、实践性和实效性，注重学生职业能力的培养。针对种苗生产实践性、应用性强的特点，我们在编写原则上以基本知识够用，重点突出技能操作和实训环节。

本教材充分反映了本地区园艺植物种苗生产领域的新知识、新成果、新技术、新方法、新材料等。除作为高职院校园艺技术专业教学使用外，也可作为园林等专业教学使用及园艺技术人员和生产者参考使用。

在教材的编写过程中，得到了学院、系部以及种苗生产企业（基地）一线技术人员的大力支持，在此一并表示感谢。同时，由于编写时间紧、任务重，编者水平所限，本书难免有不妥之处，敬请广大读者提出宝贵意见。

《园艺植物种苗生产技术》编写团队

2014 年 12 月

目　录

项目一　走进园艺植物种苗生产

学习目标

知识目标　了解园艺植物种苗生产的内涵、意义；认识园艺植物不同的育苗类型；识别不同类别的园艺植物苗圃。了解当前园艺植物种苗生产现状。

能力目标　掌握不同类型园艺植物苗圃的特点，掌握不同类别的园艺植物育苗的特点。能正确评价园艺植物种苗的生产概况和趋势。能进行简单的苗圃规划。

学习任务描述

本项目的主要任务有三项：了解园艺植物种苗生产的内容和意义；掌握不同园艺植物苗圃的类型；掌握不同类别的园艺植物苗圃特点。

学习环境

要完成本项目学习任务，必须具备以下条件：

教学环境　多媒体教室、不同类型的园艺苗圃基地。

教学工具　多媒体资料、影像资料、现代种苗生产基地企业网站等。

师资要求　专职教师、苗圃基地技术人员。

任务一　认识园艺植物种苗生产

一、种苗生产和园艺植物苗圃概念

种苗是果树、花卉和蔬菜生产的基础，种苗质量的好坏直接影响果树的结果、蔬菜的产量、质量以及造林绿化和园林绿化的成败。种苗生产是农业生产实践中一个极其关键的环节，是指从播种到定植时的全部作业过程。它涉及苗圃的建立、苗床的准备、种子的播前处理、播种、浇水、施肥、移植等一系列的管理，一直到秧苗定植时为止。目前，大多数园艺植物多采用集中育苗再移植的方式，如矮牵牛、一串红、番茄、辣椒等。

园艺植物苗圃是农业生产、城市绿化和生态建设培育各种园艺植物材料的重要基地，即以蔬菜、花卉、果树、园林树木繁育为主，并从传统的露地生产和手工操作方式向设施化、智能化方向发展，成为园艺植物的工厂。同时又是园艺植物新品种引进、选育、繁殖的重要场所。

二、种苗生产的意义

（1）提高种苗质量，保证丰产、稳产；
（2）便于集约化管理，提高劳动效率；
（3）减少作物占地时间，方便茬口安排；
（4）节约种子（比直播节约 1/3～1/2）；
（5）有利于花期调控，均衡供应。

三、种苗生产发展概况和趋势

1. 发展概况

我国是最早运用育苗技术的国家之一，但设施育苗、现代化育苗起步较晚。
（1）20 世纪初，冷床（阳畦）育苗；
（2）20 世纪 60 年代，薄膜的应用，温床育苗；
（3）20 世纪 80 年代后，电热线育苗、温室育苗、工厂化育苗。
（4）21 世纪以来，现代化、工厂化育苗。

2. 发展趋势

（1）电热线育苗发展迅速；
（2）容器育苗、无土育苗占比增加；
（3）组织培养育苗在无性繁殖园艺作物上的应用越来越广泛；
（4）逐步实现育苗工厂化、集约化。

想一想：为什么要建立种苗生产？结合当地生产实际，种苗生产的现状如何？

任务二　识别园艺植物育苗的类型

（1）根据育苗场地分为：露地育苗、保护地育苗、工厂化育苗。

（2）根据育苗的材料分为：有性繁殖——种子育苗；无性繁殖（营养繁殖）——扦插、嫁接、组培、分生、压条等。

（3）根据温度控制分为：常温育苗；加温育苗（温床、塑料棚、温室等）；降温育苗（遮阴育苗）。

（4）根据护根方式分为：非容器育苗——苗床育苗；容器育苗——纸钵、草钵、营养钵、塑料盘、穴盘育苗等。

（5）根据应用苗床形式分为：无土育苗——基质、营养液、岩棉、蛭石、珍珠岩等；有土育苗——营养土。

（6）根据苗床覆盖材料分为：风障、草帘、玻璃、油报纸、地膜、棚膜、遮阳网、无纺布覆盖育苗等。

（7）根据育苗季节分为：早春育苗、夏秋育苗、冬春育苗。

任务三　识别园艺植物苗圃种类

一、果树苗圃

因地制宜、适当改良建立苗圃。确定果树苗圃时，应注意以下事项。

（一）选择适宜地段

果树苗圃最好是选背风向阳、土壤肥沃平坦、排灌自如、交通便利的地段。土质一般以砂质壤土和轻黏壤土为宜。黏重土渗水力差，易板结，春季地温上升慢，幼苗生长慢。过于疏松的沙壤土，易干旱，不利种子出苗。土壤 pH 以微酸为好。对 pH 要求严格的种类，要进行 pH 调整。肥沃平地作苗圃，地下水位应在 1～1.5 m 以下。地下水位高的低地，要做好排水工作。果树幼苗出圃前不要大肥大水，以防徒长。坡地作苗圃，坡度不要超过 30°～50°。坡度大，应先修梯田。在风沙地作苗圃，播种覆土后要进行镇压，并在播种沟上起一条高约 6 cm 的保墒防寒土埂，待部分种子发芽出土时，去掉土埂。在病虫害较严重的地区建立苗圃，必须采取防治措施。

（二）圃地的合理规划

苗圃地确定之后，还应根据苗圃的性质和任务分区。现代专业果树苗圃的分区主要包括母本园、繁殖区两大部分及道路、排灌、房舍建筑规划。

（1）母本园　主要用于提供繁殖材料，如优良品种接穗和插条、砧木种子、实生果苗种子。母本品种应和砧木、品种区域化的要求一致。

（2）繁殖区　根据所培育的苗木种类分为实生苗培育区、自根苗培育区和嫁接苗培育区。为了耕作管理方便，最好结合地形采用长方形划区。一般长度不短于 100 m，宽度可为长度的 1/3～1/2，也可以亩（1 亩=666.67 m^2）为单位。

（3）道路　结合规划区进行设置。主干道路为苗圃中心与外部联系的主要道路，宽度 6 m 左右。支路可结合大区划分进行设置。大区分成若干小区，可分设若干小路或步行路。

（4）灌排系统和防护林　结合地形及道路统一规划设置，以节约用地。沟渠比例不宜过大，通常不超过 1‰，以减少冲刷。

防护林带的设置，依苗圃的大小和风害程度而异。一般小型苗圃与主风方向垂直设一条林带；中型苗圃在四周设置林带；大型苗圃除设置周围环圃林带外，并在圃内结合道路等设置与主风方向垂直的辅助林带。如有偏角，不应超过 30°。林带的结构以乔、灌木混交半透风式为宜，既可降低风速又不会因过分紧密而形成风的涡流。林带宽度和密度依苗圃面积、气候条件、土壤和树种特征而定，一般主林带宽 8～10 m，株距 1.0～1.5 m，行距 1.5～2.0 m；辅助林带多为 1～4 行乔木即可。

（5）房舍建筑　包括办公室、宿舍、农具室、种子储藏室、化肥农药室、包装工棚、厩舍等。房舍建筑应选位置适中、交通方便的地点。

（三）整地作畦

苗圃应在秋季深翻熟化，增加活土层。以耕深 25～30 cm 为宜。如为黏土应掺砂子，砂土可掺黏土，以改良土壤理化性状。作畦时，一般畦长为 10 m，每亩作 50 个左右。结合作畦，每亩施有机肥 5 000 kg，混以适量的杀虫剂，防止地下害虫，并将肥料翻入土中，整平待用。

果园苗圃如图 1-1、图 1-2 所示。

图 1-1　通州葡萄苗圃

图 1-2　海安梨树苗圃

二、蔬菜苗圃

蔬菜种子的发芽及幼根的生长，对环境条件的要求比果树更严格，建立苗圃时，应注意以下几点。

（一）蔬菜苗圃的选择

阳光充足、土壤肥沃、排灌方便、适当通风是蔬菜苗圃地的基本要求。蔬菜露地苗圃常为大田边角，可通过改良菜园来改良土壤。大面积苗圃，应另设苗圃基地。圃地要有深厚的土层，地下水位应在 1 m 以下。表土层是壤土或沙壤土，土层厚度应在 30 cm 以上，并含丰富的腐殖质而成团粒结构。土壤 pH 应在 6.5～7.5。

（二）播种圃与分苗圃的合理搭配

播种圃，指播种的圃地。由于一般播种较密，幼苗出土后拥挤，必须将幼苗从播种床中起出移栽到另外的苗圃，以扩大营养面积（行株距）和促进侧根的发生。这种用于扩大行株距的栽植苗圃称分苗圃。蔬菜作物，如辣椒、茄子、番茄、甘蓝等常需分苗移栽。

一般播种圃与分苗圃按 1∶10 配置。

（三）苗床准备

在圃地建造苗床，一般是在播种前 15 d 左右耕翻整地。播种前几天，施足底肥，每亩施腐熟人畜粪尿 3 000～4 000 kg 或腐熟堆肥 2 000～3 000 kg、过磷酸钙 25～30 kg，氯化钾 10～15 kg（也可用 200～300 kg 草木灰代替），并使土肥充分混匀，然后开厢作畦。一般畦宽 1.3～6 m，长 8～10 m，以利操作和灌水均匀。四周需作土埂的苗床，埂宽 30 cm。露地苗床的走向没有严格要求。

蔬菜苗圃如图 1-3、图 1-4 所示。

图 1-3　南通市蔬菜科学所育苗温室

图 1-4　如皋禾盛现代农业园区育苗温室

三、园林苗圃

园林苗圃较之果蔬苗圃有不同的特点。从传统意义上讲，园林苗圃是为了满足城镇园林绿化建设的需要，专门繁殖和培育园林苗木的场所。它的任务是培育出满足城市绿化的各种植物材料，包括树木、花卉、草坪、盆景和人工造型的特殊园艺品种。

园林苗木是绿化的基础，其生产能力和状况在一定程度上左右着城市园林绿化的进程和发展方向。必须有足够数量的优质苗木。

近年来，园林苗圃发展较快：已建设组培苗工厂化生产基地；已应用组培繁殖技术及先进的生物技术进行苗木快速繁殖；已应用人工种子和种子大粒化技术、保护地育苗、全自控的温室育苗、容器育苗、无土育苗等现代育苗技术。

（一）园林苗圃的种类及特点

园林苗圃的分类一般依据苗圃的种植内容、苗圃面积、苗圃所在位置、苗圃育苗种类和苗圃的经营期限进行划分。

1．按种植内容划分

（1）园林苗木圃；

（2）景观花卉圃；

（3）草皮生产圃；

（4）种苗圃；

（5）综合性苗圃。

2．按园林苗圃面积划分

（1）大型苗圃：面积＞20 hm^2 以上。苗木种类齐全，拥有先进设施和大型机械设备，技术力量强，承担一定的科研和开发任务，生产技术和管理水平高，生产经营期限长；

（2）中型苗圃：面积为 3～20 hm^2。苗木种类多，设施先进，生产技术和管理水平较高，生产经营期限长；

（3）小型苗圃：面积在 3 hm^2 以下。苗木种类较少，规格单一，经营期限不固定，往往随市场需求变化更换苗木种类。

3．按园林苗圃所在位置划分

（1）城市苗圃：位于市郊或郊区，运输方便，苗木适应性强，成活率高，适宜珍贵的和不耐移植的苗木，以及露地花卉和节日摆放盆花；

（2）乡村苗圃（苗木基地）：土地成本和劳动力成本低，适宜生产城市绿化用量较大的苗木（绿篱大苗、花灌木大苗、行道树大苗）。

4．按园林苗圃育苗种类划分

（1）专类苗圃：面积较小，苗木种类单一。如专门生产果树嫁接苗、月季嫁接苗或专门利用组织培养技术生产组培苗等；

（2）综合苗圃：多为大、中型苗圃，苗木种类齐全，规格多样化，设施先进，生产技术和管理水平较高，经营期限长，技术力量强，往往将引种试验与开发工作纳入生产经营范围。

5．按园林苗圃经营期限划分

（1）固定苗圃（永久）：使用通常在 10 年以上，面积较大，苗木种类较多，机械化程度高，设施先进。大中型苗圃一般都是固定苗圃；

（2）临时苗圃：经营期限仅限于完成合同任务，以后往往不再继续经营园林苗木。

（二）园林苗圃的规划设计

园林苗圃的位置最好选在城市周围。园林苗圃的规划设计，设计原则按照五化苗圃：育苗良种化、灌溉管道化、作业机械化、管理科学化、苗木质量化的要求来进行，同时要兼顾：①利用与改造相结合；②立足近期，长远规划；③经济效益与社会效益、生态效益结合；④苗木生产与苗圃多种经营相结合。

设计用地规划时还应考虑以下几点。

1．育苗生产区

育苗生产区是苗圃的主要生产地。包括：

（1）引种驯化区：占育苗区面积的 3%～5%，可设在苗圃的一角。

（2）繁殖区：是保证苗木繁殖任务的关键部分。

（3）小苗区：是繁殖区的储备“仓库”。

（4）珍贵苗区：占地为育苗区面积的 20%～30%。

（5）大苗区。

2．辅助区

育苗生产区的辅助系统，包括：①圃路；②防风林；③灌排系统；④积肥场与粪库；⑤办公区。

3．整地与苗床准备

按整个苗圃土地总坡度进行削高填低，整成具有一定坡度的圃地。在圃地中，如果有盐碱土、砂土、重黏土或城市堆垫土等，应在苗圃建立时进行土壤改良工作。对盐碱地可采取开沟排水，引淡水冲盐碱，轻度盐碱可采用多施有机肥料、及时除草等措施；对重黏土则应采用掺砂的办法来逐年进行改良；对城市堆垫土应全部清除填好土。

园林苗圃如图 1-5～图 1-9 所示。

图 1-5 南通绿化造园总公司草花基地

图 1-6 薛窑校区绿化苗木育苗基地

图 1-7 如皋金阳组培苗生产基地

图 1-8 南通市蔬菜科学研究所蝴蝶兰育苗基地

图 1-9 港闸区久发凤梨育苗基地

技能训练

实训 1-1　不同类型的园艺植物苗圃调查

一、实训目的

不同类型的园艺植物苗圃，其特点和功能划分上都存在差异，通过对果树、蔬菜、园林苗圃的走访和观察，正确地掌握不同类型园艺植物苗圃的内容、特点等，为园艺植物苗圃规划、生产及管理打好基础。

二、实训材料与用具

校外种苗生产基地、果树苗圃、蔬菜苗圃、园林苗圃每个类型至少 1 家，相机、记录本等。

三、实训内容与方法

（1）通过走访、访问等形式，尽可能了解不同类型园艺植物苗圃的特点和内容等。

（2）及时对调查的种苗生产基地情况进行观察及调查，并完成相关情况记载（表 1-1）。

表 1-1　不同类型园艺植物苗圃调查记载表

调查基地名称	苗圃类型	种植面积	育苗品种	育苗设施	管理人数/人	成本/［元/（a·亩）］	产值/［元/（a·亩）］

四、作业

对调查情况进行总结分析，完成实训报告。

实训 1-2　苗圃规划设计

一、实训目的

通过课堂理论学习，课后不同类型实地走访，能按要求完成简单苗圃规划设计。

二、实训材料与用具

材料：新建苗圃或当地不同类型的园艺植物苗圃；苗圃规划设计资料；当地土壤、气候等资料；

用具：测量工具、绘图工具、相机等。

三、实训内容与方法

（1）做好规划设计前的准备工作

对当地苗圃类型、土壤、病虫害、气象等进行调查和资料收集。

（2）进行苗圃规划

主要包括生产用地的规划、辅助用地的规划。

（3）设计图的绘制及说明书的编写

①设计图的绘制。比例 1∶（500～2 000）。

②设计说明书的编写。

整个规划设计要求能因地制宜，科学、合理；比例恰当，图面清晰；方案具有现实性和可操作性。

四、作业

完成规划设计图及设计说明书。

实训 1-3　建立苗圃档案

一、实训目的

通过实训，使学生了解苗圃技术档案的要求、主要内容等，并能独立完成苗圃地档案的建立。

二、实训材料与用具

材料：本地区或学校周边苗圃、相关收集的资料；
用具：相机、笔记本、参考资料等。

三、实训内容与方法

（1）学校周边或南通本地苗圃参观、调查，记录和收集相关资料。

（2）图书馆、资料室等查阅相关资料，并对所收集的资料进行整理。

（3）填写有关苗圃档案表格（表 1-2～表 1-5）。

（4）建立苗圃地工作日记。主要内容有用工量，机具的利用和物资、农药、肥料的使用情况，核算成本等。

四、作业

填写表 1-2～表 1-5，建立苗圃地工作日记。

表 1-2　苗圃地利用情况

年度	品种	育苗方法	作业方式	整地情况	施肥情况	施除草剂情况	灌水情况	病虫害情况	产量、质量	备注

填表人：

表 1-3　育苗技术措施表

<table>
<tr><td colspan="2">品种：</td><td>苗龄：</td><td colspan="2">育苗年度：</td></tr>
<tr><td colspan="2">育苗面积：</td><td>育苗材料来源：</td><td colspan="2">繁殖方法：</td></tr>
<tr><td colspan="2">育苗材料品质：</td><td colspan="3">储藏方法：</td></tr>
<tr><td colspan="2">种子消毒催芽方法：</td><td colspan="3">前茬：</td></tr>
<tr><td rowspan="2">整地</td><td>耕地日期：</td><td>耕地深度：</td><td rowspan="2">使用工具和方法</td><td rowspan="2"></td></tr>
<tr><td>作床时间：</td><td>苗床面积：</td></tr>
<tr><td>项目</td><td>时间</td><td>种类</td><td>用量</td><td>方法</td></tr>
<tr><td>施基肥</td><td></td><td></td><td></td><td></td></tr>
<tr><td>土壤消毒</td><td></td><td></td><td></td><td></td></tr>
<tr><td>追肥</td><td></td><td></td><td></td><td></td></tr>
</table>

育苗	播种量： 扦插密度： 砧木： 移植苗龄：		播种时间： 扦插时间： 嫁接时间： 移植时间：		播种方法： 扦插方法： 嫁接方法： 移植方法：		覆土厚度： 成活率： 成活率： 成活率：	
覆盖	覆盖物：				覆盖起止时间：			
遮阴	遮阴物：				遮阴起止时间：			
间苗	时间		留苗密度		时间		留苗密度	
灌水								
中耕								
病虫害防治	名称	发生时间	防治日期	药剂名称	浓度	方法		
出圃	日期：		起苗方法：			储藏方法：		

育苗新技术应用情况：

存在的问题及改进意见：

填表人：

表 1-4　气象资料表

年份：　　　　　　　　填表人：

全年霜日______d，初霜出现在______月______日，晚霜出现在______月______日；冰日_____d，冰日出现在____月____日，终冰出现在_____月_____日；全年极端高温______℃，出现在____月____日，地表温度____℃，出现在_____月_____日；极端低温_____℃，出现在______月______日，地表温度_____℃，出现在_____月______日；全年气温稳定通过 10℃初期______月______日，终期______月______日，大于 10℃的年积温为_____℃，通过 15℃初期____月____日，终期____月____日；通过 20℃初期____月____日，终期____月____日。

月份	平均气温/℃				平均地表温/℃				蒸发量/mm				降水量/mm				相对湿度/%				日照/lx			
全年	平均	上旬	中旬	下旬	平均	上旬	中旬	下旬	平均	上旬	中旬	下旬	平均	上旬	中旬	下旬	平均	上旬	中旬	下旬	平均	上旬	中旬	下旬
1																								
…																								
12																								

表 1-5 苗木生产总表（ 年度）

调查次序	调查月日	标准地			前次调查各点合计株数	损失株数				现存株数	生长情况										灾害发生发展情况摘记
											苗高			苗粗			苗根		冠幅		
		行数	标准地	合计面积		病害	虫害	间苗	作业损失		较高	一般	较低	较粗	较细	株根长	根幅	根宽	一般	较窄	

表 1-6 苗圃地作业日记

年 月 日 星期 填表人：

品种	作业区号	育苗方法	作业方式	作业项目	人工	机工	作业量		物料使用量		工作质量	备注

知识拓展

园林苗圃设计图的绘制和设计说明书编写

一、绘制设计图前的准备工作

（1）明确苗圃的具体位置、圃界、面积、育苗任务、苗木供应范围；

（2）了解育苗的种类、培育的数量和出圃的规格；

（3）确定应有建圃任务书，各种有关的图面材料如地形图、平面图、土壤图、植被图等，收集有关其自然条件、经营条件以及气象资料和其他有关资料等。

二、绘制设计图

（1）在各有关资料收集完整后应对具体条件全面综合，确定大的区划设计方案，在地形图上绘出主要的道路、沟渠、林带、建筑区等位置；

（2）依其自然条件和机械化条件，确定最适宜的耕作区的大小、长宽和方向；

（3）根据各育苗的要求和占地面积，安排出适当的育苗场地，绘出苗圃设计草图；

（4）经多方征求意见，进行修改，确定正式设计方案，即可绘制正式设计图。

正式设计图的绘制，应依地形图的比例将道路、沟渠、林带、耕作区、建筑区、育苗区等按比例绘制，排灌方向要用箭头表示，在图外应列有图例、比例尺、指北方向，同时各区应加以编号，以便说明各育苗区的位置等。

三、编写设计说明书

园林苗圃设计的文字材料分总论和设计两个部分进行编写。图纸上表达不出的内容，都必须在说明书中加以阐述。

总论

主要叙述苗圃的经营条件和自然条件，分析其对苗圃生产经营的影响。

经营条件：苗圃所处位置，当地的经济、生产、劳动力情况及其对苗圃生产经营的影响；苗圃的交通条件、电力和机械化条件、周边环境条件、苗圃成品苗木供应的区域范围，对苗圃发展展望，建圃的投资和效益估算。

自然条件：地形特点、土壤条件、水源情况、气象条件、病虫草害及植被情况。

设计部分

苗圃面积的计算：各树种育苗及所有树种育苗所需土地、辅助用地面积计算。

苗圃的区划说明：作业区的大小、各育苗区的配置、道路系统的设计、排灌系统的设计、防护林带及防护系统（围墙、栅栏等）的设计、管理区建筑的设计、设施育苗区温室、组培室的设计等。

育苗技术设计：培育苗木的种类、培育各类苗木所采用的繁殖方法、苗木出圃技术要求。

各类苗木栽培管理的技术要点。

苗木基地的建造与管理

苗圃基地（又称苗木基地）是培育苗木的地方。根据苗圃基地内苗木的种类以及苗木生产的用途，可分为：森林苗圃基地、园林苗圃基地、果木苗圃基地、苗木苗圃基地、盆栽苗圃基地等。苗圃基地主要为城市绿化、园林绿化、庭院绿化等，提供各种苗木、盆景、大树。

一、苗圃建设

1．制订计划

苗圃基地的发展计划决定苗圃的发展方向和成败。因此，正式投资之前，一定要制订一个苗圃发展计划，计划主要应包括经费预算、生产计划、市场营销计划等。其中，以生产计划尤为重要，包括短期计划、恒久计划。短期计划即在特定时间内所要完成的目标；恒久计划即苗圃的长远规划、目标，如建成包括多年生宿根花卉、花灌木及各种乔木的大苗圃，以及建成以多年生草本花卉为主的专类苗圃。具体来说，生产计划主要包括苗圃的规模、苗圃的类型、苗木品种的挑选、繁殖计划、用工计划等。在苗圃筹建初期，营销计划并不非常重要。苗圃计划应尽量细致，在计划的施行过程中连续改正、完善，也要凭借市场的改变进行适时调整。

2．园地选择

苗圃所在地的选择非常重要。首先，要挑选交通便利地区，最好距核心都市较近或位于多个都市之间，同时要位于主要公路附近，进出苗圃的道路一定要好，能承受装载大树的载重汽车，有益于苗木的运输和出售。其次，最好靠近河流或大的水库，水源充分是苗木生长的要害，特别是以盆栽苗木为主的苗圃更是如此。如果是以地栽苗木为主的苗圃，还应考虑苗圃地的土壤质地、土壤肥力和酸碱度，一般来说，深厚、肥沃、有机质含量高的中砂质壤土合适种植多种园林绿化植物。与黏重、瘠薄的土壤相比，砂质壤土的土地地价或租金可能较高，但培育的苗木生长迅速，质量好，出圃快，可以尽快提早收益，获得较高的利润。

3．规模定位

所建苗圃的规模由所投资金决定。同时，苗圃的类型也决定苗圃的规模，如以零售为主的生产苗圃，所需用地较少，通常为 2～4 hm^2，而以非零售为主的生产苗圃用地较多，通常为几十公顷到几百公顷不等。在苗圃筹建初期，苗圃的规模有两种方式可供挑选。一种是苗圃的规模一次到位，即一次租用几十公顷到几百公顷，较短时间形成一定规模的苗圃，这种方式适合资金充分的投资者；另一种是先租一小块地，在地种满或是苗木长大需移苗时再租地扩张苗圃的面积，这样可以节省资金，适合资金少的投资者，但发展较慢，后期发展也容易受制约。以上两种方式各有利弊，因此，要依据所投资金和苗圃的发展方向确定苗圃的规模。

4．类型定位

在北美，苗圃的类型主要有两种分类方式：一种是按苗木的种植方式分类，主要分为田间种植生产苗圃和容器栽培生产苗圃，田间种植苗圃也包括一些小的容器苗和自根苗的生产。容器栽培生产苗圃的苗木主要种植在塑料容器中，优点是种植的苗木生长一致，四季都可用于园林绿化，不影响树木的生长，杜绝了田间栽培起苗对苗木生长的影响和对树形的损伤，因此，容器绿化苗木其售价相对较高；其缺点是主要依托人工浇灌，根系生长受到容器的制约，随着苗木的生长更换大的容器增加了劳动成本，冬天需要防冷。另一种是按苗圃的功能进行分类，一般分为以零售为主的苗圃和以非零售为主的苗圃，前者把产品直接出售给用户，而后者则把产品大量零售给园林工程或大的经纪人。在我国，对苗圃还没有明确的分类，可依据所投资金和所控制的市场来确定所要建苗圃的类型。在将来都市发展中，一年四季都需要绿化，并且要求所需树木维持完美的树姿树形，容器栽培就能满足这一发展需求。可以肯定地说，容器栽培将是我国苗圃的主要发展方向之一，它更顺应园林绿化和都市建设的需求。

5．苗木选择

对新建苗圃，没有老苗圃那些老树种、老品种的包袱，因此，挑选种植的绿化品种非常重要。

（1）要有特色。如在美国，众多的松柏类植物品种和美丽的树形，使其在北美苗圃业独树一帜；加拿大以经营中国植物而闻名于北美苗圃业；日本的国华园以其国华系列菊花品种而闻名于世，我国引进的国华系列菊花品种上百个，花卉喜爱者可能对其都不陌生；韩国的美林植物园主要经营枫树而迅速崛起；我国也不乏这样的例子，如南京的艺莲苑，由收集和经营睡莲等水生植物迅速发展，其产品远销欧美及日本。

（2）专业化、规模化生产。随着苗圃业的持续发展，竞争越来越激烈，苗圃的生产方式一定会朝专业化、规模化发展。地区的专业化生产如菏泽的牡丹，南京汤泉的雪松，浙江金华的佛手，河南鄢陵的蜡梅，这些地区在专业化生产的同时，也不断进行规模化生产。在投资筹建苗圃时，应确定苗圃的方向，进行专业化发展，以少数几种为主。切不可“小而全”，不然难以组成规模，也难以快速进入市场。

（3）在挑选种植品种时应有一定的前瞻性，选择有发展潜力的品种。一般来说，应以本国本地区的优异绿化观赏植物为主，引进国内外新优品种为辅。在这方面，有些园艺企业已走在了前面，如浙江虹越花卉有限公司、上海植物园、江苏未来农林大世界等引进很多国外优异品种并快速繁殖。同时，引种时应非常注重引进品种的生态学特性和生态顺应，以防不必要的损失，这方面的例子在我国苗圃业出现很多。既浪费资金，又浪费时间。另外，有一批高素质的专业技术人员尤为重要；21 世纪是知识经济时代，在现代经济发展的今天，越来越依托于科学技术。建苗圃难，建一个好苗圃更难，仅有较大的苗圃规模，有较多的苗木品种还不够，还要看苗圃的管理和苗木的质量。假如苗圃内的苗木有美丽的树姿树形，苗木的规划一致、五颜六色，苗圃的竞争力一定很强，一定会持续发展壮大。

二、苗圃管理

（一）成本管理

成本管理就如同“市场经济”中的“计划经济”，只有有效地做好成本计划、成本控制、成本核算，才能赚取最大的利润值。对于一个中型及以上的苗圃来说，建议采取分块承包制，这样既节约了管理成本，又提高了工作效率。当然，成本管理还包括其他诸多层面，如合理施肥、适时用药、适季修剪、提高成活率、及时中耕除草等。

（二）技术管理

对于技术管理来说应因地制宜，具体可以划分为四季，依据不同季节的气候特点及植物的生长规律来进行有效的管理，促进苗木的快速、健壮生长，从而缩短生产周期，实现尽快盈利的目的。

1. 冬季管理

冬是春的开始也是秋的延续，此时虽迈入冬季，但部分苗木的木质化程度仍未完全完成，极易受到突然寒潮的伤害。故此时应密切关注天气变化，提前做好防寒准备。并做好冬剪工作，为苗木来年春天的生长储存养分及提高苗木的抗寒性，以保证苗木安全越冬。

具体管理措施如下所述。

（1）冬剪：除去苗木下部弱枝、徒长枝、交叉枝、病虫枝等，并随着冬剪工作，完成苗木的整形、定杆。

（2）病虫防治：此时病虫防治工作，主要体现在清理易发病虫害的苗圃中的杂草、落叶。将杂草、落叶进行集中烧毁，以破坏病虫害的越冬环境，并配合使用石硫合剂对易感病虫害的苗木进行树干涂白处理。

（3）深施基肥：基肥的肥效较慢，应在苗木的生长期到来之前完成施肥工作，只有这样才能为春季苗木的生长提供充足的养分。

（4）越冬防寒：随着冬季的来临，应提前做好新栽苗木及不耐寒苗木的越冬保暖措施。

（5）苗木存活率统计：做好本年度苗木存活率的统计核查工作，为来年田间补苗做好生产准备。

2．春季管理

随着气温回暖、雨水增多，一些感温性强的苗木开始萌芽，病虫害也随之而来。此时，应及时加强对苗圃的早春管理，具体措施如下所述。

（1）施肥：对于冬季未完成施肥工作的，应抓紧施肥，并在苗木发芽前完成施肥工作。

（2）清沟排水：此时属于苗圃管理上的相对淡季，应抓紧时间完成苗圃排水沟的清理工作，为雨季的到来提前做好排涝准备。

（3）清除冬草：对于成年苗木来说，基本上不会受到冬草的危害，但对于小苗及地被来说，随着气温的回升，受冬草的危害较大。此时应加强冬草的清理工作。

（4）虫害防治：随着气温升高、天气干旱及苗木嫩芽的萌发，极易发生蚜虫危害，应引起注意，提前做好防治工作。

（5）病害防治：主要针对繁殖圃及花卉生产，此时主要的病害有猝倒病、立枯病、炭疽病等，此类病害是繁殖圃及花卉生产中的大敌，而且会伴随着整个生产周期，应引起高度重视。

（6）做好苗木的繁殖、移栽、补苗工作。

（7）做好抗旱工作：遇到春旱年份，应及时浇水抗旱。

3．夏季管理

夏初是苗木一年中生长的第一个高峰期，但也是病虫害高发期。此时应加大管理力度，具体管理措施如下所述。

（1）防旱、防涝：遇到干旱天气，要及时进行灌溉。苗木速生期的灌溉要采取多量少次的方法，每次要浇透浇匀，且尽量避开中午阳光最强烈时浇水（特别是小苗、新栽苗及地被等植物）。此时亦是阵雨多发期，雨前、雨后应及时做好清沟排水工作。

（2）除草：夏季是田间杂草生长的旺盛期，必须做好杂草的清理计划，应尽量做到“除早、除小、除了”的原则。并结合使用一些触杀性的除草剂，来达到控制田间杂草的目的。

（3）虫害防治：随着苗木的旺盛生长，田间大量的食叶性害虫（如刺蛾类、天蛾类、蚕蛾类）、蛀杆性害虫（如天牛类、蠹蛾类）及地下害虫（主要是蛴螬）等大量出现危害苗木。此时应加强田间调查，提前做好害虫预测，并及时合理采取防治措施。

（4）夏剪：夏剪相对于冬剪来说工作量较小，主要做好苗木的抹芽、过密枝的疏剪及分蘖枝的清除工作。如果此时不能及时对苗木采取修剪措施，不仅造成了苗木的营养消耗，而且加大了冬剪的工作量，还影响了苗木的品质。

（5）追肥：为了满足苗木的旺盛生长需求，应及时对苗木进行追肥，追肥以速效肥为主。尽量采取沟施、穴施的方法，以提高肥料的利用率。

（6）防风：夏季天气风云莫测，大风天气极易给苗木造成损伤，应提前做好大树及新栽苗木防风工作。

4．秋季管理

秋季管理与夏季管理基本类似，具体管理措施如下所述。

（1）除草：初秋仍是田间杂草猖獗的时候，必须加强田间杂草的清除管理工作，并可结合除草进行田间松土。

（2）防旱、防涝：秋季是苗木生长的第二高峰期，遇到干旱天气应及时进行田间灌溉。遇到秋雨连阴天，应及时排涝。

（3）虫害防治：此时仍是蛀杆害虫及地下害虫的高发期，应加强防治力度。

（4）科学施肥：对于小苗及地被来说，秋季应加强磷、钾的施用，以促进其木质化程度，提高其苗木的抗逆性。尽量减少或停止施用氮肥。

（5）繁殖、移栽：秋季气温适宜，应及时进行苗木扦插繁殖、移栽等工作。

复习思考题

1．什么是种苗生产？

2．为什么要进行园艺植物种苗生产？

3．常见的育苗方法有哪些？

4．结合课外阅读，谈谈我国当前种苗生产现状如何？

5．分别简述蔬菜、果树、园林苗圃的内容和特点。

6．蔬菜、花卉、果树常见的育苗方法分别有哪些？

7．建立不同类型的园艺苗圃，规划时要考虑的因素有哪些？

项目二　培育实生苗

学习目标

知识目标　了解园艺植物种子检验标准，理解种子播前处理、播种方法、苗期管理等内容。

能力目标　熟练掌握种子质量检验方法；掌握整地、催芽、播种、播种地管理、苗床环境控制等一系列技能操作。

学习任务描述

本项目的主要任务有四项：了解园艺植物种子质量检验标准及检验方法；掌握园艺植物种子播前处理技术；掌握种子播种技术；能独立进行苗期管理。

学习环境

要完成本项目学习任务，必须具备以下条件：

教学环境　多媒体教室、园艺实训室、育苗场（基地）。

教学工具　多媒体资料、影像资料、现代种苗生产基地企业网站等。

师资要求　专职教师、育苗场（基地）技术人员。

任务一　种子品质检验

一、种子质量检验的概念与内容

1．种子的概念

（1）种子（seed）　种子是裸子植物和被子植物特有的繁殖体，它由胚珠经过传粉授精形成。种子一般由种皮、胚和胚乳 3 部分组成，有的植物成熟的种子只有种皮和胚两部分。种子是植物用于繁衍后代和生产播种的一切材料的总称。它包括植物学意义的种子、与种子类似的果实、用于繁殖的植物器官和组织以及胚状体人工种子等。

本门课的种子是指园艺植物的种植材料或者繁殖材料，包括籽粒、果实和根、茎、苗、芽、叶等。在本项目内所指的种子是狭义上用于有性繁殖的真种子。

（2）商品种子　根据《中华人民共和国种子法》第二条，下列种子应当加工、包装后销售：

①有性繁殖作物的籽粒、果实，包括颖果、荚果、蒴果、核果等；

②马铃薯微型脱毒种薯。

第三条，下列种子可以不经加工、包装进行销售：

①无性繁殖的器官和组织，包括根（块根）、茎（块茎、鳞茎、球茎、根茎）、枝、叶、芽、细胞等；

②苗和苗木，包括蔬菜苗、水稻苗、果树苗木、花卉苗木等；

③其他不宜包装的种子。

（3）包衣种子　是指利用黏着剂或成膜剂，用特定的种子包衣机，将杀菌剂、杀虫剂、微肥、植物生长调节剂、着色剂或填充剂等非种子材料，包裹在种子外面，以达到种子成球形或者基本保持原有形状，提高抗逆性、抗病性，加快发芽，促进成苗，增加产量，提高质量的一项种子技术。种衣剂能迅速固化成膜，因而不易脱落。

各商品种子如图 2-1～图 2-7 所示。

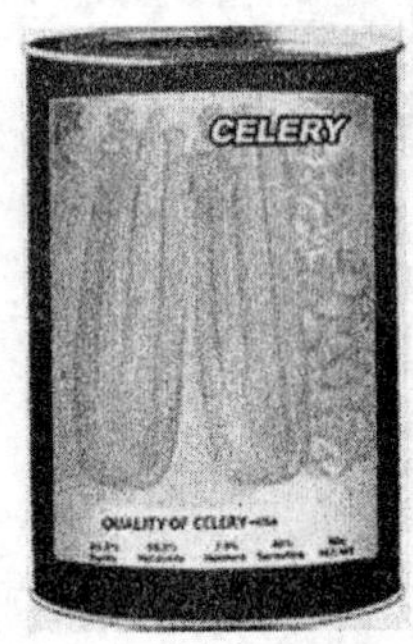

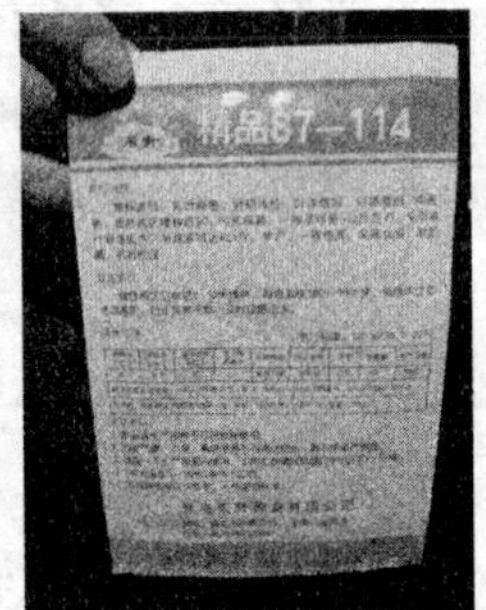

图 2-1　商品种子

图 2-2 辣椒种子

图 2-3 玫瑰种子

图 2-4 银杏种子

图 2-5 黑麦草种子

图 2-6 不同大小的种子

图 2-7　包衣种子

2．种子质量检验的概念

种子质量（品质）包括种子的遗传品质和播种品质两个方面。种子的遗传品质是指植株的生长特性、木材形质、发育特性及抗逆性等方面。这里所说的种子质量检验是指检验种子的播种品质，即使用品质或称外在品质，包括种子的净度、千粒重、发芽率、发芽势、含水量、生活力、优良度及病虫害感染程度等方面。这些都与播种后出苗有关，是播种育苗的主要参考依据。

优质种子应具有如下特征。

（1）纯净　品种典型一致，无泥土、杂质和碎种粒；

（2）整齐　同一批种子的大小、形状、颜色等差别应小；

（3）饱满　成熟种子多为饱满种子，生活力高，而不饱满的种子易变质，生活力低；

（4）发芽率高　发芽力、生活力等较高，出苗齐壮，达到其自然发芽率的水平；

（5）无病虫害　种子健全完善，病虫感染少；

（6）干燥耐藏　种子含水百分率适宜。

3．种子质量检验的内容

种子质量检验主要是对种子的纯度、净度、重量、含水量、发芽率、发芽势、生活力、优良度和病虫害感染程度等进行检验。

（1）种子净度检验　种子净度，是纯净种子的重量占供检种子重量的百分比。它是种子播种品质的主要指标，计算播种量的必需条件，反映了种子品质和使用价值高低。计算公式为：

$$净度=纯净种子重量/供试种子样的重量\times100\%$$

（2）种子重量检验　种子重量是指 1 000 粒纯净干种子的重量，即常说的千粒重，单位为 g。它反映种子的大小和饱满程度。同一品种，千粒重数值越大，说明种子内含的营养物质越丰富，播种后发芽整齐，发芽率高，幼苗生长健壮。千粒重也是计算播种量必不可少的条件。

（3）种子含水量检验 种子含水量是指种子所含水分的重量（即在 100 g 种子中能消除的水分含量）与种子重量的百分比。它与种子的储藏能力有着密切关系。

含水量=（干燥前供检种子重量−干燥后供检种子重量）/干燥前供检种子重量×100%

（4）种子发芽率检验 种子发芽率是指在最适宜发芽的环境条件下，在规定的期限内（3～42 d），正常发芽的种子数占供检种子总数的百分比。它反映了种子的生命力强弱。在实验室内测定所得的发芽率称实验室发芽率，在场圃环境条件下测定的称为场圃发芽率。场圃发芽率一般都低于实验室发芽率，但在生产中更具有现实意义。发芽率计算公式为：

发芽率=供检种子发芽粒数/供检种子粒数×100%

（5）种子发芽势检验 发芽势指在发芽试验规定期限的最初 1/3 时间内，种子发芽数占供检种子数的百分比，它反映了种子发芽的整齐程度。计算公式是：

发芽势=种子发芽达到最高峰时种子发芽粒数（最初 1/3 时间内）/供检种子粒数×100%

（6）种子生活力检验 种子生活力是指种子发芽的潜在能力，一般用发芽试验法来测定。生产上多用快速方法测定种子的生活力。常用的方法有染色法、光照射法和紫外线荧光法等，其中以染色法较为常用。种子生活力计算公式为：

生活力=有生活力种子粒数/供检种子粒数×100%

（7）种子优良度检验 种子优良度是指优良种子粒数占供检种子粒数的百分比。是种子质量检验的最简易方法，可通过人为直接观察，从种子的形态、色泽、气味、硬度等来判断种子的质量。常用的方法是解剖法和挤压法。

解剖法适用于大中粒种子，方法是在纯净种子中随机取 100 粒（种粒大者取 50 粒或 25 粒），共取 4 次，分别测定。用快刀顺胚切开观察，根据种子内部胚和胚乳的形态、色泽来鉴定种子质量。凡种粒饱满、种仁完全健康、色泽正常的种子为优质种子；凡腐烂、空粒、无胚、有斑点的种子为低劣种子。

挤压法适用于小粒种子，方法是从纯净种子中随机取 100 粒，共取 4 组。用水煮 10 min，捞出放在两块玻璃板间挤压。压出白色种仁者为饱满种子；压出黑色种仁者为腐坏种子；压出水者为空粒。对于油质性的特小种子，可放在两张白纸间用瓶滚压，也可用指甲背压。凡在纸上显示油点的为好种子，无油点的为空粒或坏种子。

种子优良度的计算公式为：

优良度=优良种子粒数/供检种子粒数×100%

（8）病虫害感染程度检验　储藏或播种前应检验种子的病虫感染程度。

从纯净种子中随机取样，以100粒为1组，共取4组。种粒大者取50粒或者25粒为1组。用形态观察结合解剖观察法分组测定，把种子分为优良、感染病害、感染虫害三种，然后分别计算感染病害、虫害的种子占供检种子的百分比，其计算公式为：

感染病害程度=感染病害种子粒数/供检种子粒数×100%

感染虫害程度=感染虫害种子粒数/供检种子粒数×100%

二、种子休眠

1．种子休眠及其生物学意义

具有生活力的种子在适宜的萌发环境条件（光、温、水、气）下仍不能正常萌发的生理状态称为种子休眠。

休眠是植物系统演化过程中对环境条件和季节变化的一种适应性，是一种有益的生物学特性，它有利于物种的生存和生物多样性的保护，有利于种子的调拨、运输和储藏，休眠可以抑制种子的胎萌现象。但是，休眠也常给种子检验、繁殖等工作带来不利影响，有些珍稀濒危品种（如珙桐）也因种子具有休眠性而影响其繁殖和推广。因此，掌握种子休眠的规律，采取相应的解除休眠的措施，在生产实践中具有重要的意义。

2．种子休眠的类型

（1）外源性休眠　外源性是由种皮或果皮引起，也称作种皮休眠。种（果）皮有下列效应：①阻碍水分吸收；②阻碍气体交换；③含有某些化学抑制剂；④作为一个屏障，阻碍胚中抑制剂逸出；⑤减少光线到达胚部；⑥对萌发起机械约束作用。

外源性休眠有以下三种类型。

①物理休眠：这类休眠是由种皮对水分和气体交换的不透性造成的。不透性的主要原因是种皮的栅栏状厚壁细胞、角质层、蜡质层、木栓层。许多属种的种子如合欢属、刺槐属、银荆属、南方红豆杉、深山含笑、水曲柳和樟树等表现出物理休眠。

②化学休眠：种皮和果皮中存在各种各样的抑制物质，例如酚类化合物和脱落酸，阻碍萌发。在自然条件下，充足的降水会把这些抑制物质淋溶出来。牛奶子、美国白蜡树、桃、野蔷薇、澳大利亚的一些桉树等都表现出化学休眠。

③机械休眠：对胚生长的机械阻力是因坚硬的树皮、果皮、雌配子体、胚乳或其中几个部分共同约束引起的萌发延滞。纯粹的机械阻力是很少见的，通常都是与延缓发芽或抑制萌发的其他因子，例如生长抑制物质和生理休眠之类的因子联系在一起。山楂属和蔷薇属的某些树种、红松等树种的种（果）皮会引起机械休眠。

（2）内涵性休眠　由于胚形态后熟或生理后熟引起的休眠类型称为内源性休眠，又称胚性休眠。

内源性休眠有以下两种类型。

①形态休眠：形态休眠是因为种子形态成熟时胚尚未发育完全。属于形态休眠的树种有香榧、银杏、白蜡树、水曲柳、野蔷薇、卫矛、冬青等。

②生理休眠：种子生理休眠主要是因为胚的代谢活动降低，需要低温层积使胚萌发所需的酶、激素、可溶性代谢物质以及其他化合物达到足够的水平。具有这种特性的种子按照休眠深度可分为 3 类：浅休眠、中度休眠和深休眠。雪松、日本落叶松等树种的种子具有浅休眠的特性，而苹果属、花楸属、欧亚槭、牡丹等属种的种子具有中度休眠和深度休眠的特性。种子中的抑制物质亦阻碍种子萌发。抑制物质主要有盐类、氰化物、氨、芥子油、有机酸、不饱和内酯、醛类、香豆素类、ABA 等。

（3）综合性休眠　在多数情况下，上述外源性休眠和内源性休眠的各种类型往往以各种各样的形式组合在一起形成综合休眠，又称双重休眠，因此需要综合处理。如红松和日本五针松等树种的种子在低温层积之前首先需要暖层积，使胚生长。又如小叶椴的种子可先用 100 mg/kg 的赤毒素处理后，再进行沙藏处理。

任务二　播前准备

一、播种地准备

1．整地

播种前的整地，是指在作床作垄前，对土壤进行平整。这个工作做得越细，对播种后幼苗出土越有利，对种子发芽率、种苗的产量和质量都影响很大，整地要求如下所述。

（1）细致平坦　播种地要求无土块、石块和杂草根，在地表 10 cm 深度内没有较大的土块，其土块越小、土越细越好，以满足种子发芽后幼苗生长对土壤的要求，否则种子会落入土块缝隙中因吸收不到水分而影响发芽，同时也会因发芽后幼苗根系不能和土壤密切结合而枯死。另外，播种地要求平坦，主要是为灌溉均匀，降水时也不会因土地高低不平、洼地积水而影响幼苗生长。

（2）上暄下实　播种地整好后，应上暄下实。上暄有利于幼苗出土，减少下层土壤水分的蒸发；下实可使种子与下层的湿土密切结合，保证了种子萌发时对土壤水分的要求。上暄下实给种子萌发创造了良好的土壤环境。因此，播种前松土的深度不宜过深，土壤过于疏松时，应进行适当的镇压，在春季或夏季播种，土壤表面过于干燥时，应在播前灌水或在播后进行喷水。土壤湿度要达到播种要求，以手握后有隐约湿迹为宜。

目前，园艺植物育苗大量采用穴盘或营养钵育苗，育苗营养土也由专门的育苗基质进行替代（图 2-8～图 2-12）。

图 2-8　苗床的准备

图 2-9　穴盘育苗

图 2-10　营养土的配制

图 2-11　商品育苗基质

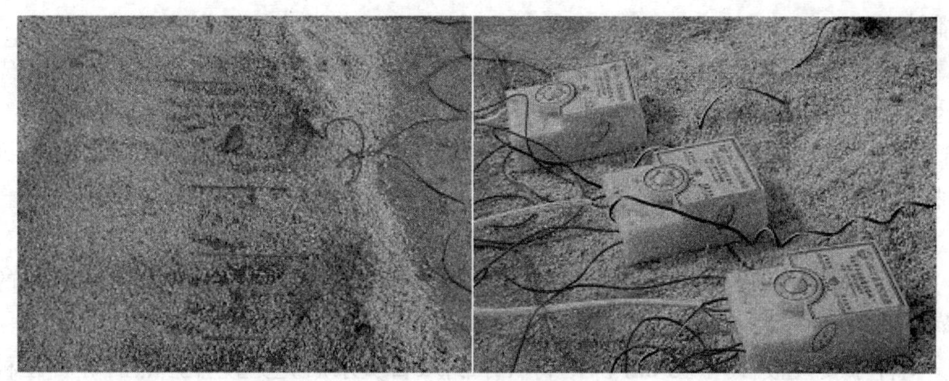

图 2-12 电热温床制作

2．土壤处理

（1）高温处理　利用太阳光照射进行高温消毒。在夏天将育苗土用薄膜封严，使土温达到 50～55℃，一般应持续 5～7 d。

（2）药剂处理

①福尔马林消毒。一般用 100 倍的福尔马林喷洒床土，拌匀后堆置，用薄膜密封 5～7 d，然后揭开薄膜，待药味挥发后再使用。

②五氯硝基苯与敌克松或代森锌的混合剂。其中五氯硝基苯占 75%，敌克松或代森锌占 25%，1 m^2 施用 4～6 g。也可将 1∶10 的药土在播种前撒入播种沟里，然后再播种。

③硫酸亚铁。一般使用 2%～3%硫酸亚铁溶液，用喷壶浇灌苗床，1 m^2 用溶液 9L 即可播种。

④高锰酸钾。使用 1%的高锰酸钾对土壤进行消毒后播种，如有地下害虫，在耕地前可用敌百虫等药剂进行消毒，也可制成毒饵杀死地下害虫。

二、种子处理

1．种子精选

根据种子的特性和夹杂物的情况进行筛选、风选、水选（或盐水选、黄泥水选）或粒选等。一般小粒种子可以采用筛选或风选，大粒种子进行粒选。

2．种子消毒

为消灭附在种子上的病菌，预防幼苗发生病害，应在催芽和播种前进行种子消毒灭菌。

（1）硫酸铜溶液浸种：用 0.3%～1.0%硫酸铜溶液浸泡种子 4～6 h，取出阴干播种。

（2）敌克松拌种：常用粉剂拌种播种，药量为种子重量的0.2%～0.5%。先用药量10～15倍的土配制成药土，再拌种。对幼苗猝倒病有较好的防治效果。

（3）高锰酸钾溶液浸种：浓度0.5%，浸种2 h；也可用3%浓度的高锰酸钾浸种30 min，取出后密闭30 min，再用清水冲洗数次。

注意：胚根已突破种皮的种子，不宜采用本方法消毒。

（4）石灰水浸种：用1%～2%石灰水浸种24 h左右，对落叶松等有较好的灭菌作用。

种子要浸没10～15 cm深，将种子倒入石灰水后充分搅拌，然后静置浸种，使石灰水表层形成并保持一层碳酸钙膜，提高隔绝空气的效率，达到杀菌目的。

（5）热水浸种：水温40～60℃，用水量为待处理种子的两倍。适用于针叶树种或大粒种，对种皮较薄或种子较小的树种不适宜。

3．种子催芽

催芽即是用人为的方法打破树木种子的休眠，并使种子长出胚根的处理。可提高种子的发芽率，减少播种量，节约种子，出苗整齐，利于圃地管理。

催芽方法有以下3种：

（1）层积催芽　把种子与湿润物混合或分层放置，促进其达到发芽程度的方法称为层积催芽。对因含萌发抑制物质而休眠的种子效果显著，对被迫休眠和生理休眠的种子也适用。

层积催芽时，要用间层物和种子混合起来（或分层放置），间层物一般用湿沙、泥炭、沙子等；湿度应为土壤含水量的60%，即以手用力握湿沙成团不滴水、手捏即散为宜；必须有通气设备。

层积催芽的方法：选择地势高、排水良好处挖坑，深度一般应在地下水位以上、冻层以下；坑底铺鹅卵石或碎石，铺10 cm的湿河沙；干种子要浸种、消毒，然后将种子与沙子按1∶3的比例混合放入坑内；或一层种子一层沙子放入坑内；放至距沿20 cm左右为止；盖上湿沙，用土培成屋脊形，坑侧挖排水沟；坑中央直通种子底层放一小捆秸秆或下部带通气孔的竹制或木制通气管，以流通空气。层积期间，要定期检查种子坑温度、霉烂、通气情况；在播种前1～2周，检查种子催芽情况，有30%的种子裂嘴时即可播种。

（2）浸种催芽　浸种的目的是促使种皮变软，种子吸水膨胀，有利于种子发芽，适用于大多数植物的种子（图2-13）。

浸种法又分为热水浸种、温水浸种和冷水浸种。

①热水浸种：对于种皮特别坚硬、致密的种子，可采用热水浸种。一般温度

为 70～75℃。如合欢、相思树。

②温水浸种：对于种皮比较坚硬、致密的种子，如瓜类蔬菜、侧柏、紫穗槐等宜用温水浸种。水温 55～60℃，浸种后，摊放待种子有裂口后播种。浸种时间一般为 1～2 d；种皮薄的小粒种子缩短为几个小时；种皮厚的坚硬种子可延长浸种时间；经过水浸的种子，捞出放温暖处催芽，每天淘洗种子 2～3 次，直到种子发芽为止。

③一般浸种：对于常规种子，可用凉水进行浸泡，水温为 20～30℃。

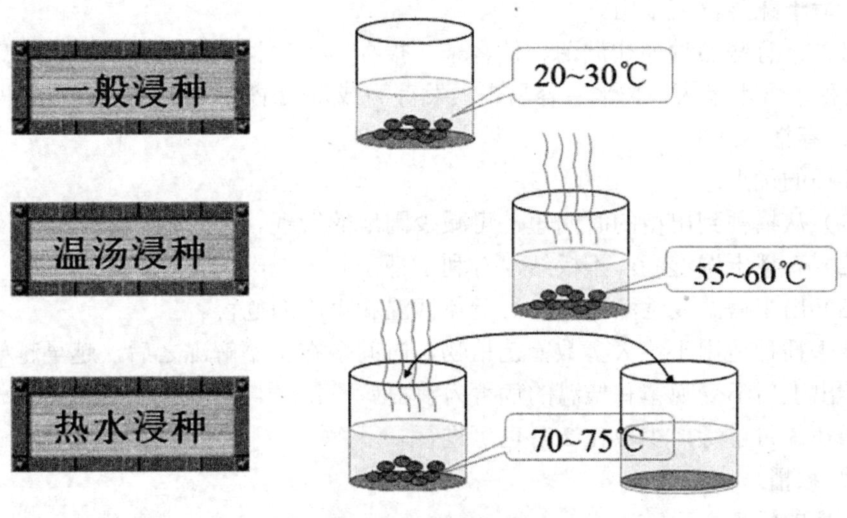

图 2-13 浸种催芽

（3）药剂浸种和其他催芽方法 种子外表有蜡质，有的种皮致密、坚硬，有的酸性或碱性大，采用化学或机械的方法，以促使种子吸水萌动。

用草木灰或小苏打液洗漆树、马尾松种子，对催芽有一定的效果；对刺槐、栾树、梧桐、厚朴等硬实种子，可用 60%的浓硫酸（过稀的硫酸易浸入种子内部，破坏发芽）浸种；在硫酸中浸渍后取出在清水中洗净，干燥后再播种。

药剂浸种，还可用微量元素如硼、锰、铜等浸种以提高种子的发芽势和苗木的质量。用植物激素如赤霉素、吲哚丁酸、萘乙酸、2,4-D、激动素、6-苄氨基嘌呤、苯基脲、硝酸钾等浸种可以解除种子休眠。

任务三　播种

一、播种期

生产上，播种季节常在春、夏、秋 3 季，以春季和秋季为主。如果在设施内育苗，可全年播种。秋季播种适于种皮坚硬的大粒种子和休眠期长且发芽困难的种子，如麻栎、杏、花椒、银杏、板栗。冬季播种实际上是春播的提早，秋播的延续。适于蔬菜育苗采用。

另外，有些品种如非洲菊、仙客来、报春、大岩桐、蜡梅、白玉兰、广玉兰等，因种子含水量大，失水后容易丧失发芽力或寿命缩短，采种后最好随即播种。

1．春播

春播的优点：

（1）从播种到出苗的时间短，可减少圃地的管理。

（2）春播土壤湿润，不板结，有利于种子萌发，出苗整齐。

（3）出土后温度逐渐升高，可避免低温和霜冻的危害。

春季播种适用于绝大多数园艺植物，时间多在土壤解冻之后，越早越好，但以幼苗出土后不受晚霜和低温的危害为前提。

多在 3 月进行，少数在 2 月也可进行。

2．秋播

秋播的优点：

（1）可使种子在圃地中通过休眠，完成催芽阶段。

（2）幼苗生长健壮，成苗率高。

（3）减缓劳动力紧张。

秋季播种适于种皮坚硬的大粒种子和休眠期长且发芽困难的种子，如麻栎、杏、花椒、银杏、板栗、红松、水曲柳、白蜡、椴树、胡桃楸、文冠果、榆叶梅等。一般在土壤冻结以前，越晚越好。如果播种太早，当年发芽，幼苗会受冻害。

3．夏播

夏季播种适合那些种子在春夏成熟而又不宜储藏或者生活力较差的种子，如柳、榆、桑、桦木、蜡梅、玉兰等。播种后的遮阳和保湿工作是育苗能否成功的关键。园林苗木为保证冬前能充分木质化，应当尽量早播。

4．冬播

冬播实际上是春播的提早，秋播的延续。在华东地区，可运用温室、电热温床等进行设施育苗。

二、播种量

播种量是指单位面积或长度上播种种子的重量。适宜的播种量既不浪费种子，也有利于提高产量和质量。播量过大，浪费种子，间苗也费工，苗子拥挤和竞争营养，易感病虫，苗质下降。播量过小，产苗量低，易生杂草，管理费工，也浪费土地。计算播种量的公式是：

$$x = CAW/Gp1\,000^2$$

式中，x——单位面积或长度上育苗所需的播种量，kg；

C——损耗系数；

A——单位面积或长度上产苗数量，株；

W——种子的千粒重，g；

G——种子发芽率，%；

p——种子的净度，%。

损耗系数因自然条件、圃地条件、树种种粒大小和育苗技术水平而异。一般认为种粒越小，损耗越大，如大粒种子（千粒重在 700 g 以上），C=1；中小粒种子（千粒重在 3～700 g），$1<C<5$；极小粒种子（千粒重在 3 g 以下），如杨树。

三、播种方法

1．播种密度

适宜的播种密度能够保证幼苗在苗床上有足够的生长空间，在移植前能得到较好的生长。因此，大粒种子播得稀些，小粒种子宜密些；苗较大播得稀些，苗较小宜密些；苗龄长者播得稀些，苗龄短者宜密些；发芽率高者播得稀些，发芽率低者宜密些；土壤肥力高播得稀些，肥力低宜密些。

2．播种方法

生产上常用的播种方法有撒播、条播和穴播（图 2-14）。

（1）撒播　将种子均匀地撒于苗床上为撒播。小粒种子如十字花科蔬菜、杨、柳、一串红、万寿菊等，常用此法。为使播种均匀，可在种子里掺上细沙。由于出苗后不成条带，不便于进行锄草、松土、病虫防治等管理，且小苗长高后也相互遮光，最后起苗也不方便，因此一般不推广撒播。

（2）条播　按一定的行距将种子均匀地撒在播种沟内为条播。中粒种子如刺槐、侧柏、松、海棠等，常用此法。播幅为 3～5 cm，行距 20～35 cm，采用南北行向。条播比撒播省种子，且行间距较大，便于抚育管理及机械化作业，同时幼苗生长良好，起苗也方便。

（3）穴播　对于大粒种子，按一定的株行距逐粒将种子播于圃地上，也称为点播。为了利于幼苗生长，种子应侧放，使种子的尖端与地面平行。

（4）机械播种　随着种苗生产技术的不断更新，目前越来越多的种苗生产企业（基地）都使用机械播种，进行工厂化穴盘育苗技术。具有工作效率高，下种均匀，覆土厚度一致的优点。开沟、播种、覆土、镇压、浇水一次完成，既节省人力，也可做到幼苗出土整齐一致，是今后园艺植物育苗的主要方式。

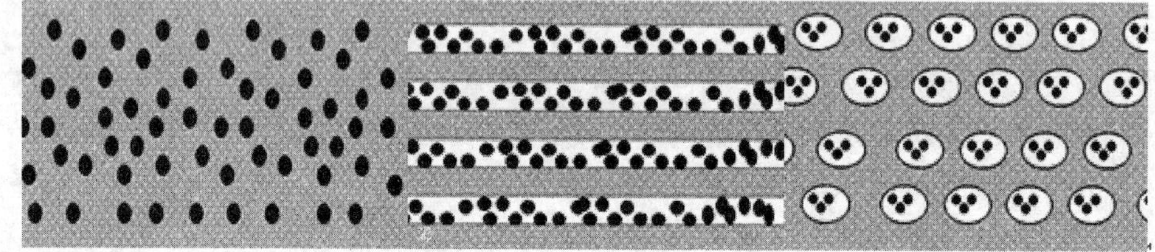

图 2-14　撒播、条播、穴播

3．播种深度

一般情况下，播种深度相当于种子直径的 2～3 倍为宜。具体深度取决于种子的发芽势、发芽方式和覆土等因素。小粒种子和发芽势弱的种子覆土宜薄，大粒种子和发芽势强的种子覆土宜厚；黏质土壤覆土宜薄，砂质土壤覆土宜厚；春夏播种覆土宜薄，秋播覆土可厚一些。如果有条件，覆盖土可用疏松的砂土、腐殖土、泥炭土、锯末等，有利于土壤保温、保湿、通气和幼苗出土。此外，播种深度要均匀一致，否则幼苗出土参差不齐，影响苗木质量（图 2-15）。

图 2-15　播种、覆土

任务四　苗期管理

一、播种苗的各个生长发育阶段

播种苗从种子发芽到当年停止生长进入休眠期为止是其第一个生长周期。在此周期内，由于外界环境影响和自身各发育期的要求不同而表现出不同的特点。因此，可将播种苗的第一个生长周期划分出苗期、生长初期、速生期三个时期。了解和掌握幼苗生长发育特点和对外界环境条件的要求，才能采取切实有效的育苗措施，培育出优质壮苗。

1．出苗期

概念：从播种开始到长出真叶、出现侧根为出苗期。

特点：播种后种子在土壤中先吸水膨胀，酶的活性增强，储藏物质被分解成能被种胚利用的简单有机物。接着胚根伸长，突破种皮，形成幼根扎入土壤。最后胚芽随着胚轴的伸长，破土而出，成为幼苗。

技术要点：此期主要的影响因子有土壤水分、温度、通透性和覆土厚度等。如果土壤水分不足，种子发芽迟或不发芽，水分太多，土壤温度降低，通气不良，也会推迟种子发芽，甚至造成种子腐烂。土壤温度以20～26℃最适宜，太高或太低，出苗时间都会延长。覆土太厚或表土过于紧实，幼苗难出土，出苗速度和出苗率降低。覆土太薄，种子带壳出土，土壤过干也不利于出土。因此，这一时期育苗工作要点是：采取有效措施，为种子发芽和幼苗出土创造良好的环境条件，满足种子发芽所需的水分、温度等条件，促进种子迅速萌发，出苗整齐，生长健壮。具体地说，就是要做到适期播种，提高播种技术，保持土壤湿度但不要大水漫灌，覆盖增温保墒，加强播种地的管理等。

2．生长初期

概念：从幼苗出土后能够进行营养生长开始，到加速生长为止的时期为生长初期。

特点：幼苗生长特点是地上部分的茎叶生长缓慢，而地下的根系生长较快。但由于幼根分布仍较浅，对炎热、低温、干旱、水涝、病虫等抵抗力较弱，易受害而死亡。

技术要点：采取一切有利于幼苗生长的措施，提高幼苗保存率。这一时期，水分是决定幼苗成活的关键因子。要保持土壤湿润，但又不能太湿，以免引起腐烂或徒长。要注意遮阳，避免温度过高或光照过强而引起烧苗伤害。同时还要加强间苗、蹲苗、松土除草、病虫防治等工作。

3．速生期

概念：从幼苗加速生长开始到生长速度下降为止的时期为速生期。

特点：幼苗生长速度最快，生长量最大，表现为苗高增长，茎粗增加，根系加粗、加深和延长等。

技术要点：前期加强水分管理，做好松土除草、病虫防治（食叶害虫）等工作，并运用新技术如生长调节剂、抗蒸腾剂等，促进幼苗迅速而健壮地生长。在速生期的末期，适当蹲苗，防止贪青徒长。

二、苗床管理

播种后的苗床管理主要内容有覆盖保墒、灌水、松土除草和防治病虫等。播种后出苗前，苗床应用稻草等覆盖，以保持床土湿润，防止板结，利于出苗。但覆盖不能太厚，以免使土壤温度降低或土壤过湿，延迟发芽时间。出苗后，要及时稀疏或移去覆盖物，防止影响幼苗出土。

苗床干燥会妨碍种子萌发。因此，除灌足底水外，在播种后出苗前，应适当补充水分，保持土壤湿润，以促进种子萌发。灌水以不降低土壤温度，不造成土壤板结为标准。灌水最好采用喷水方法，少用地面灌溉，以防止种子被冲走或发生淤积现象。

松土除草也是苗床管理的一个重要内容，可使种子通气条件改善，减少土壤水分蒸发，削减出土的机械障碍。松土除草宜浅不宜深，以防伤及幼苗根系。

当苗床上发生苗木病害如立枯病、猝倒病、根腐病时，要及时喷施杀菌剂防治。

在苗床管理期间，常会遇到下列异常幼苗，应及时采取相应措施处理。

1．烂种或出苗不齐

烂种一方面与种子质量有关，种子未成熟，储藏过程中霉变，浸种时烫伤均可造成烂种；另一方面播种后低温高湿，施用未腐熟的有机肥，种子出土时间长，长期处于缺氧条件下也易发生烂种。出苗不齐是由于种子质量差，底水不均，覆土薄厚不均，床温不均，有机肥未腐熟，化肥施用过量等原因造成的（图 2-16）。

2．戴帽苗

由于床土过干，覆土太薄，种子出苗后种壳黏附子叶随苗出土。因此，播种后应保持苗床湿润，覆土要适中。另外，有些种子如西瓜、女贞、棕榈等，在播种前最好要破壳处理。戴帽苗出现后，可在清晨苗湿润时细心剥除种壳（图 2-17）。

图 2-16 出苗不齐

图 2-17 戴帽出土

3．高脚苗

由于种子播种量大，出苗后床温过高或通风不良造成徒长，形成高脚苗。因此，要视苗床面积播撒种子；出苗后要控制苗床温度，加强通风透光；视情况适当间苗或喷洒矮壮素、多效唑等以控制生长高度，但要注意使用浓度宜低不宜高（图 2-18）。

4．萎蔫苗

由于连续阴雨低温而突然转晴，全部揭开覆盖物后造成萎蔫，也可能是其他原因造成。因此，不能急于全部揭开覆盖物，而应逐步进行。可先两头，再揭一半，最后再揭去全部覆盖物（图 2-19）。

图 2-18 徒长苗

图 2-19 萎蔫苗木

5．老化苗

老化苗也称僵苗。在进行蹲苗时，由于长时间干旱而形成老化僵苗。因此，蹲苗时要控温少控水，淡肥勤施，以达矮化促壮之目的（图 2-20）。

6．病害苗

由于种子或床土带菌、床土过湿、地温太低、光照不足及通风不畅等原因诱发种苗病害。要分清病害产生的原因，然后进行综合防治（图 2-21～图 2-23）。

图 2-20　老化苗

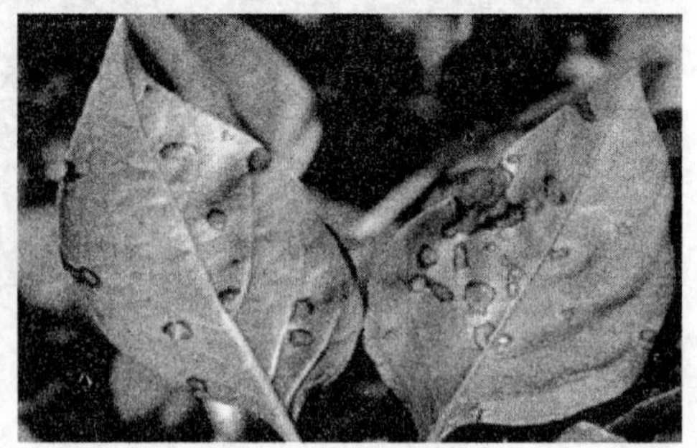

图 2-21　炭疽病苗

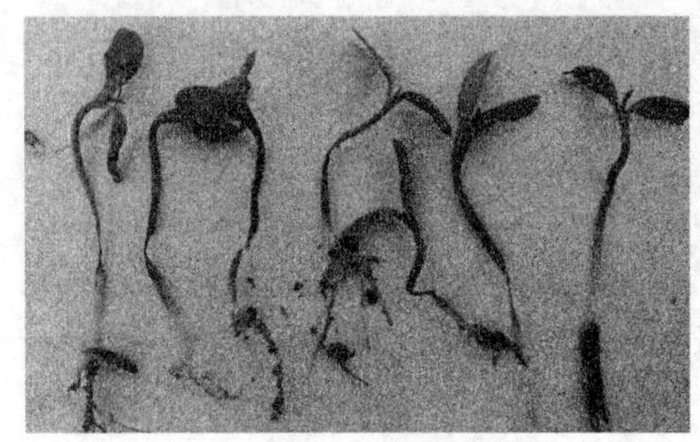

图 2-22　猝倒病苗

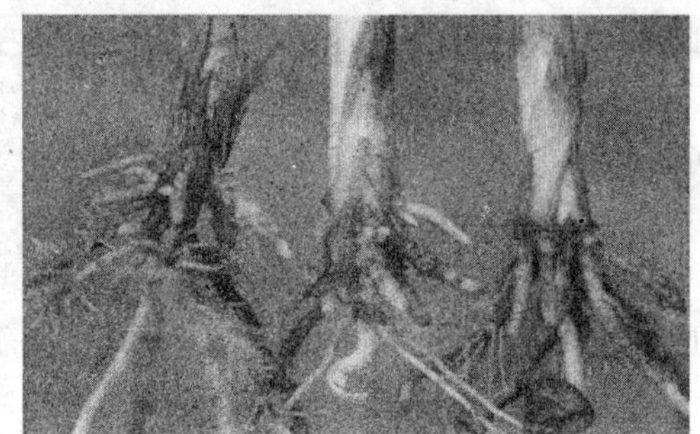

图 2-23　根腐病苗

7．肥害或药害苗

由于施肥（药）过频或过量，造成土壤溶液中盐分（药剂）浓度过大而引起苗害。发生后，要用淡水薄灌，冲淡盐分，稀释药剂（图 2-24、图 2-25）。

图 2-24　主根肥害苗

图 2-25　百草枯危害

三、幼苗移栽

将播种苗床上长出真叶的幼苗移植到新培育地点（苗床）的过程称为幼苗移栽。育苗初期，多在播种苗床上集中培育，以便采取精细的育苗管理。但随着幼苗生长，相互之间挡风遮光，营养面积缩小，如不及时移栽分开，苗木就会生长不良，拥挤徒长，病虫害也会严重。幼苗移栽一般是在幼苗长出 1～4 片真叶，苗根尚未木质化时进行。移栽前，要小水灌溉，等水渗干后再起苗移栽。起苗移栽最好在早晨、傍晚或阴雨天进行。不论带土移栽或裸根移栽，起苗时决不能用手拔，一定要用小铲，在苗一侧呈 45°入土，做到不伤根，但苗木移栽时要将主根切断。目的是控制主根生长，促进侧根、须根生长，提高幼苗质量。栽植的深度与起苗前小苗的埋深一致，不可过深或过浅。栽后及时灌水，并注意遮阳 2～3 d。移栽量应考虑比计划产苗量要多出 5%～10%。

四、壮苗的标准

培育出壮苗是人们所期望的，评价某种苗是否是壮苗，蔬菜壮苗标准可以从以下几方面考虑。

（1）从外观上看　①根系正常，白根，无锈根（黄色至黄褐色），须根多，密集。②茎节短，节间长度与株高匀称，茎粗壮，实有韧性，抗风性好。③叶柄粗短，叶片宽、舒展，无卷缩、病斑。④植株开展度与株高比例适当，1～1.3。⑤果菜类要现蕾，6～9 叶，黄瓜不要吐卷须。叶菜类要有一个叶环，5～8 叶，叶色浓绿，且背面发点紫色为好。

（2）从解剖结构上看　幼苗保护组织发达，茎叶角质化程度高。

（3）从生理上看　新陈代谢正常，生理活性高，细胞液浓度高，含水量少，吸收能力强。

图 2-26　壮苗

技能训练

实训 2-1 主要蔬菜种子识别

一、实训目的

蔬菜种子形态是识别不同蔬菜种类，鉴别种子真实性的重要依据之一。通过实践掌握各种蔬菜种子尤其是芸薹属、南瓜属、葱属蔬菜种子的外部形态特点，准确识别各种蔬菜种子。

二、实训材料与用具

1．试材

各种蔬菜种子标本。

2．蔬菜种子的形态特征

蔬菜种子的形态特征见表 2-1～表 2-3。

表 2-1 芸薹属蔬菜种子形态特征

种类	种皮颜色	种子大小	平均千粒重/g
甘蓝	铁色，颜色最深	最大	3.75
大白菜	紫红，颜色较深	次大	3.25
小白菜	深棕红色，颜色较浅	较小	2.65
芥菜	浅红棕色，颜色最浅	最小	0.595 2

表 2-2 南瓜属蔬菜种子的形态特征

种类	种喙形状	种子边缘	种子形态	千粒重/g
印度南瓜	喙大、呈倾斜状	与种皮色泽相似，无黄色金边	种子大而厚，宽卵圆形	341.60
中国南瓜	喙小而平直	较种皮色深，有黄色金边	介于二者之间	245.00
西葫芦	喙介于二者之间	有黄边，不明显	种子小而薄，长卵圆形	165.00

表 2-3 葱属蔬菜种子的形态特征

种类	种子外形	种子皱纹	种脐	千粒重/g
韭菜	种子扁平，腹部不明显	种皮皱纹多而细	脐面突出	3.45
洋葱	三角锥形，背突出，有棱角，腹部呈半圆	种皮皱纹比大葱大很多，但不规则	脐面凹陷很深	3.50
大葱	同洋葱形	种皮皱纹少而整齐	脐面凹陷较浅	2.90
韭葱	同洋葱相对方向一端突出	粗而多呈波浪形	脐面凹陷	2.50

三、实训内容与方法

（1）能准确识别出南瓜属、葱属、芸薹属蔬菜种子；

（2）能准确识别出其他蔬菜种子。

四、作业

完成实训报告。

实训 2-2 蔬菜种子播前质量检验

一、实训目的

优质种子是蔬菜作物高产稳产的基础，播种前对蔬菜种子进行一定处理，是防止种传病害发生，促进种子迅速发芽，培育壮苗的技术措施。种子的发芽率、生活力是蔬菜播种前种子质量检验的重要内容，是衡量种子实用价值高低的重要指标。通过实训，掌握播种前蔬菜种子检验的方法和常用的浸种催芽技术。

二、实训材料与用具

（1）材料：待测的各种蔬菜种子（有生活力种子、无生活力种子）；

（2）用具：培养皿、烧杯、玻璃棒等。

三、实训内容与方法

（1）发芽率、发芽势

种子发芽率是指到发芽试验终期规定的日期内，正常发芽种子数占供试种子数的百分率。

发芽势是发芽初期，规定日期内全部正常发芽的种子数占供试种子数的百分率。

方法：从净度检验后的好种子中随机取 4 份试样：小粒的蔬菜种子每份取样 100 粒，大粒种子取样 50 粒。

先用清水将种子浸泡一定时间，使之充分吸水，再将培养皿铺 2～3 层滤纸并湿润，然后均匀摆放种子。培养皿上注明蔬菜名称，重复次数，处理日期等，盖皿盖后将其放在恒温箱内发芽（喜温、耐热性蔬菜 25～30℃，耐寒、半耐寒蔬菜 20～25℃）。发芽期间，每天定期检查并及时补充水分。到规定日期时统计发芽种子数，正确计算发芽势、发芽率。

（2）种子生活力

采用红墨水染色法测定蔬菜种子的生活力，简单易行。方法是：将红墨水稀释 20 倍或 40 倍。取种子样品 2～4 份，每份 100～200 粒。将待测种子用温水浸泡数小时，将种子沿种胚中线纵切为两半，置于培养皿中染色 1～3 h，再用清水冲洗后统计有生活力的种子数。生活力强的种子胚部不染色，生活力弱的种子胚部染成淡红色，无生活力的种子胚部染成红色。此法特别适合休眠种子生活力的测定。

（3）蔬菜种子播前处理

①温汤浸种　采用 50～55℃的水（水量为种子量的 5～6 倍）对蔬菜种子进行处理 10～15 min，期间不断搅动，当水温降至 20～30℃时，继续浸泡一定时间，使种子吸足水分。温汤浸种具有吸胀和消毒双重作用。

②热水烫种　用 70～80℃的水处理蔬菜种子。其要点是种子必须经过充分干燥；水量不超过种子量的 5 倍；烫种时要用 2 个容器，来回倾倒，直到水温降到 55℃时，改为不断搅动 10 min 左右，水温降到 20～30℃时继续浸泡一定时间。此法具有种子消毒、吸胀双重作用，常用于种皮较厚、难吸水的种子处理。

③一般浸种　采用 20～30℃的水浸泡种子，期间每隔 5～8 h 换一次水。此法使种子吸胀，但不能杀菌。

（4）催芽

将浸泡后的种子捞出，沥去多余水分，用湿纱布或毛巾将种子包好，放在恒温箱中（喜温、耐热性蔬菜 25～30℃，耐寒、半耐寒蔬菜 20～25℃）催芽，催芽过程中每天用清水冲洗一次种子，当胚根长 1～2 mm 时播种。

四、考核标准

（1）正确测定蔬菜种子的发芽率；

（2）采用红墨水染色法测定种子生活力；

（3）掌握温汤浸种、热水浸种、一般浸种技术；

（4）正确进行催芽。

实训2-3 园艺植物育苗营养土配制及床土消毒

一、实训目的

了解园艺植物育苗营养土的组成成分、配制及床土消毒方法。

二、实训材料与用具

园土、腐熟有机肥、无机肥、药剂、铁锹等。

三、实训内容与方法

（1）营养土配制

园艺植物营养土的配制是将园土、腐熟有机肥及无机肥等按一定比例混匀制成适宜园艺植物幼苗生长发育的培养土。营养土配制原则上应因地制宜、就地取材。园艺植物营养土的成分包括肥沃的园土、腐叶土、充分腐熟的粪及其他农家肥、有机质堆肥、河泥、塘泥、炭化稻泥；草炭、稻壳等有机物，并加入适量化肥、农药等。

园土要选用肥沃、无病菌虫卵，最好是无种植过与所育秧苗同科植物的并充分熟化的菜园土，过筛备用。不可用生土，因其理化性质较差，且微生物群落不好。有机肥可选用充分腐熟的马粪、鸡粪、猪圈粪、秸秆肥等优质肥料，并打碎过筛。切忌用生粪、块粪，以免发生烧根。有机肥和园土按4∶6或3∶7的体积混匀，最好加施些过磷酸钙、硫酸钾、草木灰、磷酸氢二铵等无机肥，以保证营养土营养充足。

营养土还分为播种用营养土和分苗用营养土两类。播种用营养土应配制得疏松轻软一些，以利于幼苗发根及拔苗抖土。园土五六份、有机肥四五份，若土质较黏可掺入适量锯末、稻壳、炉灰渣或多掺些腐熟的马粪等。分苗用营养土其土质应有一定黏度，以防止囤苗、起苗时散坨。园土六七份、有机肥三四份，若土壤沙性，可掺入一些牛粪或黏土。

亦可将营养土做成土方或装入育苗盘、营养钵中使用。

各地可根据当地情况以及园艺植物种类，适当调整营养土组成成分、配比，以保证育苗营养土质量。

（2）床土消毒

床土需用药剂、蒸汽和微波等方法进行消毒，以药剂消毒最常用；常用药剂有福尔马林、多菌灵、五氯硝基苯、福美双、甲霜灵、代森锰锌等。用 0.5%福尔马林喷洒床土，拌匀后堆置，用薄膜密封 5～7 d，揭去薄膜待药味挥发后即可使用；50%多菌灵粉剂 1 m^3 床土用 50 g，或 70%代森锰锌粉剂 40 g，拌匀后用薄膜覆盖 2～3 d，揭去薄膜待药味挥发后即可使用；也可用 70%五氯硝基苯粉剂和 70%代森锰锌等量混合，1 m^3 床土用药 60～80 g 混匀消毒；也可用五氯硝基苯与代森锌合剂或氯化苦及甲醛等药剂进行床土消毒。

四、作业

（1）按照操作程序，学会营养土的配制方法及床土消毒方法。

（2）试比较育苗营养土和常规田园土，消毒前后的营养土幼苗生长的差异及原因。

实训 2-4 电热温床的铺设训练

一、实训目的

电热线育苗是蔬菜商品化育苗的新途径。在促成栽培设施育苗中应用非常广泛。通过本实训掌握电热温床的设置方法及注意事项。

二、实训材料与用具

（1）材料：控温仪，农用电热线，交流接触器，配套的电线、开关、插座、插头和保险丝等。

（2）用具：钳子、螺丝刀、电笔、万用电表等电工工具。

三、实训内容与方法

（1）布线

做深 10 cm 左右的苗床，平整床面，在其上部排布电热线。也可在上面摆放穴盘进行穴盘育苗。

（2）电热线与电源的连接

如果育苗量小，电热温床可只用一根电热线，功率为 1 000W 或 1 100W。不超过控温仪负荷时，可直接与 220V 电源线连接，把控温仪串联在电路中即可。如果用两根电热线，电热线应并联。

（3）控制温度

根据不同作物及育苗过程中不同生育阶段对地温的要求，调整土壤温度达到最适状态。

（4）全班划分成若干个小组进行试训。

（5）注意事项

床上作业时要切断电源，注意人身安全。

四、作业

将实验结果整理形成报告。

实训 2-5 豆类蔬菜护根育苗

一、实训目的

豆类蔬菜根系不耐移植，栽培上以直播为主。早熟栽培时可育苗移栽，但苗期宜短并采用护根措施。

二、实训材料与用具

（1）菜豆种子。

（2）已配好的育苗营养土、50%多菌灵可湿性粉剂。

（3）育苗用营养钵、台秤、喷壶、小盆、移栽铲、地膜等。

三、实训内容与方法

（1）菜豆种子处理

称取菜豆种子的重量，按种子重量的 0.2%称取多菌灵可湿性粉剂，在盆内将种子和药拌匀。

（2）装钵

营养土装至钵的 2/3 高，在苗床内将钵摆放整齐，并喷透底水。

（3）播种

每钵播种 3 粒种子，覆细潮土 2 cm。最后覆盖地膜保温保湿。

（4）播后管理

播种后出苗前日温控制在25℃左右，夜温15℃。当大部分种子拱土后揭去地膜，并降温防止徒长，日温20～25℃，夜晚15℃。

四、作业

（1）观察记载菜豆出苗日期、成苗时的株高和叶片数。

（2）总结菜豆护根育苗的技术要点。

五、考核标准

（1）精选种子，并正确对菜豆种子进行药剂处理。

（2）装钵高度适宜，在苗床内摆放整齐，底水均匀打透。

（3）出苗率达80%以上，适时揭去地膜。

（4）苗期管理认真负责，培育壮苗达80%以上。

（5）按要求完成实训报告。

实训2-6　花卉的播种技术

一、实训目的

通过本项技能训练，使学生掌握花卉播种关键技术，为培育壮苗奠定基础。

二、实训材料与用具

（1）催好芽的种子、优质床土、薄膜，耙子、锹、喷壶。皮尺（30～50 m）或测绳，每5人一条；钢卷尺，每人一个。

（2）实训场所：校内或校外实习、实训基地。

（3）师资配置：每10名学生配备1名指导教师。

（4）其他必备教学资源：提供或由学生自备饮水、毛巾、手套等劳动保护措施。

三、实训内容与方法

（1）操作方法与步骤（以撒播为例）

①做播种床或装播种盘　将配制好过完筛的床土摊成厚约10 cm，做成播种床，大小根据播种量确定。一般宽1.2 m左右，长度不超过10 m，这样便于管理。

播种床要求整地细致、畦面平整，方法及工具可参照设施内整地做畦技术。如果用播种盘，播种盘内装床土装到播种盘高度的2/3。

②浇底水　在做好的播种床上，用中孔喷壶均匀地喷洒底水，水量为湿透床土6 cm深。早春播种水温不宜过凉，最好用温水以利提高地温。

③撒播种子　将种子均匀地撒到浇透底水的床面上，要求从稀到密逐步进行。对于番茄等有茸毛不易撒开的种子，可掺些细沙。

④覆土　覆土的厚度主要根据种子的大小、床土或土壤质地和环境条件而定。种子小的覆土薄，种子大的则厚，土质疏松的覆土厚，土质黏重的覆土薄；周围环境温度高、干燥的覆土厚，周围环境温度低、潮湿的覆土薄。中、小粒的种子一般覆土1～1.2 cm，大粒种子一般覆土2.5～3 cm。

（2）质量考核标准

花卉播种技术项目质量考核标准见表2-4。

表2-4　花卉播种技术项目质量考核标准

序号	考核点	操作要点	评定采分	分值	熟练程度	时间安排	考核方法
1	做播种床	床土厚度适宜	10		熟练	训练时间不少于8学时；考核时间4学时	分组考核2～4人一组
		床面平整，土细碎	10				
2	浇底水	底水量适中、均匀	20				
3	撒播种子	种子分布均匀	20				
		密度合适	10				
4	覆土	厚度适中	20				
		均匀一致	10				
合计				100			

四、作业

将实训过程整理成实训报告。

实训2-7　蔬菜幼苗的识别

一、实训目的

蔬菜的种类繁多，在各类蔬菜中又有很多品种及变种，在生产上往往容易因天然杂交或机械混杂而发生种类及种间的混杂，造成栽培管理上的困难，严重给生产带来损失。因此我们必须具备对蔬菜幼苗的识别能力，使之能够在各种蔬菜差异较大的第一片真叶期把它们区分开来。此外，认识蔬菜的幼苗，可以根据幼苗的形态特征及生物学特征，正确地掌握播种及苗期管理技术。

学习按子叶及第一片真叶的特征，识别主要蔬菜的幼苗，同时了解与蔬菜栽培技术有关的幼苗形态特点，为蔬菜的优质高产打下基础。

二、实训材料与用具

十字花科、茄科、葫芦科、豆科、伞形科、菊科、藜科、百合科等蔬菜的幼苗；放大镜、镊子、培养皿等。

三、实训内容与方法

识别蔬菜幼苗主要有以下依据。

（1）子叶的特点：子叶数目，下胚轴，延伸长短及形态、大小、颜色、有无茸毛等。

（2）真叶的特点：包括真叶的大小、形态、厚度、叶缘、颜色、有无附属物等。

（3）胚轴的特点：包括胚轴的形状、长短、粗细、色泽；有无附属物等。

（4）气味：有些蔬菜幼苗体内含有某些特殊气味的物质。

观察实训台上带有名签的各种蔬菜幼苗，按表 2-5 的要求进行记载，然后再仔细比较不同蔬菜幼苗的特点，指出同科蔬菜幼苗之间的主要差异。最后到田间观察生长在育苗盘中只有编号而无名称的幼苗，确定它们都是哪些蔬菜的幼苗。

四、作业

（1）填写主要蔬菜幼苗形态记载表（表 2-5）。

表 2-5 蔬菜幼苗观察记载表

蔬菜名称	胚轴			子叶				真叶			
	形状	颜色	附属物	单或双	地上或地下	颜色	形状及附属物	形状	叶缘	颜色	附属物及气味

（2）写出育苗盘中蔬菜幼苗的名称。

实训2-8 分苗（移植）技能训练

一、实训目的

掌握秧苗营养钵分苗和苗床移植的基本技能。

二、实训材料与用具

处于小苗期的瓜类、茄果类、草本花卉等其他秧苗若干，营养钵，营养土，育苗床，移植铲，喷壶等。

三、实训内容与方法

（1）起苗

分苗前 2 d 播种浇水。分苗时用移植铲起苗，尽量少伤根，并将秧苗按大小分级。起苗后如不能立即栽苗，需用湿布保湿。

（2）分苗

①营养钵分苗 适用于各种蔬菜秧苗和草本花卉幼苗。营养钵先装一半土，将苗栽于钵中，尽量使秧根系舒展，再向苗四周填细土，土面距离营养钵的边缘保持 1 cm 的距离。然后将营养钵整齐地摆入苗床中，浇透水。

②苗床移植 适用于根系较耐移栽的茄果类蔬菜。苗床内铺 10 cm 厚营养土，按行距 10 cm 开沟，沟内浇少量底水。将秧苗按 10 cm 株距摆在沟中，把开沟土推回原位，使表土疏松不龟裂。然后再分下一行苗。

（3）栽苗深度

一般以子叶露出土面 1～2 cm 为宜，如幼苗有徒长的胚轴，可将向秧苗方向打弯栽入床土中。

（4）分苗后的管理

分苗后的幼苗需立即扣上小拱棚增温保湿，中午高温强光时需遮阴。3 d 后测定秧苗成活率。

四、作业

（1）比较营养钵和苗床移植的优缺点。

（2）为什么瓜类蔬菜不适合采用苗床移植？

（3）分苗时如遇到徒长苗如何处理？

知识拓展

人工种子

一、概念

所谓人工种子，就是将组织培养产生的体细胞胚和性细胞胚包裹在能提供养分的胶囊里，再在胶囊外包上一层具有保护功能和防止机械损伤的外膜，形成一种类似于种子的结构，以植物组织培养的胚状体、不定芽、顶芽和腋芽等为材料，通过人工薄膜包装得到的种子。

人工种子是指植物离体培养中产生的胚状体（包括体细胞胚和性细胞胚），包裹在含有养分、激素和具有保护功能的物质中，并在适宜条件下能够发芽出苗的颗粒体。

人工种子又称合成种子或体细胞种子，指通过组织培养技术，将植物的体细胞诱导在形态上和生理上均与合子胚相似的体细胞胚，然后将它包埋于有一定营养成分和保护功能的介质中，组成便于播种的类似种子的单位。

人工种子的概念首先是1978年由Murashige在第四届国际植物组织细胞培养大会上提出的。他认为随着组织培养技术的不断发展，可以用少量的外植体同步培养出众多的胚状体，这些胚状体被包埋在某种胶囊内使其具有种子的功能，可以直接用于田间播种。

二、制作

种子不仅是植物传种续代繁衍之本，而且也是人类衣食之源。植物人工种子的制作是在组织培养基础上发展起来的一项生物技术。

种子能发育出新的植物体，首先是因为它有一个具有生活力的胚。科学工作者能够采用高科技手段，将某些植物细胞在试管中培育成胚状体，再用富含营养物质和其他必要成分的凝胶物将胚状体包裹起来，制成人工种子。当条件适宜时，胚状体就像真正的种子那样萌发成幼苗。

体细胞胚是制作人工种子的起始材料。它既可由外植体的表皮细胞直接产生，也可由愈伤组织的表层细胞产生。人们还发现细胞培养中的单细胞，花粉中产生单倍体体细胞和原生质体培养在适当条件下均可获得体细胞胚。从理论上讲，产生体细胞胚是植物界的普遍现象，但已知能产生体细胞胚的植物只有 200 余种。由于这方面的奥秘还未完全揭开，科学工作者们只得花费巨大的劳动，进行大量的筛选才能获得体细胞胚，人工胚乳是包埋体细胞胚的胶状介质。美国的一个研究组花了近两年时间，从百余种材料中筛选到广泛使用的人工种子包埋介质海藻酸钠。这种物质在 0.1 mol/L 氯化钙溶液中可以迅速固化成透明的小胶球。海藻酸价格低廉，质地柔软无毒性，还可人为地在其中加入各种营养物质和生长调节剂，因此是一种迄今为止已发现的比较理想的体细胞胚包埋剂。但这种物质作人工胚乳还存在一些缺点，如营养物质易泄漏，保水性差，而且胶球很易粘连等。为此，科学家又设想在胶球外包一层薄膜——人工种皮。美国科学家在 1987 年筛选出一种疏水性物质 Elvax-4260（乙烯、乙烯基乙酸和丙烯酸共聚物）但不够理想。人们正在寻找更理想的、既能透水透气又能防菌的人工种皮。

三、结构

农业生产中使用的天然种子，一般都是由种皮、胚乳和胚三部分构成。

人工种子的结构：体细胞胚、人工种皮、人工胚乳。

广义的体细胞胚由组织培养中获得的体细胞即胚状体、愈伤组织、原球茎、不定芽、顶芽、腋芽、小鳞茎等繁殖体组成。

胶囊之外的包膜称为人工种皮，有防止机械损伤及水分干燥等保护作用。包裹成功的人工种子既能通气、保持水分和营养，又能防止外部一定的机械冲击力。

人工胚乳一般由含有供应胚状体养分的胶囊组成，养分包括矿物质元素、维生素、碳源以及激素等。

四、作用

（1）可对一些自然条件下不结实的或种子很昂贵的植物进行繁殖。

（2）固定杂种优势，使 Fl 杂交种可多代利用，使优良的单株能快速繁殖成无性系品种，从而大大缩短育种年限。

（3）节约粮食。人工种子作为播种材料，在一定程度上可取代部分粮食（种子与块根茎）。

（4）在人工种子的包裹材料里加入各种生长调节物质、菌肥、农药等，可人为地影响控制作物生长发育和抗性。

（5）可以保存及快速繁殖脱病毒苗，克服某些植物由于长期营养繁殖所积累的病毒病等。

（6）与试管苗相比成本低，运输方便（体积小），可直接播种和机械化操作。

五、分类

1．按繁殖体划分

（1）裸露的或休眠的繁殖体：如微鳞茎、微块茎等。它们在不加包被的情况下也具有较高的成株率。

（2）人工种皮包被的繁殖体：一些体细胞胚、原球茎等不能过度干燥，但只需要用人工种皮包被即可维持良好的发芽状态，如胡萝卜体细胞胚。

（3）水凝胶包埋再包被人工种皮的繁殖体：大多数体细胞胚、不定芽、茎尖等均需要先包埋在半液态凝胶中，再经人工种皮包裹才能避免失水，从而维持良好的发芽能力。

2．按细胞胚划分

（1）体细胞胚人工种子。

（2）非体细胞胚人工种子。

六、优点

（1）通过组织培养的方法可以获得数量很多的胚状体（1L 培养基中可产生10万个胚体），而且繁殖速度快，结构完整。

（2）可根据不同植物对生长的要求配制不同成分的“种皮”。

（3）在大量繁殖苗木和用于人工造林方面，人工种子比采用试管苗的繁殖方法更能降低成本，而且方便机械化播种，可节省劳动力。

（4）体细胞胚是由无性繁殖体系产生的，因而可以固定杂种。

（5）有时可以在人工种子中加入某些农药、菌肥、有益微生物、激素等。

（6）胚状体发育的途径可以作为高等植物基因工程和遗传工程的桥梁。

（7）解决了有些作物品种繁殖能力差、结子困难或发芽率低等问题。

（8）与天然种子相比，人工种子可能有很多优点。比如，生产人工种子不受季节限制，可能更快地培养出新品种来，还可以在凝胶包裹物里加入天然种子可能没有的有利成分，使人工种子具有更加好的营养供应和抵抗疾病的能力，从而获得更加茁壮生长的可能性。

（9）天然种子由于在遗传上具有因减数分裂引起的重组现象，因而会造成某些遗传性状的改变；天然种子在生产上受季节限制，一般每年只繁殖1～2次，有些甚至十几年才繁殖一次。而人工种子则可以完全保持优良品种的遗传特性，生产上也不受季节的限制。

（10）人工种子大小一致，落种均匀，出苗整齐。

（11）对于杂交后因性状分离而不能制种的作物品种，可以通过人工种子发展成品种。

（12）对于自然条件下不能结实和能结实而种子寿命短的植物，可以通过人工种子得以快速大量地繁殖。

（13）试管苗的大量储藏和运输也是相当困难的。人工种子则克服了这些缺点，人工种子外层是起保护作用的薄膜，类似天然种子的种皮，因此可以很方便地储藏和运输。

（14）人工种子与试管苗相比，具有所用培养基量少、体积小、繁殖快、发芽成苗快、运输及保存方便的特点。

（15）人工种子技术适用于难以保存的种质资源、遗传性状不稳定或育性不佳的珍稀品种繁殖。

（16）人工种子可以克服营养繁殖造成的病毒积累，可以快速繁殖脱毒苗。

七、意义

（1）在无性繁殖植物中，有可能建立一种高效快速的繁殖方法，它既能保持原有品种的种性，又可以使之具有实生苗的复壮效应；

（2）可以对优异杂种不通过有性制种而快速获得大量种子，特别是对于那些制种困难的植物更具有主要的适用意义；

（3）对于一些不能正常产生种子的特殊植物材料如三倍体、非整倍体、工程植物等，有可能通过人工种子在短期内加大繁殖应用；

（4）与田间制种相比，可以节省制种用地，且不受季节限制，可以实现工厂化生产，同时还避免了种子携带病原菌的危险；

（5）与利用试管苗相比，可以避免移栽困难，且可以实现机械化操作，同时还便于储藏和运输。

八、局限性

绝大多数人工种子发芽需要无菌条件，所以，还不能实现广泛应用。另外，人工种子的制作费用过高，并且在应用上所需的各个环节的配套设施费用昂贵，技术也不够成熟，农民对人工种子还比较陌生，对种子也不熟悉、不了解，自然没有什么兴趣，这些都限制了人工种子的推广。

粮食生产受到多种主客观条件的制约，水、肥料、土壤、种子对粮食都有极大的影响，其中种子的优劣更是一个关键因素。多年来，科学家采用传统的“杂交”良种研究法，诚然，杂交产生的良种对提高粮食产量起过很大的作用，例如杂交水稻良种推广后可大面积增产，是一个成功的范例。但是培育的杂交品种往往只有一代或者几代具有优势。因此，杂交制种需要专门的“制种田”，这一缺陷很大程度上限制了其发展。

人工种皮的透水性和透空气性差异比较大，制造人工种皮的质量不能保证，导致胚不能正常发育，影响正常耕种。

九、现状

1986 年，Redenbaugh 等成功地利用海藻酸钠包埋单个体细胞胚，生产人工种子。

胡萝卜、棉花、玉米、甘蓝、莴苣、苜蓿等人工种子制作获得成功。

已有许多国家的植物基因公司和大学实验室从事这方面研究。欧共体将人工种子的研制列入“尤里卡”计划，我国也于 1987 年将其列入国家高新技术研究发展计划（“863”计划）。经过 20 多年的努力，人工种子研究已取得了很大进展。一种新型的、像一粒粒小胶丸样的人造种子，正在雄心勃勃地带领着古老的种植业迈向新时代。它为解决日益困难的粮食问题带来了新曙光。现代遗传学研究证明，植物细胞具有全能性，每一个细胞都有可能生成一株完整的植株。1958 年，美国科学家斯蒂伍德，将一棵胡萝卜根须上的细胞取下，经人工培养成了完整的胡萝卜植株并开花结果，这种方法是在玻璃试管中完成的，从此开创了“试管苗”的先河。但是，这种试管苗的培育环境是无菌的，而且要求营养丰富，把试管苗移种大田，条件的变化使其成活率非常低。人造种子可有效解决上述难题。人造种子制作过程是先把植物幼苗的嫩茎切成极小的碎片，这些碎片叫胚状体，根据生物工程原理，每一碎片，经处理后可长出根、茎、叶，成为一株幼苗。胚状体很娇嫩，为了适应环境必须给它穿上“外衣”，即给其包上一层如天然种子种皮一样的营养层和保护层，营养层是胚状体萌发及发育的营养物质，保护层是一种入土后能自行溶解的高分子材料。人造种子可以保证种子发芽整齐划一，对管理和收获的机械化非常有利。人造种子可以在制作的过程中用刺激细胞变异的方法，培养新品种或增强某种有用性获得高产优质的种子。人造种子还可加入天然种子没有的特殊成分，如固氮菌、杀虫剂和除草剂等物质。人造种子的使用可以节约大量粮食，统计表明，我国每年种子的用量可达 150×10^{8} kg，几乎可供近 1 亿人一年的口粮。而人造种子一株植物的嫩芽就可制出百万粒种子，可节约大量的粮食。

十、前景

（1）培育人工种子同微繁殖技术一样，培养条件可以人为控制，免遭大自然灾害性气候的不利因素，且具有省地省工、可直接在田间播种等优点。

（2）在人工种子制作中，可加入营养物质、植物生长调节剂、固氮菌、杀虫剂等，这是微繁殖难以达到的。

（3）用于制作人工种子的体细胞胚，可利用生物反应器大规模培养，大大提高了效率。

（4）一些难以得到天然种子的珍稀植物或脱毒苗、基因工程植株，均可利用人工种子技术加速用于生产。

人造种子的这些诱人之处，吸引了各国农业专家致力于这方面的研究。美国率先投入大量人力、物力使其在人造蔬菜及玉米种子上获得成功，这些人造种子不久就可全面商业化生产。人造种子成本虽比天然种子要高 60%，但由于内有生长激素和杀虫剂，后期管理成本大大降低，足以抵消制作成本。法国、瑞士和德国等欧洲国家也不甘人后，相继开发了人造种子。我国也在积极研制，上海复旦大学已研制出芹菜、花椰菜的人造种子，并正向高难度的水稻种子进军。相信在不久的将来，人造种子工厂将大批生产各种优良种子，种植时只要从工厂得到各种优良种子即可，抛弃传统的作物在收获期留种的方法，这对解决粮食生产不足问题无疑会带来新的希望。

播前处理的接种工作

1．接种根瘤苗

有些植物（如豆科植物、落叶松等）的根上常有瘤状突起，称为根瘤。根瘤是由于土壤中的一种细菌（根瘤菌）侵入植物根部组织而产生的。在根瘤内，根瘤菌从豆科植物根的皮层细胞中吸取糖类、矿质盐类及水分，以进行生长和繁殖。同时它们又把空气中游离的氮通过固氮作用固定下来，转变为植物所能利用的含氮化合物，供植物生活所需。这样，根瘤菌与根便构成了互相依赖的共生关系。

由于根菌瘤在生活过程中分泌一些有机氮到土壤中，加之，根瘤在植物的生长末期会自行脱落，从而大大提高了土壤的肥力。据估测，一亩苜蓿年均可积累 20 kg 氮肥，相当于 100 kg 硫铵，并可增加土壤中的腐殖质。

由于有些土壤中没有与豆科植物共生的根瘤菌，同时不同豆科植物需要与不同类型的根瘤菌共生，因此在农业上采取在播种豆科植物时，将其与根瘤菌制剂搅拌后再播种，以便给豆科作物形成根瘤创造条件。据调查，采用该方法播种，可使大豆、花生增产10%以上。

2．接种菌根菌

菌根菌是特定的真菌与特定的植物的根系形成的相互作用的共生联合体。在植物的幼苗时期，真菌侵入幼苗的表皮层中，由植物供给真菌生长发育所必需的养料，而真菌繁衍出来的菌丝又为植物输送它从植物根系以外吸收的水分和养分，真菌发挥的是自己外延范围大的优势，植物则起到了调节和储存的作用，从而促进了双方的生长。

植物与真菌共生关系的建立需要过程，也需要环境的配合，单靠其通过自然的过程来完成这种关系的建立，成功的概率就会降低，所以就要人为地为它们提供共生的条件，接种菌根菌就是有效途径之一。

松类、栎类、桤木等树种的根部都有菌根菌与苗木共生。在新开辟种植地或移栽苗木时，要从相同树种的树下挖取带有菌根菌的表层湿润土壤并撒入种植沟或栽植穴内，要保持土壤湿度以促进菌种的繁衍。目前广为流行的苗木移栽的带土球方法也兼有接种菌根菌的作用。

有与菌根菌共生的植物类型应慎重使用杀菌剂药物。

3．接种磷化菌

幼苗在生长初期需要磷，而磷在土壤中很容易被固定，即成为难溶状态，不能为植物吸收和利用，从而造成缺磷。因此，为使幼苗健康生长，在播种前进行磷化菌的接种工作，方法是用磷化菌制剂拌种后再播种。

复习思考题

1．名词解释：种子含水量、种子生活力、休眠、间苗、分苗。

2．影响种子生活力的因素有哪些？

3．在种子品质检验中，发芽率和发芽势有什么区别？

4．播前如何对种子进行消毒？

5．合理的播种密度有什么意义？

6．试述播种苗的生长发育特点。

7．苗期管理有哪些主要内容？

8．简述人工播种的过程及其技术特点。

9．导致种子休眠的因素有哪些？

10．如何进行种子催芽？

11．如何正确确定播种时期？

12．常用的播种方式有哪些？各有哪些优缺点？

13．为什么要进行园艺植物育苗营养土的配制？

14．播种用营养土和分苗用营养土有何区别？

项目三　培育扦插苗

学习目标

知识目标　了解园艺扦插繁殖的概念、应用、方法等基础知识，掌握常见园艺植物的扦插知识。

能力目标　熟练掌握常见蔬菜、花卉、果树等园艺植物的扦插育苗技术；掌握园艺植物扦插苗的管理技术，能进行日常管理。

学习任务描述

本项目的主要任务有五项：理解园艺植物扦插育苗的基础知识；掌握常见蔬菜扦插育苗技术；掌握常见花卉扦插育苗技术；掌握常见果树扦插育苗技术；掌握常见园艺绿化植物扦插育苗技术。

学习环境

要完成本项目学习任务，必须具备以下条件：

教学环境　多媒体教室、园艺实训室、育苗场（基地）。

教学工具　多媒体资料、影像资料、现代种苗生产基地企业网站等。

师资要求　专职教师、育苗场（基地）技术人员。

任务一　园艺植物扦插育苗基本知识

一、扦插繁殖的概念与特点

1. 定义

扦插繁殖是利用植物的某些部位容易产生不定根的特点，取这些部位，在适宜的条件下培养，促使其生根发芽，形成新的幼苗的繁殖方法，它是一种利用植物再生能力，人工繁育植物新个体的方法。通常也叫插枝、插条（图 3-1～图 3-4）。

图 3-1 橡皮树叶插

图 3-2 玫瑰嫩枝扦插

图 3-3 罗汉松硬枝扦插

图 3-4 根插

人们把切断的一段植物枝条（有时是一段根、芽或其他营养器官）的基部插入土壤或某种基质（包括水）中，使基部产生不定根，上部发出不定芽，形成一个独立生长的个体，然后培育成苗的技术叫扦插育苗。

插穗繁殖虽然是利用植物营养器官的一部分，却有和母株一样的遗传性，在适宜的条件下，能和母株一样生长发育、开花结果。扦插苗是无性繁殖或营养繁殖的产物，也是无性繁殖作物最简便易行，应用最广的繁殖方法。

2．扦插繁殖的特点

扦插繁殖与通常的种子繁殖相比有以下几点优势：①缩短育苗时间，发根快，开花结果早，从而提高了作物产量。②节省种子，降低成本，并可进行立体育苗，节省空间，在生产上具有较大的推广价值。③可以选择抗病单株提高繁殖系数。④保持品种的纯度。⑤缩短育种时间，加速育种的进程。

3．扦插成活的原理

插条育苗能否成活，关键是插穗能否形成根系。按照插穗的生根部位分为以下两种类型。

（1）皮部生根型　生长期形成大量特殊的薄壁细胞群，即不定根原始体。插穗入土后，在适宜温度、湿度、通气条件下，根原始体不断生长发育穿越韧皮部和皮层长出不定根（图 3-5）。

（2）愈伤组织生根型　植物局部受伤后，具有恢复生长、保护伤口、形成愈伤组织的能力。树木插穗切口的表面形成半透明、具有明显细胞核的薄壁细胞群，即为初生愈伤组织，继续分化，形成和插穗相应组织发生联系的木质部、韧皮部和形成层等组织，充分愈合，在适宜的温度、湿度条件下从愈伤组织中分化出根（图 3-6）。

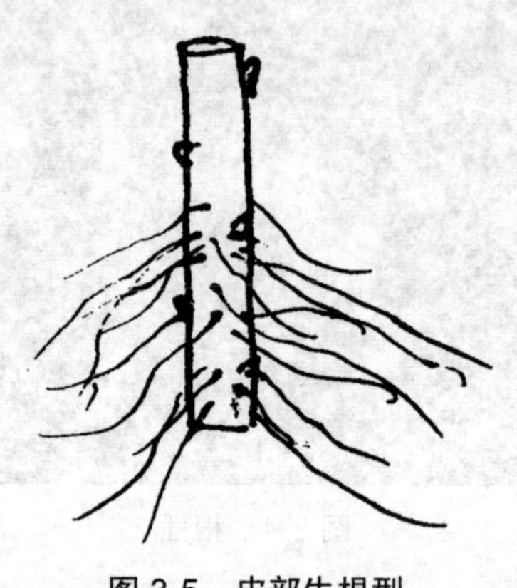

图 3-5　皮部生根型

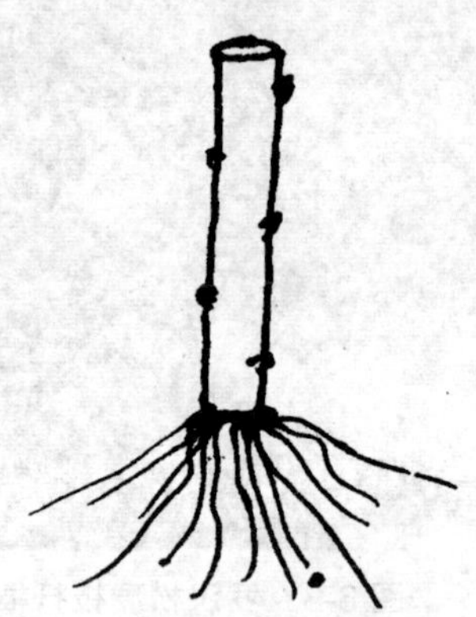

图 3-6　愈伤组织生根型

二、扦插技术在园艺植物生产中的应用

扦插繁殖被广泛应用于蔬菜、果树、花卉、林木种苗、中药材等园艺材料领域，尤其在蔬菜生产、种性保持及加速繁殖等方面都有广泛的应用价值。

凡易于产生不定根的蔬菜均可进行扦插繁殖。能够进行扦插繁殖的蔬菜主要有：番茄、茄子、黄瓜、无籽西瓜、辣椒、白菜、豆瓣菜、人参菜等。其中大白菜和甘蓝等腋芽扦插繁殖，佛手瓜侧芽扦插繁殖，番茄和无籽西瓜侧枝扦插快速成苗已应用于生产。目前最常用的是番茄和无籽西瓜，番茄扦插繁殖的技术简单，容易掌握。无籽西瓜扦插繁殖可节省大量的种子，是解决无籽西瓜制种困难、产种量低，不宜大面积推广的有效措施。

三、影响扦插成活的因素

扦插成活是受内在因素和环境因素综合影响的。其内在因素首先是植物种类（插穗再生能力）的强弱：不同物种之间扦插成活的难易程度是不一样的。其次是母体状况（插穗的质量）：枝条的营养物质含量影响到扦插生根。此外还需注意采条部位：枝条的部位、生理状态影响到生根的难易。

（一）内因

1. 植物本身的遗传特性

扦插母株的种类、品种不同，生根能力不同，根据生根难易程度不同，分为易生根类、较难生根类、极难生根类。不同树种的生物学特性不同，枝条生根能力也不一样。根据插条生根的难易程度可分为以下几种。

（1）易生根的树种：小叶黄杨、紫穗槐、连翘、月季、迎春、金银花、常春藤、南天竹、红叶小檗、黄杨、葡萄、无花果、石榴。

（2）较易生根的树种：侧柏、扁柏、花柏、铅笔柏、刺槐、国槐、樱桃、野蔷薇杜鹃、珍珠梅、白蜡、女贞、夹竹桃、金缕梅。

（3）较难生根的树种：金钱松、圆柏、日本五针松、梧桐、君迁子、木兰、秋海棠、枣树等。

（4）极难生根的树种：黑松、马尾松、赤松、樟树、板栗、核桃、栎树、鹅掌楸、柿树、榆树等。

树种生根难易只是相对而言，如生根困难的赤松、黑松通过对萌芽条的培育和激素处理，在全广自动喷雾扦插育苗技术条件下，生根率达 80%以上（表 3-1）。

表 3-1 同龄（二年生）雪松实生苗和扦插苗的枝条扦插成活率比较

母树	实生苗			扦插苗		
插条	一年生枝	二年生枝	侧枝	一年生枝	二年生枝	侧枝
插条数/根	34	166	22	45	133	17
成活株数/株	34	155	20	13	25	0
成活率/%	100	93.4	90.9	28.9	18.8	0

2. 母株采穗年龄

插穗的生根能力随母株年龄的增加而降低。母树年龄越大，插穗生根越困难。当年生枝的再生能力最强，具体年龄因树种而异。

3．母株的着生位置及营养状况

一般阳面枝、侧枝、萌蘖枝比阴面枝、顶梢枝、树冠枝易生根。根茎处萌发的枝条再生能力强，着生在主干上的枝条（针叶树）的再生能力较强。

常绿树种中上部枝条较好；落叶树种硬枝扦插中下部枝条较好；嫩枝扦插中上部枝条较好；糖类含量高的枝条生根容易。

4．插穗长度及留叶数

插穗长短及留叶数量也影响插穗的生根。插穗长，其本身储藏的营养物质多，能提高生根成活的数量，利于苗木生长；插穗短，不利于生根及苗木生长。但是，插穗过长，扦插深度增加，影响其呼吸作用的强度，导致生根困难甚至死亡；在抽穗较少的情况下，会降低繁殖系数，不利于提高产量。所以在剪制插穗时，应根据植物的生物学特性，找出既不浪费插穗，生根及生长效果又好的最适宜的插穗长度。目前，在园艺植物扦插育苗时，其插穗长度一般为 10～20 cm，草本植物较短，通常为 5～10 cm。

（二）外因

外界环境因素也是影响扦插成活的重要因素之一。主要包括温度、湿度、光照、扦插基质的性质，即机械组成、含水、通气状况和病菌等。

1．温度

一般植物生根的最适土温为 15～20℃，但是不同物种间又有差异。多数花卉扦插温度在 20～25℃，嫩枝扦插宜在 20～25℃，热带植物可在 25～30℃，耐寒性花卉可稍低些。土壤温度高于空气温度 3～5℃有利于插穗生根，反之则利于插穗萌芽。

2．湿度

扦插对湿度的要求是土壤含水量稳定在田间最大持水量的 50%～60%，空气相对湿度以 80%～90%为宜，空气湿度越大越好。土壤含水量过高会影响到通气状况。如果土壤通气状况不良，不利于根系的发生。

3．通气条件

一般地，扦插基质中氧气的浓度达 15%以上时，不定根发生最好；低于 2%则几乎不能发根。扦插基质应能充分供氧。

4．光照

扦插需要一定的光照，但扦插初期应适当遮阴，光照太强不利于插穗成活。硬枝扦插情况下，强烈的光照不利于插条生根；而在绿枝扦插时，适当的光照有利于光合作用以及其他生理活性物质的合成。

四、扦插繁殖的关键技术

简单地说，扦插繁殖必须选择植物上适宜的扦插部位和扦插方法，以适当的生长调节剂处理，插后进行合理的温度、湿度管理，才能使扦插成功。在生产中，扦插繁殖应掌握如下几个技术环节。

（一）选择适宜的扦插材料

扦插材料必须是植物上易于产生不定根的部位，如番茄、无籽西瓜、黄瓜、茄子等扦插时一般取侧枝上的生长部位，部位不同时，茎组织的老嫩程度和营养物质的含量不同，扦插后发根的速度和数量也不同，一般枝条扦插后发根多，则移栽后生长快，开花结果多。因此，扦插繁殖的插条，选择粗壮的侧枝为好，每株番茄可取 7～8 个插条。插条的长度以 8～12 cm 为宜，插条切口要平滑，并在室内自然干燥愈合后进行扦插，以减少扦插中的腐烂，并增加发根数和根长度。白菜、甘蓝扦插，多采用叶扦插繁殖，取叶球中层或内层叶片切取一段中肋，带有一个腋芽及一小块茎的组织。

插条的剪截：剪切时上切口距顶芽 1 cm 左右，下切口的位置宜紧靠节下；一般在节附近薄壁细胞多，细胞分裂快，营养丰富，易于形成愈伤组织和生根。

下切口有平切、斜切、双面切、踵状切等几种切法。

平切口生根呈环状均匀分布，便于机械化截条，对于皮部生根型及生根较快的树种应采用平切口（图 3-7）。

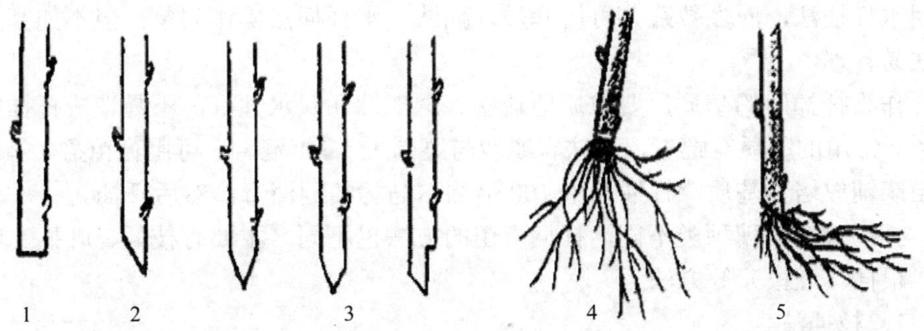

1. 平切；2. 斜切；3. 双面切；4. 下切口平切生根均匀；5. 下切口斜切根偏于一侧

图 3-7 插条下切口形状与生根

斜切口与插穗基质的接触面积大，可形成面积较大的愈伤组织，利于吸收水分和养分，提高成活率；根多生于斜口的一端，易形成偏根，同时剪穗也较费工。

双面切与插壤的接触面积更大，在生根较难的植物上应用较多。

踵状切口，一般是在插穗下端带 2～3 年生枝段时采用，常用于针叶树。

（二）植物生长调节剂

应用适当浓度的植物生长调节剂，如吲哚乙酸、吲哚丙酸、吲哚丁酸、萘乙酸或 2,4-D 等，均能促进扦插材料生根，提高成活率。不同的扦插材料对不同生长调节剂的敏感程度不同，故不同材料应选用不同种类、不同浓度的植物生长调节剂来处理。常见的蔬菜扦插繁殖时使用的生长调节剂及浓度范围见表 3-2。

表 3-2　常用蔬菜扦插育苗生长调节剂及浓度

蔬菜种类	生长调节剂的使用	温度
番茄	50 mg/kg 萘乙酸浸基部 10 min	22～30℃/12～18℃
无籽西瓜	1 000～2 000 mg/kg 萘乙酸快速浸蘸基部	28～32℃/20～22℃
茄子、辣椒	2 000 mg/kg 萘乙酸快速浸蘸基部	22～30℃
黄瓜	2 000 mg/kg 萘乙酸快速浸蘸基部	22～30℃
大白菜、甘蓝	1 000～2 000 mg/kg 萘乙酸快速浸蘸基部切口底面	20～25℃

（三）扦插方法

常见的扦插方法有水扦插法和基质扦插法两种。番茄、茄子、辣椒扦插繁殖多用水扦插法，而多数蔬菜可用基质扦插法。水扦插法操作简单，但不如基质扦插法易管理。

作为扦插用的基质，要求质地疏松、透气性和保水性好，不易造成扦插材料腐烂。常用的基质有蛭石、珍珠岩或沙与菜园土 1∶1 混合。可用育苗盘（箱）或育苗床铺放培养基质，扦插前用 100 倍福尔马林喷洒消毒，然后扦插。

扦插育苗插穗种类不同，扦插育苗的方法也不同，主要有枝插、叶插、叶芽插、根插（埋根）等方法。

1．枝插法

（1）硬枝扦插（休眠枝扦插）　选优良幼龄母树上发育充实、已充分木质化的 1～2 年生枝条或萌生条；健壮、无病虫害且粗壮含营养物质多的枝条。一般长穗插条 15～20 cm 长，保证插穗上有 2～3 个发育充实的芽，单芽插穗长 3～5 cm。插条（穗）按 20 根一捆，储藏于深、宽各 1 m 的沟内，芽向上直立，用湿润细壤土埋，层间覆土 5～6 cm，每隔 2 m 插一束枝或条。

苗床深耕、整平、作床、高床为宜。插入准备好的插床内，露出床面 1/3，插后浇水、盖膜。枝条养分含量最多的时期进行剪取。落叶树秋季落叶后或开始落叶时至翌春发芽前剪取。秋插随采随插，插入 4/5 条长，浇透水，覆土；春插 3—4 月，插入 2/3 条长；斜向：入土一端朝南，地面一端朝北。灌足水，盖膜保湿，每 5～7 d 灌水一次。

剪切时上切口距顶芽 1 cm 左右，下切口的位置依植物种类而定，一般在节附近，薄壁细胞多，细胞分裂快，营养丰富，易于形成愈伤组织和生根，故插穗下切口宜紧靠节下。

（2）半硬枝扦插　常用于木本花卉的生长期扦插。用当年生未成熟的枝梢，或取花后抽生的嫩枝作插穗。枝条顶端保留两片叶，插入土 2/3，插后浇水，并覆膜保护。

（3）嫩枝（软枝）扦插　多用于草本花卉或温室花卉。如菊花、香石竹。剪取嫩枝 5～10 cm，在树木生长旺盛的雨季（6—7 月），选当年生半木质化健壮枝，随采随插。留根端 1～2 叶，插前整好插床，灌足水，用木橛作孔，株行距 5 cm×15 cm，深 1/2～2/3 穗，斜 45°，待水渗下后扦插。插后浇水，搭低棚、盖苇帘。蔷薇、月季此法成活率＞80%。

2．叶插法

叶插是用全叶或一部分叶作为插穗的一种扦插法。可以用叶插的草本花卉种类较多，如海棠类、大岩桐、非洲紫罗兰、落叶生根、虎尾兰等。叶插发根的部位有叶脉及叶柄。如海棠叶插，可将叶片上叶脉切断数处，平放在插床上，叶脉切断处即发根，再长出幼芽。叶插穗应带芽原基（发育成苗的地上部分）。基质用砂或硅石，不易积水腐烂；20～25℃；湿度 80%～90%为宜。

3．根插法

即用根作为插穗，适用于宜从根部发生新梢的种类，如芍药、凌霄、垂盆草等。扦插时要选粗壮根，剪成 5～10 cm 小段，插入插床内或全部埋入床上；对于细小的草木本植物，可将根切成 2 cm 的小段，用撒插的方法撒于床面而覆土，插后浇水，以保持床土湿润。

（四）扦插后的管理

扦插后发芽、生根的快慢及成活率的高低，一方面受扦插材料的影响，而更重要的是受扦插成活过程中的温度和湿度的影响。扦插后的管理主要是浇水、遮阴，防止蒸发失水过多而影响成活。由于插穗没有根，而地上部分有少量叶片，插穗只有水分蒸发而没有吸收功能，致使插穗体内水分不能平衡，需待生根后才能吸收水分，故在扦插管理中，必须保持土壤湿润、注意遮阴、早晨通风透光、生根后浇水，并逐渐增加日照时间。拔草、除虫工作需随时进行，生根并长出新叶后可喷施一次复合肥，待植物壮实后即可移植。

一般扦插后要求 20～25℃，喜温暖的略高些，喜凉爽的略低些。温度过高、过低都对扦插成活不利，温度过低（低于 15℃）时，可在苗床上盖小拱棚，并在夜间加盖草毡；温度过高时，可用苇帘遮盖降温。相对湿度一般为 85%～95%。至于光照，在扦插 3 d 内可进行遮光，4～6 d 中午前后遮阴，7 d 后不必遮阴，特别是在幼苗开始生长时更需要见光。当幼苗形成了完整的根系，并达到适宜苗龄时，便可移栽到大田中。

扦插繁殖的步骤如图 3-8～图 3-14 所示。

图 3-8　营养土的准备

图 3-9　插床准备

图 3-10　草花插穗的准备

图 3-11 嫩枝扦插插条准备

图 3-12 嫩枝扦插

图 3-13 扦插后管理

图 3-14 扦插后成活的草花

任务二 常见蔬菜扦插育苗技术

一、番茄扦插育苗技术

番茄具有较强的分枝能力，其茎部易产生不定根，采用侧枝扦插，成苗率达90%以上。番茄侧枝育苗时间短，一般 15～20 d，最多 25 d 即可成苗，可大大缩短占用棚室土地的时间。侧枝扦插育苗研究表明，扦插育苗期较种子育苗期缩短 31 d，定植期、结果期均可提前 30 d，延长了结果期，减少了投入，为番茄生产开辟了新的途径。此外，生产上种植的优良品种有时从国外引进，种子价格较贵，留种又难以保证原品种的优良特性，有关对番茄嫩枝扦插育苗效果的报道，利用扦插繁殖，不仅可以增加繁殖系数，同时还能保证原有品种的优良性状，针对国外高昂的种子价格，扦插育苗更具实用价值和意义。

（一）基质准备

将砂石、珍珠岩、蛭石等混合基质直接装在塑料槽或穴盘里进行番茄侧枝扦插。试验证实轻基质扦插明显优越于传统的砂石扦插，多种基质配合使用效果更佳。不同基质对番茄成苗的影响非常显著，其中，以珍珠岩+蛭石（1∶1）处理效果最好，其次是珍珠岩+蛭石+砂石（1∶1∶1），最差的是砂石。

珍珠岩和蛭石同属容重小、空隙度大的轻基质，如果单独使用，珍珠岩虽然扦插生根快，根数多，但由于其保水性差，后期表现不佳。而蛭石保水性强，但透气性稍差，扦插后生根较慢，根数少，二者混合使用是比较理想的扦插复合基质。

（二）番茄扦插技术与方法

1．扦插育苗的适宜时期

番茄生产上主要有春番茄、夏番茄、秋延后番茄三大茬。生产上常利用春番茄侧枝扦插培育夏番茄苗，利用夏番茄侧枝扦插培育秋延后番茄苗，具有苗壮、早熟、节省种子和用工、育苗期短的优点。故常选择春茬和秋茬栽培番茄作为扦插供体，每年的 3—6 月、9—12 月都是扦插的适宜时期。最热的 7、8 月，最冷的 1、2 月也可以进行扦插，但技术要求较高，较难掌握，成活率相对较低。

2．番茄扦插枝的选择

番茄扦插只要光、温等主要条件适宜，便可周年进行番茄扦插育苗，但因插条所取部位和老嫩程度不同，育苗成活率存在较大差异。取自母株顶部的侧枝较为粗壮，扦插后 5～9 d 开始生根，成活率达 98%以上。取自中下部的侧枝长势稍弱，扦插后 7～12 d 开始生根，成活率达 92%以上。

通常扦插育苗宜选择健壮无病、适应性强、生长旺盛、抗病丰产、耐寒耐热、商品性好的母株，结合田间整枝进行。选择第一花序以下侧枝，6～8 片真叶的侧枝，长度为 15～20 cm，轻轻掰下。去掉下部叶片，每枝顶端留 3～4 片叶，剪口留至距下节 0.5 cm 处，放齐捆成束。插穗按大小分级，随采随插。

3．基部切口

侧枝选好后，最好用刀片将其从基部轻轻切下，切口应平滑，呈马蹄形，以利于伤口愈合。除去基部 3 cm 以内的叶，把插穗摊放在室内 5～6 h，使切口稍干愈合。

愈伤组织在番茄扦插过程中起着极为重要的作用，切面角度为 30°的愈伤组织比 45°的更利于提高番茄扦插的成活率和发根速度。这是因为番茄扦插中不定根通常发生在愈伤组织的周边区，愈伤组织面积越大，越有利于提高扦插成活率和发根速度。愈伤组织面积大，吸收水分速度快，可减缓插穗的萎蔫。

4．扦插枝处理

即使不用任何药剂处理番茄侧枝，直接进行扦插，也可成活，但发根慢，成活率低。为促进发根，可采用生长调节剂处理。

（三）扦插后的管理

1．前期管理（愈合期）

扦插后 5～7 d 为扦插枝生根成活前期阶段，对温度、湿度和光照的要求较实生苗严格。

（1）温度　一般扦插床的最低温度应不低于 15℃。苗床气温白天保持 28～30℃，夜间 17～18℃，地温保持 18～23℃。气温超过 30℃时遮阴降温，但不能通风，防止枝叶萎蔫。

（2）湿度　扦插苗成活前，应保持苗床内较高的土壤湿度和空气湿度。低温期扦插育苗，一般不需要浇水，而高温期育苗，苗床内失水较快，要勤喷水。每天用喷雾器对叶面喷水 3～4 次，空气相对湿度保持在 95%左右，注意不能对苗床浇水，防止因水分过多造成扦插枝基部腐烂。

（3）光照　扦插后 1～3 d 适当遮阴，3 d 后视扦插苗的萎蔫程度，慢慢撤去覆盖物。遮光可用遮阳网、旧塑料以及草帘等，一般遮光率以 70%～80%为宜。

2．中期管理（主根期）

扦插后 7～14 d 枝条伤口已愈合，开始萌发不定根，此时枝条已有一定的吸水吸肥能力。据观察 10 d 时根最长可达 10 cm，二级根长达 1 cm 以上，此时扦插苗进入迅速生长阶段，应撒一次细土以保墒，喷一次 40%～50%的矮壮素 1 000 倍液防止徒长。

此期间，白天保持 25～28℃，夜间 7～15℃，地温仍保持 18～23℃。进一步撤掉遮阴物，增加光照，促进植株光合作用。由于扦插苗的叶片比较大，苗床内容易发生拥挤，导致通风不良，管理上要适量通风。5～7 d 喷一次 0.1%尿素+磷酸二氢钾混合液，以供给光合作用所需的水分和营养元素。用百菌清加蚜螨净进行防病治虫，及时抹除腋芽和花蕾促使苗壮。

3．后期管理（成苗期）

扦插 15～20 d 后，枝条下端已萌发出 5 cm 以上的新根 5～7 条和许多短、突的不定根，此时根系吸水、吸肥能力能基本满足扦插枝生长需要。

当扦插枝已形成完整的新株体，就可以按正常苗进行管理。苗床白天保持温度 25～28℃，夜温 12℃以上。撤去小拱棚，浅中耕，追施叶面肥 2 次。注意控制秧苗徒长，定植前 1 周，进行炼苗。

二、甜椒扦插育苗技术

甜（辣）椒植株木质化程度较高，比较适合扦插繁殖，尤其是近几年引进国外的水果型彩色甜椒，具有植株高大、抗病、耐阴、果大肉厚、色彩鲜艳等特点，适合周年生产，但由于这些品种种子价格昂贵，使大面积的推广应用受到限制。所以采用扦插育苗技术更具实际应用价值。

1. 基质准备

同番茄。

2. 精选插枝

首先选择符合品种特征、健壮抗病、坐果结实能力强的单株，然后选择枝条，一般取植株中部易生不定根的部位的侧枝，茎粗至少应在 0.6 cm 以上，枝条太细组织柔嫩，扦插容易腐烂，在可能的情况下，枝条越粗越好。

3. 扦插方法

将选好的枝条在分杈部位用锋利刀片斜切长 10 cm 左右的插枝，此处分生组织较多，容易生根。将切口处在 $2\,000\times10^{-6}$ 萘乙酸溶液中蘸 5～10 s，立即插入基质，深度为 3～4 cm 随即用手将基质压实，使插条与基质紧密接触，然后浇透水，但不能积水，以防腐烂。插后立即用遮阳网遮阳、保温、保湿。

4. 插后管理

甜椒扦插后发芽、生根的快慢及成活率的高低，取决于温度、湿度管理，最适温度 25～28℃，温度过高易失水，过低生根慢。相对湿度一般为 85%～95%，前期在遮阳的情况下，视天气及基质水分状况，适当喷水，湿度过大容易腐烂。扦插 10 d 后，可以不必遮阳。在温度、湿度适宜的情况下，一般 10 d 可以形成愈伤组织，2 d 可以生根，此时幼芽开始生长，需要光照。如果取枝恰当，管理细致，甜椒扦插成活率在 90%以上。

当幼苗形成完整的根系，并达到适宜苗龄时，便可移栽定植到大田中。一般从扦插至成苗需 35 d 左右。

任务三 常见花卉扦插育苗技术

一、切花菊的扦插育苗技术

进行切花菊的扦插繁殖，要铺设好苗床，完成制备插穗、生根处理、扦插、肥水管理及病虫害防治等工作，才能确保切花菊的质量。

1．苗床准备

（1）育苗地的选择与苗床的制作

①应选择在温室内进行；

②整理制作苗床。清理棚内地面，然后将苗床平整。

（2）基质的配制与消毒

①基质配制：扦插用的基质很多，可以根据生产基地实际情况使用不同的基质，常用的基质有清河沙（不能太细，太细透水性不好，也不能太粗，那样保水性差，一般选择直径 1～2 mm 的清水河沙），珍珠岩与蛭石 1∶1 的混合基质，珍珠岩与碳化稻壳 2∶1 的混合基质，也可只用草碳土做基质。其中使用草碳土基质利用 108 孔穴盘育苗效果最好。

②基质消毒：扦插床每次使用之前必须不断翻动床内基质，利用太阳光进行暴晒消毒，将五氯硝基苯、多菌灵液和一些土壤杀虫剂混合均匀洒于基质中，用铁锹进一步翻拌均匀，也可使用敌克松 200 倍液喷洒插床。

③铺苗床：先在苗床底部铺一层塑料布，将消毒后的营养土铺在塑料布上，苗床一般宽 90 cm，长度根据棚室的实际情况来定。一般用砖砌成或直接用土，床底部铺一层旧塑料薄膜。深度为 15～20 cm 的育苗床，内填充 10～15 cm 的扦插基质，过道宽 24 cm。用板条刮平，床土厚度要一致，苗床表面要细、平、光滑。扦插床上 1.7 m 高度架设补光灯，保证扦插池最小光照度 50 lx 以上。

2．生根剂准备

(1)选择生根剂　生根剂是属于植物生长调节剂促进剂类的生长素类化合物，在花卉生产应用中有吲哚乙酸、吲哚丁酸、萘乙酸、复硝酚钠等多个成分，其作用是在植物体内维持植物的顶端优势，诱导同化产物向产品（果实）运输，促进植物生根等。

目前市面上的生根剂主要分为以下三大类：常见的生根壮苗剂（吲哚乙酸、萘乙酸钠等单类化合物或者按照科学配比的上述几种化合物的混合物）、生物菌与生根剂混配的复合型生根剂（ABT 生物菌、生根粉）、营养元素与生长促进剂类物质复配的生根剂类（根块膨、芳润根佳等）。

吲哚乙酸（IAA）是一种促生根类的植物生长调节剂。诱导作物形成不定根，经由叶面喷洒、蘸根等方式，由叶片、种子等部位传导进入植物体，并集中在生长点部位，促进细胞分裂，诱导形成不定根，表现为根多，根直，根粗，根毛多。

根块膨是集营养、调节、抑菌、解毒四大功效于一体的新型功能性营养调节产品，是地下块根、块茎类花卉专用杀菌诱导增产药品，可提高种子及块根地下活力，促进块根的发育，提高块根块茎的营养集结，并能增强地下作物的抗病、抗旱、抗涝等抗逆能力。

（2）生根剂的制备　用百分之一电子天秤称取 0.1ABT_2生根粉，将生根粉放入烧杯然后加 10 mL 酒精，用玻璃棒搅拌溶解；在 1 L 容量的容器中加入 1/3 清水，将溶解后的 ABT_2 生根药剂倒入，加水定容。

3．插穗的准备

（1）选取母穗　育苗得先育母株，母株宜用组培苗。母株摘心 20～30 d 后，可采插穗。选用生长在阳光充足，发育健壮，节间短，无病强健的母本枝条上进行剪取。剪插穗的第一天及当天早晨，母本先浇水，使插穗含水充足，易于生根成活。

（2）剪切插穗　在选择好的母株上，剪取长度为 6～8 cm 的嫩梢部插条，插穗保证 3～4 节，长度保持一致。保证顶部两叶一心，如穗条萎蔫，需吸清水 0.5 h。冬季扦插最好蘸生根剂 5s 左右。

（3）处理插穗　去掉下部 1～2 节上的叶片，上部带两个腋芽，叶子剪去一半。

（4）保存插穗　为了实现批量生产，将插穗放入衬有塑料薄膜的箱中或塑料袋中，而后置于 0～4℃处，可保存 1～2 周。

（5）生根处理　整理好插穗后，将插穗的基部在上述配制的生根剂溶液中蘸 3～10s 后再扦插，促进生根。每次扦插时插穗也要进行消毒处理，一般用阿米西达 800 倍液，或苯咪甲环唑 800 倍液浸泡 10 min（防白锈病），也可用百菌清 1 000 倍液浸泡。药剂处理 1 h 后就可以用生根剂处理进行扦插。

4．扦插

先用和插穗相当粗细的竹签依株行距为 3 cm×3 cm、深度为 3 cm 打插洞。蘸完生根剂的插穗用塑料盆等容器盛放，放置于作业道上，边插边取。左手递穗右手扦插，右手拇指与食指捏住插穗距基部 2.5 cm 处，垂直将插穗插至孔穴底部，插穗无叶部分埋入基质中 2 cm 左右，向下按使基质与插穗结合紧密。叶片的方向以互不覆盖和不影响光合作用为宜。

5．扦插后管理

扦插育苗期间，幼苗与环境的矛盾主要是幼苗生根以前下部吸收能力很弱，而上部仍需要水分和营养的供给，易造成枯萎。解决的方法就是采用适当的遮阴与供水，以降低温度，减少蒸发，调节幼苗对水分的需要。

扦插完成后用喷壶从上方少量浇水，使插穗与基质结合紧密，同时保证充足的水分。如果有喷雾设备，随即根据湿度自动喷雾，实施由多至少的喷雾管理。喷雾频率根据蒸发量的大小而自动变化，使叶面始终保持一层水膜。初步生根后调节蒸发量，以叶面不萎蔫为度。

用竹片在苗床上方架设小拱棚，用透明塑料薄膜将苗床完全罩起，最后再覆盖 50%遮阳网遮光。扦插后一周内应对插床进行全天遮阳处理，到第 7 天插穗已经长出愈伤组织，此时应撤掉遮阳网，只在中午阳光强烈时遮上，保证膜内温度在 28℃以下。到第 12 天，插穗根系已经长出，此时去掉塑料膜，浇水，次日喷洒杀菌、杀虫剂，炼苗 3 天，到第 15 天，扦插苗就生根完好，可以进行栽植了。

二、月季扦插繁殖技术

扦插繁殖不仅可以保持母本的优良特性，而且简单易学、繁殖速度快、成活率高。

1．扦插时间

在春、秋两季均可进行。春季在 4 月下旬至 5 月底，此时气候温和，枝条活力强，插后一个月即可生根，成活率高。秋季扦插在 8 月下旬至 10 月底进行，此时扦插会受昼夜温差大的影响，生根相对较慢，要 40～50 d 才能生根，成活率比春插稍低。

2．插床准备

（1）在向阳地段选择土层深厚、结构疏松、通透性能佳、富含腐殖质、排水良好的地块作插床。扦插前将棚室内土壤耕翻、耙磨后每亩地施入腐熟有机肥 2 500～3 000 kg，结合施肥用辛硫磷、晶体敌百虫、阿维菌素等农药配制毒土撒施杀灭地下害虫，再用塑料薄膜覆盖 3～4 d，揭膜后 1 周扦插。肥料、毒土与表层土壤充分掺匀后在上面均匀覆盖一层 5～6 cm 厚的干净河沙。铺好沙后，按需要的规格（一般宽 1～1.2 m）做好苗床并铺好步道。做好苗床后浇水一次，以浇透沙床为宜。

（2）安装微喷设施。为了保证扦插苗木所需的高空气湿度和适当的苗床湿度，要在设施内安装微喷系统调节湿度。要提前设计好微喷系统的供水、供电系统，试验好喷头的工作半径，确保微喷系统在苗床上没有死角。苗床做好后随即安装好微喷系统待用。

3．插穗的选择与修剪

选择当年生、没有病虫害的健壮枝条（以花后枝条较好），剪除枝条上部未木质化或半木质化枝，选取枝条中、下部，每 10～12 cm 剪截 1 段作为一根插穗，其上保留 3～4 个腋芽。春季扦插时不留叶片或仅保留顶部 1～2 片叶片，秋季扦插不保留叶片以防插条内水分和养分流失，以利扦插生根及控制枝、叶生长。插穗剪口要平滑，以便形成愈伤组织。另根据月季品种不同分开放置，以免品种混淆，有条件的情况下最好是一个品种插完再开始扦插另一个品种。

4．扦插前的处理

为了提高扦插成活率，插前要用促发生根类药剂和促进根系生长类药剂对插穗进行药剂处理，此项也是影响扦插成活率最大的一个因素。扦插前药剂处理又分为浸泡法和速蘸法两种。浸泡法较速蘸法稳定且处理效果好，如果操作允许，一般采用浸泡法处理。

（1）浸泡法　剪好插穗，整齐扎捆，用（30～50）$\times10^{-6}$ 的 ABT_2 生根粉溶液或（30～60）$\times10^{-6}$ 的 NAA 加（20～30）$\times10^{-6}$ 的 IBA 混合溶液或（50～100）$\times10^{-6}$ 的根宝 3 号浸泡插穗基部 3～4 cm 处 30～60 min，取出后插入苗床。

（2）速蘸法　剪好插穗，整齐扎捆，在（200～500）$\times10^{-6}$ 的 ABT_2 生根粉溶液或（100～500）$\times10^{-6}$ 的 NAA 加（100～200）$\times10^{-6}$ 的 IBA 混合溶液或根宝 3 号原液中速蘸 1～5 s，取出后稍干即可进行扦插。

5．扦插

（1）苗床消毒　扦插前 2～24 h 对苗床进行消毒处理，可用 50%的多菌灵可湿性粉剂 800～1 200 倍液、75%的百菌清可湿性粉剂 600～800 倍液、65%的代森锰锌 500～800 倍液、50%的甲基托布津 500～800 倍液进行苗床喷雾消毒，喷药要均匀、到位、不留死角。

（2）扦插　扦插要尽可能做到随剪枝、随剪穗、随处理、随扦插。为防止扦插时伤及插穗皮部，一般先用专用苗锥在沙床上打孔（密度一般 4 cm×4 cm 或 4 cm×5 cm，5 cm×5 cm，根据苗床情况自己设定），再将插穗插入孔内。插后用手将插穗周围的空隙压实。随即浇 1 次透水，使插穗与土壤紧密结合。

6．插后管理

（1）春季扦插温湿度的管理　由于气候的原因，春季扦插气温上升快，中午温度高、光照强。要覆盖遮阳网降低光照和温度。春插月季一般用 70%～80%的遮阳网。白天温度控制在 25～32℃，夜间温度控制在 12～15℃有利于月季快速生根。相对湿度要求不低于 80%。

（2）秋季扦插温湿度的管理 秋季扦插多用保温性能好的温室（大棚）进行扦插，以便生根和生根后继续生长。扦插前盖好棚膜，扦插后夜间要加内盖内棚进行保温。要注意白天温度不可太高，中午打开通风口降温，保持温度 20～25℃，夜间保持 13～15℃的气温和 20℃左右的地温。秋季扦插湿度可稍低，中午气温高时可短时间降至 70%，但不得低于 70%。

月季扦插所需的适宜的空气湿度因扦插季节稍有不同，沙床湿度以沙子手握成团、手松即散为适宜。

（3）施肥 插条需肥量不大，在整地时已施了基肥，故在成苗移栽前无须再土壤施肥，但要进行叶面施肥以补充生根和生长所需的养分和微量元素。在扦插后 1 个月左右，每 15 d 轮流用 0.3%的尿素液肥和 0.2%的磷酸二氢钾液肥进行 1 次叶面施肥，以促进根系生长。

（4）除草 要及时拔除插床内的杂草，注意不要将扦插苗拔起。

7．炼苗

生根后，要逐渐延长其通风和光照时间，以提高适应外部环境的能力。待其完全适应外部环境后，移栽成活率可大大提高。

8．病虫害防治

月季病害主要有黑斑病、白粉病、叶枯病等，虫害有刺蛾、蚜虫等，地下害虫主要是地老虎和蛴螬。

（1）防治黑斑病可喷施多菌灵、甲基托布津、达可宁等药物。防治白粉病于发病期喷施多菌灵、三唑酮即可，但以国光英纳效果最佳。在叶枯病防治上，除加强肥水管理外，冬天应剪掉病枝病叶，清除地下落叶，减少初侵染源。发病时应采取综合防治措施，并喷洒多菌灵、甲基托布津等杀菌药剂。

（2）危害月季的刺蛾主要为黄刺蛾、褐边绿刺蛾、丽褐刺蛾、桑褐刺蛾、扁刺蛾的幼虫，于高温季节大量啃食叶片。一旦发现，应立即用 90%的敌百虫晶体 800 倍液喷杀，或用 2.5%的杀灭菊酯乳油 1 500 倍液喷杀。蚜虫主要为月季管蚜、桃蚜等，及时用 10%的吡虫啉可湿性粉剂 2 000 倍液喷杀。

（3）地下害虫的防治可用 50%辛硫磷或晶体敌百虫加适量水，拌入过筛的细土中，混合均匀，在苗床上撒施，每亩用量 0.5～1 kg，或用 50%辛硫磷乳油或 2.5%溴氰菊酯 1 000 倍液苗床喷雾防治。

任务四 常见果树扦插育苗技术

一、葡萄扦插育苗技术

葡萄扦插育苗就是直接利用葡萄枝蔓进行扦插培育苗木。根据所用枝条类型不同，扦插育苗可以分为硬枝扦插和绿枝扦插两种，生产上常用的是硬枝扦插。

1. 扦插生根的原理

葡萄枝蔓的节或节间都能生根，这种根叫不定根。葡萄枝蔓上发生不定根是由枝蔓皮层下面的中柱与髓射线交接部分的中轴鞘细胞分裂而成的，而不是从愈伤组织上产生的，所以在扦插育苗的实践中，常常可以见到葡萄扦条基部并未长出愈伤组织，却在节间或节的部位发出了根，或者出现大量愈伤组织而却没有根的现象。虽然愈合组织与不定根的产生没有直接的关系，但愈伤组织的形成对于防止病菌侵入、保护剪口不腐烂、营养物质不流失都有重要的作用并且为发根创造了条件。

从枝龄上看，一年生枝条和嫩枝生根较好，而多年生老蔓生根较差。

在进行葡萄育苗选择繁殖材料时，一定要注意以下三点：

（1）葡萄枝蔓的节间不能产生不定芽，所以扦插条必须要有一个饱满的芽。

（2）葡萄的根不能产生不定芽，因此葡萄不能用根插。

（3）葡萄的枝蔓在其形态顶端抽生新梢，在其形态下端抽生新根，这种现象称为“极性”，扦插时要特别注意不能倒插。

葡萄不同种类再生不定根的能力不一，欧洲种葡萄和美洲种葡萄比山葡萄、圆叶葡萄容易发根，同一种类的不同品种间扦插生根的难易程度也互不相同，如巨峰系品种中，藤稔就是一个较难扦插生根的品种。

葡萄枝蔓储藏营养物质的多少与生根有密切的关系。在营养物质中，糖类对发根有重要的作用（试验证明葡萄插条中淀粉含量高时发根好），其次氮素化合物也是发根必不可少的营养物质。适量的氮素营养有利于插条生根，所以枝条充分老熟、健壮充实是生根良好的首要条件。

2. 插条的采集和储藏

插条采集应在已经结果且品种特征纯正的优良植株（母树）上进行采集。而不应在一些表现不良、病虫危害严重和尚未结果的幼树上采集插条（俗称娃娃条），以防造成苗木质量变劣和品种退化。

插条的采集一般结合冬季修剪同时进行，选发育充实、成熟好、节间长短适中、色泽正常、芽眼饱满、无病虫为害的一年生枝蔓作为插条，将其剪成 7～8 节长的枝段（50 cm 左右），每 50～100 条捆成 1 捆，并标明品种名称和采集地点，放于储藏沟中沙藏。储藏沟设在地势高燥的背阴处，沟深 60～80 cm，长度和宽度依储藏枝条数量而定。储藏前先在沟底铺一层厚 10～15 cm 的湿沙，插条平放或立放均可，但应在放置每一层枝条后撒上一层湿沙，以减轻枝条呼吸发热。如果没有沙子也可用土，土的湿度为 10%左右，捆与捆之间用细土填充。摆放插条的层数以 2～3 层为宜，过多时不便于检查管理，也易造成发热霉烂。插条中间每隔 2 m 左右竖一直立的草秸捆，以利沟内上下通气。枝条放好后，最上面可覆一层草秸或塑料薄膜，最后再盖上 20～30 cm 厚的细土。插条储藏期间应注意经常检查，使储藏沟内温度保持在 1℃左右，一般不应高于 5℃或低于−3℃。温度过高枝条呼吸增强，消耗养分增多，且易生霉；温度太低芽眼易受冻害。储藏沟内湿度也要合适，若发现湿度过大、枝条发霉时，要及时翻晾通风，重新储藏。

除采用储藏沟沙藏枝条外，也可用地窖、窖洞等设施储存插条，枝条在设施内用湿沙掩盖，设施内温度、湿度按上述要求进行调控。

3. 扦插繁殖方法

普通扦插繁殖方法有不催根扦插和催根扦插两种。

（1）不催根扦插（露地扦插育苗）　春季将储藏的枝条从沟中取出后，先在室内用清水浸泡 6～8 h，然后进行剪截。一般把枝条分别剪成有 2～3 芽的插条。插条一般长 20 cm 左右，节间长的品种每个插条上只留 1～2 个芽。剪插条时上端在芽上部 1 cm 处平剪，下端在芽的下面斜剪，剪口呈“马耳状”（剪口距芽眼近时易生根）。插条上部的芽眼要充实饱满，扦插后若第一芽眼受损害，第二芽眼即可萌发，这样有利于提高扦插成活率。

育苗地应选在地势平坦、土层深厚、土质疏松肥沃、同时有灌溉条件的地方。头年秋季土壤深翻 30～40 cm，结合深翻每亩施有机肥料 3 000～5 000 kg，并进行冬灌。早春土壤解冻后及时耙地保墒。扦插分平畦扦插、高畦扦与垄插，南通地区主要是高畦与垄插，但要注意排水。在扦插前要事先做好苗床。苗床大小应根据地块形状决定，一般畦宽 1 m，长 8～10 m，扦插株距 12～15 cm，行距 30～40 cm，每畦内插 3～4 行。扦插时，插条斜插于土中，地面露一芽眼，要使芽眼处于插条背上方，这样抽生的新梢端直。垄插时，垄宽约 30 cm，高 15 cm，垄距 50～60 cm，株距 12～15 cm，插条全部斜插于垄上。插后在垄沟内灌水，若有条件采用覆盖地膜后扦插效果更好。无论采用哪种扦插方法，扦插时必须注意插条上端不能露出地表太长，同时要防止倒插和避免品种混杂。

扦插时间以当地的土温（15～20 cm 处）稳定在 10℃以上时开始。

葡萄扦插后到产生新根前这一阶段一定要防止土壤过干，一般 10 d 左右浇 1 次水。但浇水过多，土壤过湿，地温降低，土壤通气不良也影响插条生根。当插条生根后要加强肥水管理。苗木进入迅速生长阶段，这时应追施速效肥料 2～3 次。待枝条充分成熟，应停止或减少灌水施肥，同时加强病虫害防治，进行主梢、副梢摘心，设立柱桩或在育苗畦、垄内拉置铁丝，将苗木绑缚扶直，以保证苗木生长健壮，促进加粗生长。苗木生长期间，要及时中耕锄草，改良土壤通气条件，促进根系生长。

露地扦插是最简单的一种育苗方法，成本低，易推广，但若管理不当，扦插成活率低、出苗率低。另外，露地扦插，苗木生长期较短，苗木质量相对也较差。一般露地扦插每亩扦插 6 000～7 000 根扦条，成苗率在 60%～70%。

（2）催根扦插　春季气温回升较快，而地温上升较慢，露地扦插往往插条先发芽，后生根，发芽和生根的时间相差 20 多天，如果管理不当，萌发的嫩芽常因水分养分供应不足而枯萎，严重影响扦插的成活率。其原因是葡萄芽眼萌发要求温度较低，一般在 10℃左右就可以发芽。而生根要求温度高，在 25～28℃时生根才最快。催根就是根据葡萄生根时对温度的要求，人为地加温促使插条基部根原始体细胞加速分裂，促进不定根形成。生产上常用的催根方法有温床催根、火坑催根、电热催根和化学药剂处理催根。

化学药剂处理：采用药剂处理能有效促进生根。药剂的主要作用是加强插条的呼吸作用，提高酶的活性，促进分生细胞的分裂。促进生根的药剂种类很多，其中以 50 mg/kg 吲哚丁酸（IBA）或 50～100 mg/kg 萘乙酸（NAA）浸泡插条基部 12～14 h 效果最好。为了少占用容器，用 300～500 mg/kg 萘乙酸快速蘸根 5～10 s，然后立即催根或扦插也有良好的催根效果。

ABT 生根粉含有生长刺激素及多种化学药品，也是一种良好的催根药品。使用时先将 1 g 生根粉溶解在 500 mL 酒精中，然后再加 500 mL 蒸馏水或凉开水，配成 1 000 mg/kg 的 ABT 原液。原液应保存在避光冷凉处，使用时再稀释。一般葡萄扦插时，可用 50～100 mg/kg（即将原液稀释 10 倍为 100 mg/kg，稀释 20 倍为 50 mg/kg）的 ABT 溶液，将剪好的插条基部 2～3 cm 处浸 1～2 h，然后取出插条进行扦插。在一般条件下，1 g 生根粉可处理 4 000～6 000 根插条。ABT 生根粉同样可用于绿枝扦插。

无论用哪种催根方法，为了保证良好的催根效果，必须注意以下几点：①不同催根方法催发生根时间互不相同，但一般最适宜进行扦插的催根程度是根原体突破皮层 0.5 cm 左右时即可进行扦插，如催根后新根生长过长，扦插时容易碰断新根，影响扦插成活率。②催根时间要灵活掌握。如果催根后直接在露地扦插，催根宜略迟，以便处理后即可进行露地扦插；如果在保护地育苗，可适当提早催根。③加热催根时，催根后期要有个逐渐降温的过程，使新根适应外界环境条件后再进行扦插育苗。④经过催根处理的插条，在扦插时切忌损伤根原体。扦插到苗床以后要灌足水，使新根与床土密切结合。⑤采用加热催根的插条，有时会出现顶芽微微萌动或小叶伸出的情况，这时仍可进行扦插，但对这类插条一定要加强水分管理和地下部温度控制，防止新芽徒长，保证新根及时长出。

二、葡萄快速繁殖法

1．葡萄单芽塑料袋快速育苗法

育苗前先用宽 19 cm、长 16 cm 的塑料薄膜对黏制成高 16 cm、直径约 6 cm 的塑料袋，也可用市面出售的相应规格的塑料袋，袋底剪一个直径 1 cm 的小孔或剪去袋底的 2 个角，以利排水。同时，用土和过筛后的细沙及腐熟的厩肥按沙∶土∶肥＝2∶1∶1 的比例配制成营养土。沙的比例不能太小，以防袋内土壤黏重影响生根，但沙的比例也不能太大，以防栽苗时土团散开。

塑料袋育苗可在温室、大棚中进行，在温室中最容易管理。温室育苗时将塑料袋盛满营养土，使袋内土面离袋口约 1 cm，然后将营养袋整齐地排列在育苗畦中。一般 1 m^2 阳畦可摆放 400 个营养袋。扦插时将储藏的插条剪成芽段，即在芽眼上方 1 cm 处平剪，在芽下留 3～5 cm，斜剪（双芽扦插时在靠近第二芽下方斜剪，剪成马耳状）。将剪好的芽段用催根药剂处理后，直插在已摆好的营养袋中央，插条的顶芽与袋内土面相平。扦插完后，灌 1 次透水，同时在育苗畦上架设简易的拱形支架，上盖塑料薄膜，晴天将薄膜揭开，进行通风，外界降温时或夜间盖严，使畦内白天的温度保持在 20℃以上，不超过 30℃，夜间温度保持在 10℃以上即可。

在管理良好的温室中，从扦插到出苗，一般需要 50～60 d 时间，各地可根据出苗定植时间决定开始育苗的时间。

扦插后的管理工作较为简单，主要是保持袋内适当的湿度，切忌袋中积水。营养不足时，在长出 2～3 片叶后，可补充喷施 1～3 次 0.3%尿素及磷酸二氢钾液。苗木长到 20～25 cm 时，大约有 4 个叶片平展，外界已无霜冻时即可连袋一起在露地定植。

单芽塑料袋育苗的优点是：①节约插条。②栽植时成活率高。塑料袋育成的苗木，根系发达，栽时摘掉部分塑料袋后不散土、不伤根，栽植后不缓苗，苗木一直生长，成活率一般可达 95%以上。③节省土地和劳力。采用露地扦插育苗，一般每亩出苗 5 000 株左右，而采用保护地塑料袋育苗，每亩可出苗 10 万余株。

同时插后管理也较简单，只需浇水，不需中耕松土，并且起苗和假植、运输也很方便。④可提早结果。塑料袋育苗苗木在华北地区 5 月初即可定植，由于定植后无缓苗过程而且生长期相对延长，当年植株可以成形，第二年即可开始结果。

塑料袋育苗的关键是要注意控制水分。水分过多，会造成插条腐烂变质，所以要经常检查。在温室中进行塑料袋育苗时，温室的温度白天保持在 25～28℃，最高不能超过 30℃，夜间温度不能低于 15℃。

2．电热育苗或电热催根温室育苗

这种育苗方法实际上是在电热催根的基础上，把插条在电热温床上一直培育成苗或者电热催根后扦插到温室中育苗，因此成苗率更高，苗木生长时间也相对较长，一般比普通露地扦插能延长生长期 2 个月左右，容易达到当年壮苗，第二年结果的目的。

3．地膜覆盖育苗

葡萄扦插前先用地膜覆盖苗床育苗地垄，地膜四周用土压紧，扦插时先用较粗的带尖木棍在苗床上插个洞，然后将插条放入洞内，使其最上边的芽高出地面 0.5 cm 左右，插条下部扦插孔用细土密封好，然后灌 1 次透水。

地膜的主要作用是提高地温，保持土壤水分，促进葡萄苗木的良好生长。覆盖地膜减少了土壤水分的蒸发，防止了土壤板结以及杂草的丛生，同时也减轻了复杂的苗圃管理工作。但要注意，当温度高时，覆膜会发生烧苗现象，这时要在地膜上覆土或覆盖草秸或及时揭掉地膜防止烧苗。

任务五 常见园艺绿化植物扦插育苗技术

一、一品红的扦插育苗技术

现在高档的一品红种苗一般都采取在温室大棚中以泡棉或泥炭土为基质、以嫩梢作为插穗栽培，用这种方法培育出的种苗长势整齐、根系发达、成活率高。

1．插穗的剪取

剪苗前应准备的工具：干净的塑料袋，在袋上打 8～10 个直径约 5 mm 的通气小孔，袋中铺一张已经消毒的湿报纸，5 把剪苗用刀具，装有 0.3%～0.5%高锰酸钾消毒液的小盆子。

取苗前先将工作区域的遮阳网打开，取苗的母株应是专门培育的优良品种，切忌从开过花的植株上取苗，用刀具从母株上剪取长生健壮、无病虫害的嫩梢，长度为 3～4 cm（包括芽的长度），摘去嫩梢下部 1～2 片叶，每剪取 10 条嫩梢应立即放入袋中，以免嫩梢失水过多，每剪 5 棵母株应换一把刀具，使用过的刀具放回装有高锰酸钾消毒液的盆子中，经消毒后方能再次使用，刀具的拿、放要按先后顺序。

每袋大约可装嫩梢 150 条，每装满一袋插穗后，用湿报纸包裹好插穗，再将袋口封好，在袋外面贴上写有采取插穗的品种、数量、采收人等事项，这样做的目的是防止品种的混淆及采收的插穗质量的监控。插穗采收完后应对母株喷施杀菌剂。

采收好的插穗要尽快地运到温度为 18℃左右的库房或空调房中，存放约 1 d 后，再拿出来扦插。切忌采取完后立即拿来扦插，因为未待嫩梢的切口流出的胶液凝固、阴干就扦插会影响将来插穗的出根。

2．扦插

扦插前要对摆放用的铁床、卡槽、穴盘（新穴盘可免消毒）进行消毒处理。铁床可用常见的消毒剂喷雾消毒，卡槽、穴盘可用 0.3%～0.5%的高锰酸钾溶液浸泡消毒。

在铁床上将卡槽摆放、固定好，卡槽间间隔约 6 cm，再将穴盘钳入卡槽中，后将泡棉放置于穴盘内。扦插前对泡棉淋透三次水，目的是使泡棉充分软化及冲淋掉泡棉中的粉渣以免以后根部积水。

在白天进行扦插操作时应将工作区域的遮阳网打开，用经高温消毒的红泥加适量的吲哚乙酸拌成糊状，作为生根剂。扦插时将插穗蘸一下生根剂，插穗蘸生根剂的深度约为 1 cm，扦插深度以恰好露出整个嫩芽为好。扦插完后要尽快淋透水。

3．后期管理

（1）拨心　即拨开遮住嫩芽的叶片和过于荫蔽的叶片。在扦插完的当天或第二天对扦插苗进行拨心，拨心的作用是为了让嫩芽、叶片更好地接收光照。这项工作在此后的育苗管理工作中视种苗的生长情况再进行 1～2 次。

（2）肥水管理　一品红喜微酸性，浇灌用水 pH 应在 6.0～6.5，保持基质湿润，出根前白天经常向叶面喷雾，正常情况大约 30 min 一次，每次 3～5 min，保持叶面湿润。傍晚停止喷雾，以免夜间湿度过大引发病害，这点在气温较低的季节尤为重要。

出根后停止喷雾，根据基质（泡棉）的湿润情况，1～2 d 淋一次水肥，此阶段一般不需单独淋水。水肥 EC 为 0.8，每次淋水肥都要检测流出液的 EC、pH，如流出液的 EC 过高，改为淋清水，待 EC 恢复正常后再淋水肥。大约在扦插 15 d 后，将水肥的 EC 上调为 1.0，水肥所用的肥料最好是一品红生长期专用肥。

（3）光、温、湿管理　除夏季光照较强外，一般情况下不需遮阴，秋冬季育苗夜间进行 3～4 h 的补光。

白天湿度保持在 85%左右，晚上棚内湿度适当降低一些。白天棚内湿度以 25～28℃为宜，晚上以 20℃左右为宜，冬季晚上温度不能低于 15℃，如低于 15℃，应加盖薄膜。

（4）病虫害防治　常见的病害有根腐病、茎腐病，可使用福美双、苯菌退防治。

常见的虫害有白粉虱、蚜虫，可用扑虱净等防治。每隔 10 d 左右进行一次病虫害防治，采取叶背面喷雾法。

插穗经过 7～10 d 即可生根，25～30 d 苗高 6～8 cm 即为最佳的上盆时机。

二、彩叶草的水插育苗技术

彩叶草为多年生草本植物，老株可长成亚灌木状，但株形难看，观赏价值低，故多作 1～2 年生栽培。株高 50～80cm，栽培苗多控制在 30 cm 以下。

通常播种繁殖可以保持品种的优良性状。有些尚不能用播种繁殖方法保持品种性状的，需采取扦插繁殖。

水：喜湿润，夏季要浇足水，否则易发生萎蔫现象。并经常向叶面喷水，保持一定空气湿度。

肥：多施磷肥，以保持叶面鲜艳。忌施过量氮，否则叶面暗淡。

土：要求土壤疏松肥沃，一般园土即可。

温：喜温暖，耐寒力较强，生长适温 15～25℃，越冬温度 10℃左右，降至 5℃时易发生冻害。

光：喜阳光，但忌烈日暴晒。

彩叶草扦插一年四季均可进行，极易成活。也可结合植株摘心和修剪进行嫩枝扦插，剪取生长充实饱满的枝条，截取 10 cm 左右，插入干净消毒的河沙中，入土部分必须常有叶节生根，扦插后疏荫养护，保持盆土湿润。温度较高时，生根较快，期间切忌盆土过湿，以免烂根。15 d 左右即可发根成活。也可水插，用晾凉的半杯白开水即可，插穗选取生长充实的枝条中上部 2～3 节，去掉下部叶片，置于水中，待有白色水根长至 5～10 mm 时即可栽入盆中。

1．容器准备

扦插容器可以是广口瓶，也可用矿泉水瓶剪掉上部，取下部注满清水备用。容器务必要干净，用水也一定要水质清洁，而且最好还另取大可乐瓶储水一天以上，以备扦插和后续管理之用。

2．剪取插穗

当主枝或经过摘心的侧枝长有 4 个节或长 10 cm 左右时，挑选茎干粗壮者，基部仅留 1～2 节的对生叶片，将上部剪下，剪口要平滑，没有挤压撕裂的伤口。然后，将插穗最下部的一对叶片剪掉，并且每 3～5 个插穗集中整齐基部，等待水插。

3．水插管理

一般以插穗自瓶口入水 3～4 cm 最好。此后，置之于散射光处摆放，注意每 2～3 d 换一次清水（备储水），并注意每天补足瓶内因蒸发而下降的水位。一般在 18～25℃条件下，7～10 d 就可见生有白根了。

4．及时上盆

彩叶草的不定根，除茎节处易生外，平直粗壮的茎部也会萌出，这为插穗尽早成型提供了条件。当见插穗基部生有多条 1～2 cm 不定根时，可及时上盆或定植。注意操作要精心，不要损伤根系，一般再在花荫处养护 10 d 左右，即可进入正常管理。

彩叶草幼苗期易发生猝倒病，应注意播种土壤的消毒。生长期有叶斑病危害，用 50%托布津可湿性粉剂 500 倍液喷洒。室内栽培时，易发生介壳虫、红蜘蛛和白粉虱危害，可用 40%氧化乐果乳油 1 000 倍液喷雾防治。幼苗期要根据设定的株形进行摘心，若想培养为丛生而丰满的圆柱形，则必须对幼苗的主干摘心，若想培养为圆锥形，则主干不摘心而是对侧枝进行多次摘心，若不采种，则应及时对花序摘心。

三、夹竹桃扦插育苗技术

1．苗床的选择及处理

苗床尽量选择背风向阳、不积水，土壤病、虫、杂草少，肥力充足、便于管理的地块作为苗床。一般苗床应为东西走向，扦插育苗无论用哪种方式都必须细致整地。一般耕地的深度应达到 25～30 cm，床宽 1 m，长度适宜，步道宽 50 cm。土壤黏重时，可适当掺沙，并注意土壤消毒。

2．插条的选择及处理

（1）选穗　作为采条母株，要具备品质优良、生长健壮、无病虫害等条件。在同一植株上，插条一般要选择当年生中上部向阳的枝条，且节间较短，枝叶粗壮，芽子饱满。在同一枝条上，硬枝插一般选用中下部枝条，剪口要平滑，上端剪成水平面，下端剪口切成斜面。剪取枝条时，选直径 1～1.5 cm 的粗壮枝条，插穗长度 15～20 cm，插穗必须带有 2～3 个芽，上剪口离芽 1.5 cm 左右，去除下部叶片。在修剪枝条时，红、白花色品种分开。

（2）插穗处理　将插条花色品种分开，做到随采条、随短截、随扦插。为提高扦插成活率，在扦插时把数十根插条整齐地捆成捆，用 ABT_1 100 mg/kg 浸条 2～8 h，用 ABT 生根粉 6 号 30～100 mg/kg 浸条 1～8 h，一般情况下 1 g 生根粉可处理插条 3 000 株。

3．扦插方式及密度

扦插前应进行土壤消毒，把插床灌足水。将处理过的插穗按 5 cm×5 cm 株行距扦插。要注意插穗的上下端，不能倒插，必须使插穗切口与土壤密接，并防止擦伤插穗下切口的皮层。为此，用铁条等先在插床穿孔，再插入插穗，但穿孔的深度要比插穗长度稍浅一些，以便插穗能插到土壤中。扦插深度一般以地上部露一两个芽为宜，扦插后做好标记和记录。

4．插后管理

多数花木插条生根所需温度为 20～25℃，相对湿度为 80%～85%，一般插后 15～20 d 即生根。扦插后一定要喷足水，使土壤与插条密切接触。为防止中午气温过高，最好遮阴。根据土壤湿度状况每天早晚喷水一次，但喷水量不可过多，否则影响插条愈合生根。为防止病菌发生，每隔 10 d 左右喷洒一次杀菌药液。第二年春季移栽。

夹竹桃的适应性强，栽培管理比较容易，无论地栽或盆栽都比较粗放。在地栽的地方，移栽需在春季进行，移栽时应进行重剪。冬季应注意保护，枝叶易遭蚧壳虫为害，需注意防治。

盆栽夹竹桃，除了要求排水良好外，还需肥力充足。春季萌发需进行整形修剪，对植株中的徒长枝和纤弱枝，可以从基部剪去，对内部过密枝，也宜疏剪一部分，同时在修剪口涂抹愈伤防腐膜保护伤口，使枝条分布均匀，树形保持丰满。经 1～2 年，进行一次换盆，换盆应在修剪后进行。夏季是夹竹桃生长旺盛和开花时期，需水量大，每天除早晚各浇一次水外，如见盆土过干，应再增加一次喷水，以防嫩枝萎蔫和影响花朵寿命。9 月以后要扣水，抑制植株继续生长，使枝条组织老熟，增加养分积累，以利安全越冬。越冬的温度需维持在 8～10℃，低于 0℃气温时，夹竹桃会落叶。夹竹桃系喜肥植物，盆栽除施足基肥外，在生长期每月应追施一次肥料。

技能训练

实训 3-1 花卉的扦插育苗技术

一、实训目的

通过扦插实训，要求掌握草本花卉常规扦插育苗的方法

二、实训材料与用具

（1）材料：一串红、菊花、万年青等；

（2）用具：枝剪、塑料盛水盆、大烧杯、小烧杯、花洒、杀菌剂、高锰酸钾、催根剂。

三、实训内容与方法

（一）插床的准备

可用于扦插育苗的花盆或大扦插床。实训用花盆。

将花盆内外冲洗干净，在排水孔垫上一块瓦片。用塑料盆盛半盆中粗砂，反复冲洗干净后，捞起放入洗净的花盆里，每盆盛砂八成满，滴干水备用。

（二）插穗剪枝，处理及扦插方法

1．菊花、大丽花等草本花卉嫩枝插

选取健壮的嫩梢，长 5～10 cm，在近节处截断，顶端留 1～2 片叶片，叶片可剪去一半。插穗经消毒冲洗干净后，用催根剂处理，然后用黏土做成花生米大小软硬适宜的团子包在插穗切口上。用竹子在基质上打一孔，放入插穗，轻轻压实。全盆扦插完后浇水使插穗与插床紧贴。

2．山茶、朱槿、宝巾等常绿木本花卉的绿枝插

选取健壮、半木质化的枝条，以 2～3 节为一段，留顶端叶 1～2 片，下端在靠近节位处切断，切口要平滑，消毒并用催根剂处理后，用一根竹打洞，逐条把插穗放入，深度为 2/3～1/2，轻轻压实。整盆擦完后淋透水，放半阴或 30%透光的荫棚中管理。

3．一品红、木芙蓉、小叶紫薇等落叶木本花卉硬枝插

选取木质化较粗的枝条，每段长 10 cm，带 3～4 个芽，于近节处切断，切口宜平。冲洗干净后，用竹竿打洞，垂直插入插床中，深度 1/2～2/3，也可斜插，埋入深度可达 2/3。插后浇水。

4．万年青、龙胭等

用枝剪或利刀切成一段段，长度为 2～3 个芽。晾干或两端沾上草木灰，然后直接埋入润沙床中，置阴凉不淋雨水的地方，待 2～3 d 盆面沙子发白时才淋少量水，平时保持湿润至发根出芽为止。如带叶扦插时要增大空气湿度。

（三）注意

上述各类型花卉的扦插方法，具体操作时还需要考虑选择适宜的季节，才能有比较高的成活率和生产价值。

实训时还可以设计不同激素浓度，不同环境条件以摸索最佳扦插处理、管理方法。

四、作业

实训完毕进行小结，统计成活率，总结扦插方法及技术。

实训 3-2　彩叶草的扦插

一、实训目的

通过实训，掌握彩叶草嫩枝扦插的方法；能够用嫩枝扦插繁殖彩叶草。

二、实训材料与用具

（1）材料：彩叶草、刀片、喷壶、水壶、塑料膜、遮阳网、自来水、温度计；
（2）用具：苗床（扦插基质为筛过的河沙）。

三、实训内容与方法

1．实训内容

每组 4～5 人，每组完成 20 盆彩叶草母株的嫩枝扦插任务。

2．实训方法

（1）剪取插穗：从母株上剪取彩叶草枝条，保留基部有 2～3 个芽。

（2）处理插穗：根据枝条节间的长短处理，插穗上部节上保留叶片，下部节上不带叶片。

（3）扦插：先用插穗粗细相当的木条插一个洞，再将插穗插入苗床，深度为插穗的1/3。

（4）浇水：苗床充分喷水，使沙子充分浸透水，但插穗不倒。

（5）保湿、遮阴：喷雾保温，如搭遮阳网、逐渐增加见光度。

四、作业及评价

按要求将实训过程整理成实训报告。评价反馈见表3-3。

表3-3 彩叶草的扦插评价反馈

序号	考核内容	考核要点	分值	得分
1	剪取插穗	基部是否保留2～3个芽	10分	
2	处理插穗	长短是否适中，并保留插穗上部节叶片，不带下部节上叶片	30分	
3	扦插	浓度是否适中	20分	
4	浇水	沙子是否充分浸透水，插穗是否不倒	10分	
5	保湿、遮阴	湿度是否适宜，见光度是否逐渐增强	10分	
6	安全操作	正确使用工具，安全操作	10分	
7	职业素养	完工清场	10分	
8	合计		100分	
总体评价（描述）				

实训3-3 果树的扦插繁殖技术

插穗产生的根有两种，即定根和不定根。如葡萄产生的是定根，其枝条的形成层与髓射线相交点及附近的根原始体，从节间或节部生长出新根；不定根是由茎的内鞘、韧皮部、形成层等分生组织分化出新的根原始体，在适宜的条件下从插穗基部的伤口断面上生长出根，另外在插条创伤面的愈伤组织也潜伏着根原始体和维管束形成层部分产生不定根。

影响生根的因素与插穗的内部因素和外界条件有关。

（1）内部因素：枝条易发根的成活与组织充实、营养丰富、激素含量多少的树种有直接关系，而树龄、枝龄、根龄越大，扦插繁殖就越难。如用枝条扦插易生根的葡萄、石榴、无花果等；而苹果、枣、山楂、海棠等根易产生不定芽的能力强，选择一定粗度的根系扦插繁殖。

（2）外部因素：扦插的基质宜选用河沙、珍珠岩、砾石、泥炭等，扦插基质适宜的湿度为60%～80%，空气湿度在90%以上，适宜的温度为15～25℃，基质中适宜的氧气为15%以上对生根有利，葡萄达到21%时生根最为有利。应避免扦插基质中水分过多，造成氧气不足；光照过强导致高温干燥，插条易失水枯死；全光照喷雾扦插较好地解决了光和水的矛盾，是绿枝扦插育苗最好的方法。

一、实训目的

通过实训，使学生掌握果树扦插繁殖原理、技能，能独立进行果树扦插繁殖育苗，并进行苗期管理。

二、实训材料与用具

（1）材料：可进行扦插材料选取的果树苗圃。

（2）用具：果枝剪、生根剂、插床等。

三、实训内容与方法

（1）插穗的选择与标记

插穗的选择要求，对休眠枝要求成熟充实、节间短、芽眼饱满的一年生枝条，而绿枝扦插育苗的插穗选择要求半木质化程度好、节间短、芽眼饱满的当年生长的枝条，然后标明品种、处理日期。

（2）插穗剪裁

从储藏室中取出后，先在水中浸泡24 h使其充分吸水。然后按所需的长度剪截，单芽为5～10 cm，双芽为10～15 cm，顶芽一定要充实饱满，距顶芽1～1.5 cm处平剪，其下端在靠近芽0.5 cm处，斜剪呈马蹄形。然后，每20个插穗捆成一捆，下端整齐，以便浸蘸生根剂一致，愈伤组织形成整齐。

（3）药剂催根处理

插穗底部剪切面，蘸生根粉或放入2～3 cm深的生根液中，萘乙酸、吲哚乙酸、吲哚丁酸等使用浓度为500～1 000 mg/L，12～24 h。

（4）电热温床催根

电热温床长5 m、宽2 m、高0.3 m，插穗底部距电热线5 cm以上，倾斜30°，15～20 cm株距、40～50 cm行距插入基质中。然后保湿，定温为25℃。

四、作业

将实训内容整理成实训报告。

知识拓展

ABT 生根粉

ABT 生根粉又叫强力生根粉，强力生根粉 JH，是主要用于植物嫩枝扦插的一种试验复配型外源激素。

一、概况及应用

ABT 生根粉是一种广谱、高效、复合型的植物生长调节剂，它是由中国林科院王涛院士研制成功的，在林木、果木、农作物、花卉、特种经济和药用植物中广泛应用，效果均好，在生产中实现了巨大的经济效益。

它应用于扦插育苗，可以促进生根，缩短生根时间，提高生根率，使难生根的树种扦插繁殖成功，其功效优于吲哚丁酸和萘乙酸；造林可提高出苗率、保存率，增加生长量；通过浸种、喷洒种子或植株，处理块根或块茎等，使各种作物种子幼苗发生一系列生理变化，提高作物种子发芽势、发芽率，加快营养生长，根深叶茂，使作物个体发育健壮，群体结构改善或增加穗（株）粒或增加千粒重或增加根、茎、花、果实等的生长量，提高作物抗性，促使作物增产。

二、种类

到目前为止，ABT 生根粉已研究开发出 10 种型号。ABT 1～5 号为醇溶剂，配制处理液时，应先用酒精溶解，后加水配制；ABT 6 号、7 号、8 号、10 号是水溶剂，是更新型、更广谱的一种绿色植物生长调节剂，其特点是可直接溶于水，使用比 ABT 1～5 号更方便、经济，易于保存。

（1）ABT 1 号、2 号　主要适用于植物扦插繁殖的插穗处理，特别是难生根的植物扦插育苗，对不定根诱导，促进根系发达，提高扦插成活率。1 号生根粉多用于难生根的树种，如红松、肉桂、八角、龙眼、荔枝、圆柏、凤尾柏、苹果、红叶李、白兰花、白玉兰、八角梅、辛夷花、黄杨、榆树等；2 号生根粉适用于一般植物扦插育苗，如茶花、月季、葡萄、香椿、云片柏、香柏、黄杨、梧桐、橡皮树、接骨木、龙爪柳等。

（2）ABT 3 号　适用于播种育苗、植苗造林和飞机播种造林。用于播种育苗，不仅提早生长、苗全，而且有效地促进难发芽种子的萌发；用于植苗造林，可使受伤的苗木根系迅速恢复，长出新根；用于飞机播种造林能显著促进种子发芽，减轻不良环境对种子的危害。

（3）ABT 4 号　适用于处理农作物、特种经济作物、蔬菜等种子及秧苗，通过浸种、拌种、浸苗根等可提高发芽率，早出苗，促进植株生长发育，增强作物抗性，从而提高各种作物的产量和质量。如水稻、小麦、玉米、各种蔬菜等，均可适用。

（4）ABT 5 号　适用于处理具有块根和块茎的植物，如人参、三七、甜菜、土豆、红薯等，能提高块根、块茎植物主根长度和侧根数，增加产量。

（5）ABT 6 号　适用于扦插育苗、播种育苗、造林等，在农业生产中广泛用于小麦、玉米、水稻、花生、棉花等农作物和蔬菜、牧草及其他经济作物。

（6）ABT 7～10 号　适用于扦插育苗、造林、农作物和蔬菜（含块根、块茎植物）、烟草、药用植物和果树等。

三、使用方法

1．速蘸法

将枝条浸于 ABT 生根粉含量为 500～200 mg/kg 溶液中 30s 后再扦插。在育苗中，只有在单芽扦插或重复处理时才用此法。

2．浸泡法

用 ABT 生根粉处理插条的含量与浸泡时间成反比，即生长素含量越高，浸泡时间越短；含量越低，浸泡时间越长。另外其含量的配比因植物种类及枝条成熟度不同而异，通常花卉、阔叶树处理浓度低些，针叶树高些，嫩枝处理含量比完全木质化的枝条低些，处理种子和苗根的含量比处理枝条低些，难生根树种使用浓度比易生根树种使用浓度要大些。处理枝条，浸泡的浓度范围一般为 50～200 mg/kg。浸泡方法是根据需要将 ABT 生根粉配成 50 mg/kg 或 100 mg/kg 或 200 mg/kg 的溶液，然后将插条下部浸泡在溶液中 2～12 h。这种处理方法对休眠枝特别重要，因为它能保证插条吸收的药液全部用于不定根的形成。一般大枝条用 50 mg/kg 或 100 mg/kg 药液全枝浸泡（或只泡具有潜伏不定根原基的部位）4～6 h，1 年生的休眠枝用 50 mg/kg 或 100 mg/kg 药液全枝浸泡 2 h，嫩枝可根据所采用枝条木质化程度及插条的大小，浸泡 1～2 g，浸泡深度 2～4 cm。移栽用 3 号生根粉，含量 100 mg/kg，浸泡 24 h，含量 200 mg/kg 浸泡 4～8 h。

3．粉剂处理

扦插前将 ABT 生根粉涂于插条基部，然后进行扦插。处理时先将插条基部蘸湿，插入粉末中，使插条基部切口充分黏匀粉末即可，或将粉末用水调成乳状涂于切口。在扦插时，要小心不可使粉末落下。此种处理优点是方法简便，缺点是插条下切口黏附的粉末易随着喷雾或落水溶在扦插基质中。

4．叶面喷施

此法用于扦插或播种育苗，在农作物上也应用广泛。其方法是将 ABT 生根粉稀释成 10 mg/kg 或 40 mg/kg 药液后，喷洒在植物的叶面上。如油菜在初花期和盛花期喷洒，水稻在分蘖期和扬花期喷雾在叶面。扦插育苗时，将其喷洒在叶面上，对生根时间长的南洋杉、五针松等树种效果极佳。叶面喷施法简便易行，在生产中使用十分广泛。

四、成分结构

ABT 生根粉是多种植物激素的平衡复配，配方是动态不固定的，主要根据生产试验结果筛选，根据每年的试验结果进行适当调整，同时根据新型激素的问世而不断试验，筛选最佳的配方，属于生长素类似物。

五、应用领域

主要用于植物嫩枝扦插，已经广泛运用于红叶石楠、红豆杉、金叶榆树、榉树、樱花、樱桃、美国红枫、日本红枫、沙棘、核桃等几百种植物的嫩枝扦插快繁。

另有专用型药剂，如美国红枫扦插专用型、湘蕾金银花扦插专用型、湘蕾金银花防脱落专用型等。

复习思考题

1．扦插条生根的部位可以分为哪几种？

2．生根类型有哪些？

2.促进扦插生根的方法有哪些？

3．如何提高扦插成活率？

4．营养繁殖、硬枝扦插、嫩枝扦插、根插的含义。

5．园艺植物中哪些主要运用扦插繁殖育苗，为什么？

项目四 培育嫁接苗

学习目标

知识目标 了解园艺植物嫁接繁殖的概念、应用、方法等基础知识，掌握常见园艺植物的嫁接知识。

能力目标 熟练掌握常见蔬菜、花卉、果树等园艺植物的嫁接育苗技术；掌握园艺植物嫁接苗的管理技术，能进行日常管理。

学习任务描述

本项目的主要任务有四项：理解园艺植物嫁接繁殖的基础知识；掌握常见蔬菜嫁接育苗技术；掌握常见花卉嫁接育苗技术；掌握常见果树嫁接育苗技术。

学习环境

要完成本项目学习任务，必须具备以下条件：

教学环境 多媒体教室、园艺实训室、育苗场（基地）。

教学工具 多媒体资料、影像资料、现代种苗生产基地企业网站等。

师资要求 专职教师、育苗场（基地）技术人员。

任务一 园艺植物嫁接育苗基本理论与技术

一、什么是嫁接

嫁接是一门古老而又新兴的技艺，有文字记载的历史可以追溯到 3 000 年前（李继华，1984），而因为嫁接在作物繁殖及改良中的重要作用，又使得嫁接理论和技术的研究重新受到了重视。

所谓嫁接是指有目的地将一株植物上的枝或芽等组织，接到另一株带有根系的植物上，利用砧木根系的生长优势，使接到其上的接穗接受它的营养，生长发育成一株独立生长的植物（陈贵林等，1998）。嫁接植株中被嫁接的部分称为接穗，承受接穗的部分称为砧木，通过嫁接繁殖所得的苗称为嫁接苗，又称为“他根苗”。砧木构成地下部分，接穗构成地上部分。接穗所需的水分和矿质营养来源于砧木。在一般情况下砧木所需的同化产物由接穗同化器官供给，若砧木留叶，则砧木的同化产物来源于砧木和接穗双方（图 4-1）。

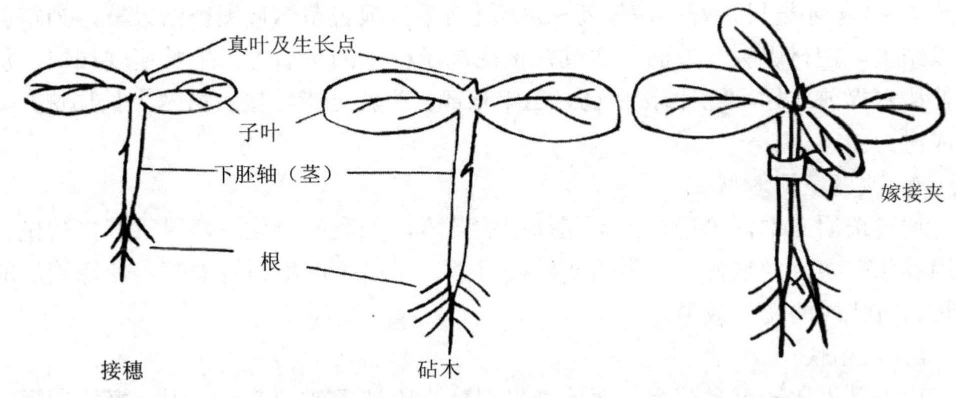

图 4-1 砧木、接穗示意图

二、嫁接的作用

1．克服不易繁殖现象

观赏植物中一些植物品种由于培育目的而没有种子或极少有种子形成，扦插繁殖困难或扦插后发育不良，用嫁接繁殖可以较好地完成繁殖育苗工作，如花卉中的重瓣品种、果树中的无核葡萄、无核柑橘、柿子等。

2．保持植物品质的优良特性，提高观赏价值

蔬菜、花卉嫁接繁殖中所用的接穗，都来自具有优良品种的母株，遗传性稳定，在提高产量、增加观赏效果上优于种子繁殖的植物。虽然因嫁接后不同程度受到砧木的影响，但基本上能保持母本的优良性状。

3．增加抗性和适应性

嫁接用的砧木有很多优良特性，进而影响到接穗，使接穗的抗病虫害、抗寒性、抗旱性、耐瘠薄性有所提高。例如，君迁子上嫁接柿子，可提高柿子的抗寒性，苹果嫁接在海棠上可抗棉蚜。再如，酸枣耐干旱、耐贫瘠，用它作砧木嫁接枣，增加了枣适应贫瘠山地的能力；枫杨耐水湿，嫁接核桃，扩大了核桃在水湿地上的栽培范围。

4．提早开花结果

由于接穗嫁接时已处于成熟阶段，砧木根系强大，能提供充足的营养，使其生长旺盛，有助于养分积累。所以嫁接苗比实生苗或扦插苗生长茁壮，提早开花结实。如柑橘实生苗需要 10～15 年方能结果，嫁接苗 4～6 年即可结果；苹果实生苗 6～8 年才结果，嫁接苗仅 4～5 年就结果；银杏苗嫁接银杏结果枝，当年就可以结果。在材用树种方面，通过嫁接提高了树木的生活力，生长速度加快，从而使树木提前成材。“青杨接白杨，当年长锄扛”就是指嫁接后树木生长加快，提前成材。

5．改变植株造型

通过选用砧木，可培育出不同株型的苗木，如利用矮化砧寿星桃嫁接碧桃；利用乔化砧嫁接龙爪柳；利用蔷薇嫁接月季，可以生产出树月季等，使嫁接后的植物具有特殊的观赏效果。

6．成苗快

由于砧木比较容易获得，而接穗只用一小段枝条或一个芽，因而繁殖期短，可大量出苗。

7．提高观赏性和促进变异

嫁接还可使一树多种、多头、多花，提高其观赏价值。金叶女贞叶色金黄，嫩叶鲜亮，但植株低矮，只适合做模纹花坛和色块，如将金叶女贞嫁接在大叶女贞上，就可以大大提高主干高度，将其修剪成球形、云片、层状分布，在绿化造景效果中观赏性更强。对于仙人掌类植物，嫁接后，由于砧木和接穗互相影响，接穗的形态比母株更具有观赏性。有些嫁接种类由于遗传物质相互影响，发生了变异，产生了新种。著名的龙凤牡丹，就是绯牡丹嫁接在量天尺上发生变异的品种。

嫁接繁殖也有一定的局限性和不足之处。例如，嫁接繁殖一般限于亲缘关系近的植物，要求砧木和接穗的亲和力强，因而有些植物不能用嫁接方法进行繁殖，单子叶植物由于茎构造上的原因，嫁接较难成活。此外，嫁接苗寿命较短，并且嫁接繁殖在操作技术上也较繁杂，技术要求较高，有的还需要先培养砧木，人力、物力投入较大。

三、嫁接的成活原理

嫁接能否成活的关键在于：二者的组织是否愈合，而愈合的主要标志是维管束组织系统的连接。

嫁接能够成活主要是依靠砧木和接穗之间的亲和力以及结合部位伤口周围的

细胞生长、分裂和形成层的再生能力。

嫁接后，砧木和接穗结合部位各自的形成层薄壁细胞进行分裂，形成愈伤组织，逐渐填满接合部的空隙，使接穗与砧木的新生细胞紧密相接，形成共同的形成层，向外产生韧皮部，向内产生木质部，两个异质部分从此结合为一体。

四、影响嫁接成活的因素

1．影响嫁接成活的内因

（1）砧木和接穗的亲和力　亲和力是嫁接成活最基本的条件。亲和力高嫁接成活率也高。

嫁接亲和力就是接穗与砧木经嫁接而能愈合生长的能力，即砧穗双方在形态、结构、生理、遗传性彼此相同或相近，因而能够互相亲和而结合在一起的能力。

亲和力强弱与砧穗间的亲缘关系相关。亲缘关系越近，亲和力越强。同种或同品种间嫁接亲和力最强，这种组合叫共砧（或同砧）。同属间有一定的亲和力，不同属间嫁接困难。

（2）砧木、接穗的生活力及树种的生物学特性　愈伤组织的形成与植物种类和砧、穗的生活力有关。砧、穗生长健壮，营养器官发育充实，体内营养物质丰富，生长旺盛，形成层细胞分裂最活跃，嫁接就容易成活。砧木萌动比接穗稍早，可及时供应接穗所需的养分和水分，嫁接易成活。接穗的含水量影响嫁接的成功：接穗含水量在50%左右，过少，形成层就会停止活动，甚至死亡。嫁接后要保湿，低接要培土堆，高接要绑缚保湿物。

2．影响嫁接成活的外因

（1）温度　适宜温度愈伤组织形成最快且易成活，一般在25℃左右，但受植物的物候期影响。

物候期早的比物候期迟的适温要低，如桃、杏在20～25℃最适宜，山茶在26～30℃最适宜。春季进行枝接时，各树种安排嫁接的次序，主要以此来确定。

（2）湿度　对嫁接成活影响很大。一方面嫁接愈伤组织的形成需一定的湿度条件；另一方面，保持接穗的活力亦需一定的空气湿度。嫁接时土壤若干旱，应先灌水增加土壤湿度。

（3）光照　对愈伤组织的形成和生长有明显抑制作用。黑暗利于愈伤组织形成，嫁接后遮光。

（4）通气　对愈合成活有一定影响。一定通气条件可满足砧木与接穗接合部形成层细胞呼吸作用所需氧气。

3．嫁接质量

所有嫁接操作中，用刀的技术和速度是最重要的（接穗的削面是否平滑；接穗削面的长度是否适当；接穗、砧木的形成层是否对准）。

大多数植物的嫁接成活是接穗和砧木的形成层积极分裂的结果，对的越准成活率越高；熟练的嫁接技术和锋利的嫁接刀是嫁接成功的基本条件。

4．砧木接穗的选择

（1）砧木的选择　与接穗有良好的亲和力、适应栽培地的环境条件、对接穗的生长和开花有良好的影响，且生长健壮、丰产、花艳、寿命长、易于繁殖、对病虫害抵抗力强。

（2）接穗的选取　应选自性状优良、生长健壮、观赏价值或经济价值高、无病虫害的成年植物。

5．嫁接的准备工作

（1）用具用品的准备　劈接刀、手锯、枝剪、芽接刀、铅笔刀或刀片、水灌和湿布、绑缚材料等。

（2）砧木的准备　一般砧木需于 1 年或 2～3 年以前播种，若想使砧木影响接穗，则需于 4～6 年以前播种，具体年数因各种树木的初花年龄而异。若想以接穗影响砧木，则砧木需要年轻，于 1～2 年前播种即可。

嫁接时，嫁接后若用土覆盖需事先将砧木两旁挖开 7～10 cm 深的土壤。

木本植物芽接时，若土壤干燥，应在前一天灌水，增加树木组织内的水分，便于嫁接时撕开砧木接口的树皮。

（3）接穗的准备　一般选择树冠外围中、上部生长充实、芽体饱满的新梢或 1 年生发育枝，作为接穗。

选择好的接穗集成小束，做好品种名称标记。

夏季采集的新梢应立即去掉叶片和生长不充实的新梢顶端，只保留叶柄，并及时用湿布包裹，减少水分蒸发。

取回的接穗不能及时使用可将枝条下部浸入水中，放在阴凉处，每天换水 1～2 次，可短期保存 4～5 d。

春季枝接和芽接采集穗条，最好结合冬剪进行，也可在春季树木萌芽前 1～2 周采集。采集的枝条包好后吊在井中或放入冷窖内沙藏，能用冰箱或冷库在 5℃左右低温储藏更好。

6．嫁接主要方法

（1）枝接　用枝条作接穗进行嫁接。时间一般在树木休眠期进行，以春季砧木树液开始流动，接穗尚未萌芽的时期最好（对伤流大的，可提前 5 d 折断枝条）。

多用于嫁接较粗的砧木或在大树上改换品种。

优点：接后苗木生长快，健壮整齐，当年即可成苗，但需要接穗数量大，可供嫁接时间较短。

常用的枝接方法有以下几种。

①劈接：适于大部分落叶树种。通常在砧木较粗、接穗较小时使用。当砧木较粗时，可同时插入 2 或 4 个接穗。一般不必绑扎接口，但如果砧木过细，夹力不够，可用塑料薄膜条或麻绳绑扎，培土覆盖或用接蜡封口。

“接炮捻”即嫁接插条法是劈接的一种。

②切接：一般用于直径 2 cm 左右的小砧木，是枝接中最常用的一种方法。

接穗插入的深度以接穗削面上端露出 0.2～0.3 cm 为宜，俗称“露白”。若砧木切口过宽，可对准一边形成层，然后用塑料条由下向上捆扎紧密，使形成层密接和伤口保湿。必要时可在接口处涂接蜡或封泥，减少水分蒸发，保湿。嫁接后套袋、封土和涂接蜡。

③插皮接：枝接中最易掌握，成活率最高，应用也较广泛的一种。适于砧木较粗，并易剥皮的情况下使用。园林中采用此法高接和低接的都有。嫁接时，把接穗从砧木切口沿木质部与韧皮部中间插入，长削面面向木质部，并使接穗背面对准砧木切口正中，接穗上端注意“留白”。如果砧木较粗或皮层韧性较好，砧木也可不切口，直接将削好的接穗插入皮层即可。最后用塑料薄膜条（宽 1 cm 左右）绑扎。

④腹接：在砧木腹部进行的枝接。常用于针叶树的繁殖，砧木不去头，或仅剪去顶梢，待成活后再剪去接口以上的砧木枝干。分普通腹接和皮下腹接两种。

⑤靠接：特殊的枝接。要求接穗和砧木都要带根系，愈合后再剪断，操作麻烦。接穗与砧木亲和力较差、嫁接不易成活的观赏树和柑、橘类树木。

⑥髓心形成层对接：多用于针叶树嫁接。剪取 10 cm 左右带顶芽的 1 年生枝作接穗，从顶芽下 2 cm，逐渐向下过髓心平直切削 6 cm 土削面，在背面斜削一子斜面，砧木是主干顶端 1 年生枝，在略粗于接穗的部位摘掉针叶切削，并去掉切口的砧木皮层，将接穗长削面朝，对准形成层，使子削面插入砧木面之切口内，然后用塑料条绑紧。

（2）芽接　是苗木繁殖应用最广的嫁接方法。是用生长充实的当年生发育枝上的饱满芽作接芽，于春、夏、秋三季皮层容易剥离时嫁接，秋季是主要时期。根据取芽的形状和结合方式不同，芽接的具体方法有嵌芽接、丁字形芽接、方块芽接、环状芽接等。苗圃中较常用的为嵌芽接和丁字形芽接。

①嵌芽接。又叫带木质部芽接。此法不受树木离皮与否的季节限制，且嫁接

后结合牢固，利于成活，已在生产实践中广泛应用。适用于大面积育苗。切削芽片时，自上而下切取，在芽的上部 1～1.5 cm 处稍带木质部往下切一刀，再在芽的下部 1.5 cm 处横向斜切一刀，即可取下芽片，长 2～3 cm。在选好的砧木部位自上向下稍带木质部削一与芽片长宽均相等的切面，将切开的稍带木质部的树皮上部切去，下部留有 0.5 cm 左右，将芽片插入切口使两者形成层对齐，再将留下部分贴到芽片上，用塑料袋绑扎好即可。

②丁字形芽接。又叫盾状芽接、T 字形芽接，是芽接中最常用的方法。砧木一般选用 1～2 年生的小苗，皮薄易于操作，且易成活。芽接前采当年生新鲜枝条为接穗，立即去掉叶片，留有叶柄。削芽片时先从芽上方 0.5 cm 左右横切一刀，刀口长 0.8～1 cm，深达木质部，再从芽片下方 1 cm 左右连同木质部向上切削到横切口处取下芽，芽片一般不带木质部，芽居芽片正中或稍偏上一点。砧木的切法是距地面 5 cm 左右，选光滑无疤部位横切一刀，深度以切断皮层为准，然后从横切口中央切一垂直口，使切口成“T”字形。把芽片放入切口后，往下插入，使芽片上边与“T”字形切口的横切口对齐。然后用塑料带从下向上一圈压一圈地把切口包严，注意将芽和叶柄留在外面，以便检查成活。

③方块芽接。又叫块状芽接。此法芽片与砧木形成层接触面积大，成活率高，多用于柿树、核桃等较难成活的树种。操作复杂，功效较低。取长方形芽片，再按芽片大小在砧木上切开皮层，嵌入芽片。砧木的切法有两种，一种是切成“]”形，称单开门芽接；一种是切成“Ⅰ”形，称双开门芽接。嵌入芽片时，使芽片四周至少有三面与砧木切口皮层密接，嵌好后用塑料薄膜条绑扎即可。

（3）根接　用树根作砧木，将接穗直接接在根上。

7．嫁接后的管理

（1）检查成活、解除绑缚物及补接　枝接和根接一般在接后 20～30 d 可进行成活率检查。成活后接穗上的芽新鲜、饱满，甚至已萌发生长；未成活的接穗干枯或变黑腐烂。

芽接一般 7～14 d 可检查成活率，成活者的叶柄一触即掉，芽体与芽片呈新鲜状态；未成活的芽片干枯变黑。

发现绑缚物太紧，要松绑或解除绑缚物。一般当新芽长至 2～3 cm 时，即可全部解除绑缚物。生长快的树种，枝接最好在新梢长到 20～30 cm 时解绑。

（2）剪砧、抹芽、除蘖　嫁接成活后，接口上方仍有砧木枝条的，要及时剪去，促进接穗生长。砧木萌发的蘖芽要及时抹除。

（3）立支柱　嫁接苗长出的新梢遇大风易被吹折或吹弯，在新梢长到 5～8 cm 时，紧贴砧木立一支柱，将新梢绑于支柱上。可通过降低接口、在新梢基部培土、嫁接于砧木的主风方向来防止或减轻风折。

任务二 常见蔬菜嫁接育苗技术

蔬菜嫁接育苗通过选用适宜的砧木，代替栽培蔬菜的根系进行生产，它可以有效地防治土壤传播的病害，克服连作障碍，并且嫁接后的秧苗抗逆性和产量都得到提高，对蔬菜品质基本没有不良影响。因此，蔬菜嫁接技术已成为一项无公害、绿色、增产、节能的创收技术，得到广泛推广，特别适用于耕地面积小而难以实现轮作的地区和设施栽培地（图 4-2～图 4-5）。

图 4-2 茄子与辣椒进行嫁接

图 4-3 枸杞与番茄进行嫁接

图 4-4 番茄与马铃薯进行嫁接

图 4-5 大白菜与萝卜进行嫁接

一、蔬菜嫁接的作用和意义

1．防治土传病害

瓜类蔬菜的枯萎病、茄子黄萎病、番茄青枯病与枯萎病以及蔬菜根结线虫病等是当前危害蔬菜最为严重的顽固性土壤传播病害（简称土传病害），其病菌在土壤中生存，通过侵害蔬菜的根系而引起发病。蔬菜嫁接栽培利用土壤传播病害对侵害蔬菜的种类要求具有较强专一性的特点，将栽培蔬菜嫁接到砧木上，利用砧木的根系吸收肥水供应接穗，栽培蔬菜不以自根从土壤中吸收营养，从而避免了病菌对栽培蔬菜进行的直接侵害，蔬菜的染病机会相应减少，发病也明显减轻。

2．增强幼苗长势

通常蔬菜嫁接育苗所用的砧木大多较栽培蔬菜的根系发达，茎粗、叶大，生长旺盛，能够对蔬菜接穗提供充足的营养，育苗期就能对嫁接蔬菜产生明显的促进生长作用，因此嫁接蔬菜苗往往较不嫁接的自根苗长势强。

3．增强抗逆性

与不嫁接的自根蔬菜相比，嫁接蔬菜一般表现为生长旺盛、长势强，对低温或高温、干旱或潮湿、强光或弱光、盐碱土或酸土等的适应能力也增强。

4．增加产量

与自根蔬菜相比较，嫁接蔬菜的生产能力明显得到增强，通常表现为结果期较长，产量增加较为明显，一般可增加产量20%以上。嫁接换根可改善植株的吸收特性，增强植株生长势，扩大叶面积，提高其光合能力，增强抗病性。如甜瓜的嫁接换根能增强植株抗病力，且对果实品质无不良影响，而且有些嫁接组合的某些品质指标（如维生素C、蛋白质等）还有所增高，有显著的增产效果。

5．提高蔬菜对肥水的利用率

蔬菜嫁接育苗所选用的砧木大多为根系发达、吸收能力强的野生植物、半栽培植物或栽培植物，并且砧木根系的强大吸收能力不会因为嫁接而发生明显的改变。

二、嫁接成活的原理及影响因素

1．嫁接亲和力

嫁接亲和力就是接穗与砧木经嫁接而能愈合生长的能力。嫁接亲和力是嫁接成活最基本的条件。不论用哪种植物，也不论用哪种嫁接方法，砧木和接穗之间，都必须具备一定的亲和力。影响嫁接亲和力的因素主要有以下两点。

（1）亲缘关系　一般来说接穗和砧木的亲缘关系越近，二者的亲和力便越大。

嫁接必须重视接穗与砧木间的亲和性问题，以免带来不必要的损失。西瓜砧木主要是葫芦科的葫芦属、南瓜属、冬瓜属的不同种、变种和品种。研究表明西瓜与各种瓜类砧木的亲和性关系依次是西瓜、葫芦、冬瓜、南瓜、甜瓜、黄瓜。葫芦、南瓜与西瓜的共生亲和力比较，葫芦优于南瓜。葫芦砧表现稳定的亲和性，南瓜砧的嫁接亲和性较好，但共生亲和性在种类和品种上存在一定的差异。南瓜属不同种与西瓜的共生亲和性以笋瓜和西葫芦为优，中国南瓜较差。

（2）生长习性　接穗与砧木的生长习性越相似，二者的亲和力越大。

2. 接穗和砧木的状态

植物生长健壮，营养器官发育充实，体内储藏的营养物质多，嫁接就容易成活。所以砧木要选择生长健壮、发育良好的植株，接穗也要从健壮母树的树冠外围选择发育充实的枝条。接穗的含水量也会影响嫁接的成功。如果接穗含水量过少，形成层就会停止活动，甚至死亡。一般接穗含水量应在50%左右（图4-6）。

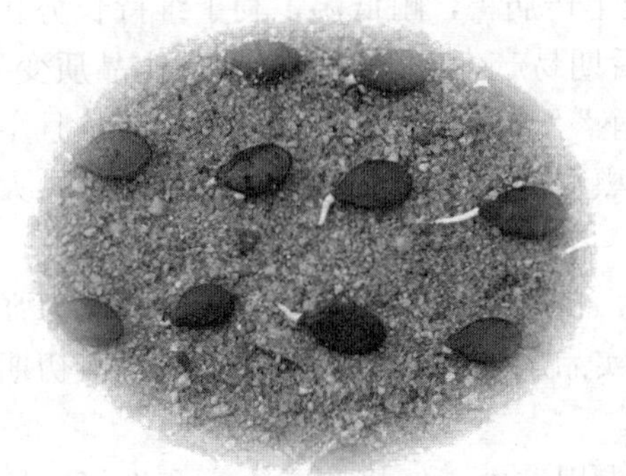

图4-6　砧木和接穗的培育

3. 环境条件

环境条件也是影响嫁接成活的一个重要条件，其中温度最为重要。因为形成层要在一定温度下才能活动。

4. 嫁接质量

（1）接穗的削面是否平滑　嫁接成活的关键因素是接穗和砧木两者形成层的紧密结合。这就要求接穗的削面一定要平滑，这样才能和砧木紧密贴合。因此削接穗的刀要锋利，切削时要做到平滑。

（2）接穗削面的斜度和长度是否适当　嫁接时，接穗和砧木间同型组织接合面越大，二者的输导组织越易沟通，成活率就越高；反之，成活率就越低。

（3）接穗、砧木的形成层是否对准　嫁接时接穗、砧木的形成层对得越准，成活率就越高。

三、几种蔬菜嫁接用砧木及其特点

1．瓜类蔬菜

（1）甜瓜　以南瓜为砧有利于提高接穗抗性，促进生长，提高产量，但采用共砧嫁接亲和性好，对果实品质无不良影响。

①南瓜。耐热，抗甜瓜枯萎病，根系吸收能力强，低温下生长好，增产潜力较大。但不同种和品种的嫁接和共生亲和力以及对品质的影响不同，以杂种南瓜较适宜。日本研究表明，普通甜瓜以中国南瓜和杂种南瓜为砧嫁接，网纹甜瓜根据栽培季节、环境条件宜选用杂种南瓜或共砧。杂种南瓜亲和性好，抗病力强，耐低温、高温、潮湿、干旱，适于干燥黏重土壤栽培。但植株易疯长，导致果肉品质变差，栽培中应控制肥水，表现较好的砧木有“土佐”“全能铁甲”“圣砧一号”“世纪星”等。用中国南瓜嫁接可减轻土传病害，耐低温，利于维持长势和品质，但砧穗间亲和性差异较大，有些组合后期易产生生理障碍或使果实品质变劣。因此，应选用弱长势南瓜作砧，如“白菊座”“亲和”“金刚”“壮士”等，且主要用于非网纹系列。印度南瓜、美洲南瓜和黑籽南瓜与甜瓜嫁接的亲和性差异大，对厚皮甜瓜尤其是网纹甜瓜多不适用。

②冬瓜。嫁接亲和力强，喜温，耐热，抗枯萎病，根系发达，吸收能力强，土壤适应性广，长势稳定，不易徒长，果实品质较好。但不耐低温，定植初期生长缓慢，结果晚，适于高温季节栽培作砧。

③共砧。系高抗枯萎病的甜瓜品种或专用砧木。嫁接和共生亲和性好，抗枯萎病能力、低温伸长特性和长势强于自根苗，结果稳定，对品质无不良影响，适于发病较轻的土壤栽培，温室、大棚网纹甜瓜嫁接时多用。“网纹最佳”“绿宝石”“大井”等适于温室甜瓜砧；“健脚”等可作大棚甜瓜专用砧。

（2）西葫芦　西葫芦嫁接的主要目的是增强对低温的适应能力，提早成熟，延长生育期，提高产量。选择砧木主要从耐低温方面考虑，以黑籽南瓜最佳，杂种南瓜次之。

（3）苦瓜　丝瓜嫁接苦瓜亲和性好，成活率高，根系粗壮，长势强，耐旱、耐涝、耐湿，抗枯萎病和根结线虫，高产优质。普通丝瓜或有棱丝瓜均可，多为地方品种，如宜春肉丝瓜、泰和肉丝瓜等。“双依”是中国台湾农友公司育成的苦瓜专用砧，黑籽南瓜和中国南瓜“壮士”也可作砧。

（4）冬瓜　冬瓜砧具有抗冬瓜枯萎病，亲和力强，高产，不影响品质等优点。可选用中国南瓜如猪头南瓜、白菊座等。黑籽南瓜、部分印度和美洲南瓜耐低温能力强，也有作砧木的报道。

（5）丝瓜　可选用黑籽南瓜作为砧木。

2．茄子

通常选择对土传病害高抗或免疫的野生茄及杂交种作为砧木。

（1）托鲁巴姆　野生茄，亲和性好，成活率高，对青枯病、黄萎病、枯萎病和根结线虫病高抗或免疫。根系发达，吸收力强，耐热，耐旱，耐湿，长势强，高产优质。但种子休眠性强，发芽困难，且幼苗初期生长缓慢，适于多种栽培形式，尤其在黄萎病重发区。

（2）刺茄（cRP）　野生茄，嫁接亲和力强，高抗青枯、黄萎、枯萎和根结线虫等土传病害，根系发达，耐涝，生长旺盛，产量高，品质优。但种子休眠性较强，幼苗初期生长缓慢，适于设施栽培。

（3）赤茄　野生茄，嫁接亲和力强，高抗枯萎病，中抗黄萎病，较耐寒、耐热，低温下伸长性好，根系发达，茎秆粗壮，节间较短，长势强，高产，果实品质优，适于多种栽培形式。

（4）耐病 VF　杂交种，嫁接亲和性好，高抗黄萎病和枯萎病，对青枯病和根结线虫抗性一般，耐高温、干旱，也较耐低温，根系发达，茎秆粗壮，节间较长，易嫁接。种子易发芽，幼苗生长速度较快，嫁接后生长旺盛，早期和总产量较高，品质优。

（5）黏毛茄　野生种，嫁接亲和力强，抗枯萎病、黄萎病和根结线虫病，耐寒，耐旱，耐涝，节间较长，嫁接方便，种子易发芽，初期生长快，嫁接后长势强，产量高，品质好。

3．辣椒

目前砧木很少，多为抗病共砧，尖椒类型可选用“PFR K64”等，甜椒类型可选用“土佐绿 B”。这些砧木嫁接亲和力和抗病力强，根系发达，长势旺盛，对品质无不良影响。另有报道，用野生龙葵嫁接辣椒防治疫病的效果较好。

几种蔬菜嫁接的砧木种类及其特点见表 4-1。

表 4-1　几种蔬菜嫁接的砧木种类及其特点

蔬菜	砧木种类	主要特点	适于栽培类型
黄瓜	黑子南瓜	抗枯萎病，根系发达，耐低温、高温	冬春保护地栽培
	南砧 1 号	抗病、丰产	冬春保护地栽培
	土佐系南瓜	耐高温	春夏栽培

蔬菜	砧木种类	主要特点	适于栽培类型
西瓜	瓠瓜	抗枯萎病、根结线虫、黄守瓜	早春栽培
	南瓜	高抗枯萎病	早熟栽培
	冬瓜	中抗枯萎病	露地夏季栽培
	共砧	抗病性不太强，长势中等	
番茄	兴津 101	抗枯萎病、青枯病	
	Ls-89	抗枯萎病、青枯病	
	影武者	抗 Mi、TMV、根腐病	

四、西瓜嫁接育苗技术

枯萎病是危害西瓜的主要病害之一，严重时往往造成绝产绝收。西瓜枯萎病菌能在土壤中存活 10 年之久，如果自根栽培必须进行 7～8 年的轮作。随着西瓜栽培的集约化，西瓜产区的连续重茬在所难免，嫁接是目前克服西瓜枯萎病最有效的方法。用于嫁接西瓜的砧木，除抗枯萎病外，还因根系强大、吸肥力强、耐低温性能好，可以提高西瓜对不良条件的适应性，减少肥料投入，增加产量，提高效益。

1．选择砧木

现生产上用作西瓜砧木的主要有以下几种。

（1）黑籽南瓜　根系发达，吸收水肥能力强，抗枯萎病能力强，且耐低温。是冬春季温室、大棚嫁接栽培的首选砧木。其他特性见黄瓜砧木部分。

（2）长瓠瓜　为南方菜用早熟品种。早熟，坐果稳定。是适于西瓜早熟栽培嫁接的砧木品种。但耐热耐寒性较差，易引起早衰。

（3）圆葫芦　属大葫芦变种。果实圆或扁圆，长势强，根系深，耐旱性强。适于作高温期西瓜嫁接栽培的砧木。

（4）京欣砧 1 号　是北京蔬菜研究中心最新培育的葫芦与瓠子的杂交一代。为葫芦与瓠瓜的一代杂交种。嫁接亲和力好，共生亲和力强，高抗西瓜枯萎病，根系发达，下胚轴粗壮，不易徒长，嫁接后地上部生长势强，抗叶部病害，对果实品质影响小。耐高温，后期抗早衰。种子黄褐色，表面有裂纹，千粒重 150 g 左右。

（5）勇士　属杂交一代野生西瓜，具有发达的根系和旺盛的长势。耐湿耐旱性好，耐寒耐热性强，幼苗下胚轴不易空心。用它来作西瓜砧木，嫁接亲和力好，共生亲和性强，成活率高。嫁接苗生长快，坐果早而稳。与葫芦、瓠瓜、南瓜等砧木相比，对品质的影响小。不仅能抗枯萎病，耐重茬，而且也可减轻叶面病害。

植株生长强健，根系发达，对肥水吸收能力强，能促进西瓜早熟，并能多茬结瓜，可提高商品瓜的品质和产量。

2．砧木和接穗苗的培育

（1）苗床准备　苗床床土要求疏松透气，保水保肥能力强。田园土应注意采用多年没种过瓜类作物的无菌肥沃土壤，有机肥一定要充分腐熟。灭菌杀虫后，西瓜苗床铺 8～10 cm 厚的营养土，砧木苗床摆入装好营养土的营养钵（营养钵规格为 8 cm×8 cm 或 10 cm×10 cm），苗床四周起埂。

（2）浸种催芽　西瓜用种量每公顷约 3.0 kg，砧木用种量每公顷 6.0～7.5 kg。西瓜、砧木播种前先用温汤浸种，并不断搅拌至水温 30℃左右，再用高锰酸钾 1 000 倍液浸种 15 min，用清水冲洗种子，并用手搓去种皮上的黏液，再用 30℃的温水浸种，西瓜浸 6 h 左右。砧木浸 24～36 h，然后将种子用湿毛巾或纱布包住，置于 28～30℃条件下催芽，西瓜种子露白需 1～2 d，砧木需 2～4 d。

（3）适期播种　根据当地的气候特点及市场需求确定播期。砧木和接穗的播种期应因嫁接方法和选用砧木品种不同而异。如以瓠瓜为砧木，采用顶插接法时，需在砧木播种 6～7 d 后，再播种西瓜种子。

播种应选晴天上午进行。如天气不好，可将瓜芽在 4℃低温条件下存放。播种时，先将苗畦灌水，砧木苗床以水浸透营养钵内营养土为宜。待水渗下后，西瓜点播在苗床上，砧木每个营养钵内平放 1 粒种子。播后覆盖约 1.5 cm 厚的营养土，然后用地膜覆盖。寒冷季节苗床应设在大棚或温室内，播种完毕，还可搭拱架盖薄膜，四周用泥土封严保温。出苗前苗床温度保持在 28～30℃，地温保持在 18～22℃，夜温保持在 18℃左右。2 d 后子叶顶土，出苗率达到 80%时及时揭去地膜，并适当降温，温度白天保持在 25℃，夜间保持在 15℃，严防徒长。苗床光照在 12 h 左右。嫁接前一般不再浇水。

3．嫁接

西瓜主要嫁接方法比较多。主要有以下几种。

（1）插接法　先播砧木，再播接穗。瓠瓜（葫芦）类砧木应较接穗早播 5~6 d，砧木第一真叶开展时为嫁接适期；南瓜砧木应较接穗早播 3~4 d，砧木第一真叶显现时为嫁接适期。砧木过于幼嫩的苗，下胚轴较细，嫁接时不易操作；过大的苗，因胚轴髓腔扩大中空而影响成活，且易造成接穗在砧木下胚轴内产生不定根而导致串根。接穗以两片子叶展平时最佳。

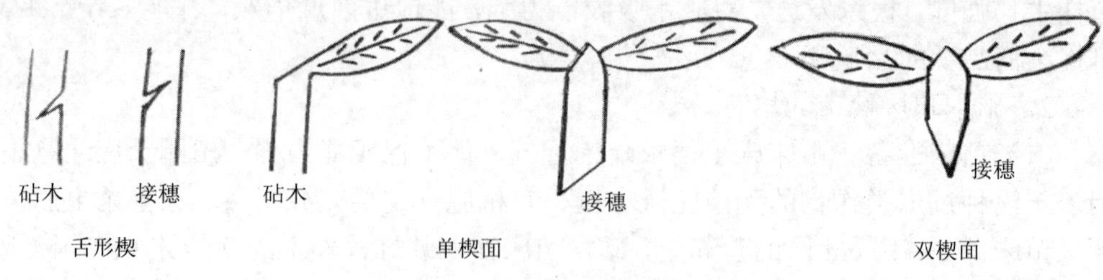

图 4-7 接穗切面的主要形式

（2）靠接法 先播接穗，再播砧木，当两种瓜类幼苗茎粗相近时即可嫁接，砧木嫁接适期以真叶显现为宜。一般瓠瓜（葫芦）砧木较接穗迟播 6～7 d，南瓜砧木较接穗迟播 8～10 d。夏季嫁接育苗时由于温度高，幼苗生长较快，可缩短砧木和接穗的播种时间。

4．种子处理和催芽

种子处理的方法很多，其中以种子消毒和浸种催芽最普遍，具体见项目二内容。

5．砧木和接穗苗的培育

育苗基质宜采用专用的瓜类育苗基质，也可采用无菌的营养土。砧木一般采用穴盘或营养钵育苗，播种时一孔或一个营养钵播一粒籽。接穗一般采用平盘育苗，种间距 1 cm。播种后盖基质或营养土，并覆地膜或小拱棚保温。冬春季育苗需要加温设施，播种后应保持较高的温度育苗，昼温 25～28℃，夜温不低于 12℃。当有幼苗破土时及时揭去地膜，揭膜要在下午或傍晚进行，早晨揭膜易使秧苗因失水而死亡。幼苗出土后要降低温度防止徒长，白天 22～25℃，夜间 16～18℃。控制浇水，尤其是嫁接前 12 d，水分过多导致砧木下胚轴变脆，嫁接时胚轴易劈裂，降低成苗率。

播种后到揭膜前应特别注意，如天气晴朗，小拱棚或地膜中气温可达 50℃以上，稍一疏忽会烤伤幼苗或幼芽，所以要经常观察苗床温度，高于 33℃时及时通风或遮阴。

6．嫁接方法的选择

瓜类嫁接主要方法有劈接、插接和靠接（图 4-8）。劈接法因接口处维管束发育不平衡，容易造成劈裂，影响嫁接苗发育，应用得比较少。靠接法嫁接成活率高、成活过程管理简单，但嫁接较复杂，嫁接效率较低，在早春低温季节和夏秋高温季节，采用靠接法成活率高。插接法技术易掌握、工效高、成活率高，采用较多，但成活过程管理要求严格。

嫁接用的工具应在前一天准备好，主要有剃须刀片、竹签、嫁接夹等。

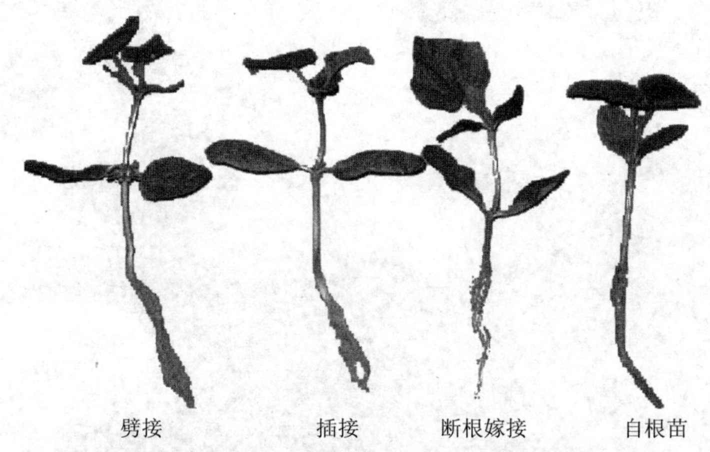

图 4-8 劈接、插接、断根嫁接、自根苗

（1）顶插接法（图 4-9） 适用于西瓜、黄瓜、甜瓜等蔬菜嫁接，尤其适用于胚轴较粗的砧木种类。嫁接适期：接穗子叶全展，砧木子叶展平、第一片真叶显露至初展。

首先将砧木的生长点用刀片去掉，用一端渐尖且与接穗下胚轴粗度相似的竹签，从除去生长点的砧木的切口上，靠一侧子叶朝着对侧下方斜插一个深约 1 cm 的孔，深度以不穿破下胚轴表皮、隐约可见竹签为宜。再取接穗苗，用刀片在距生长点 0.5 cm 处，向下斜削，削成一个长约 1 cm 的楔形。然后拔出竹签，随即将削好的接穗插入砧木的孔中，使砧木子叶与接穗紧密吻合，同时使砧木子叶和接穗子叶呈“十”字形，接好后用嫁接夹固定。

此法适用的育苗面积较小，操作方便。但对嫁接操作熟练程度、嫁接苗龄、成活期管理水平要求严格，技术不熟练时嫁接成活率低，后期生长不良。

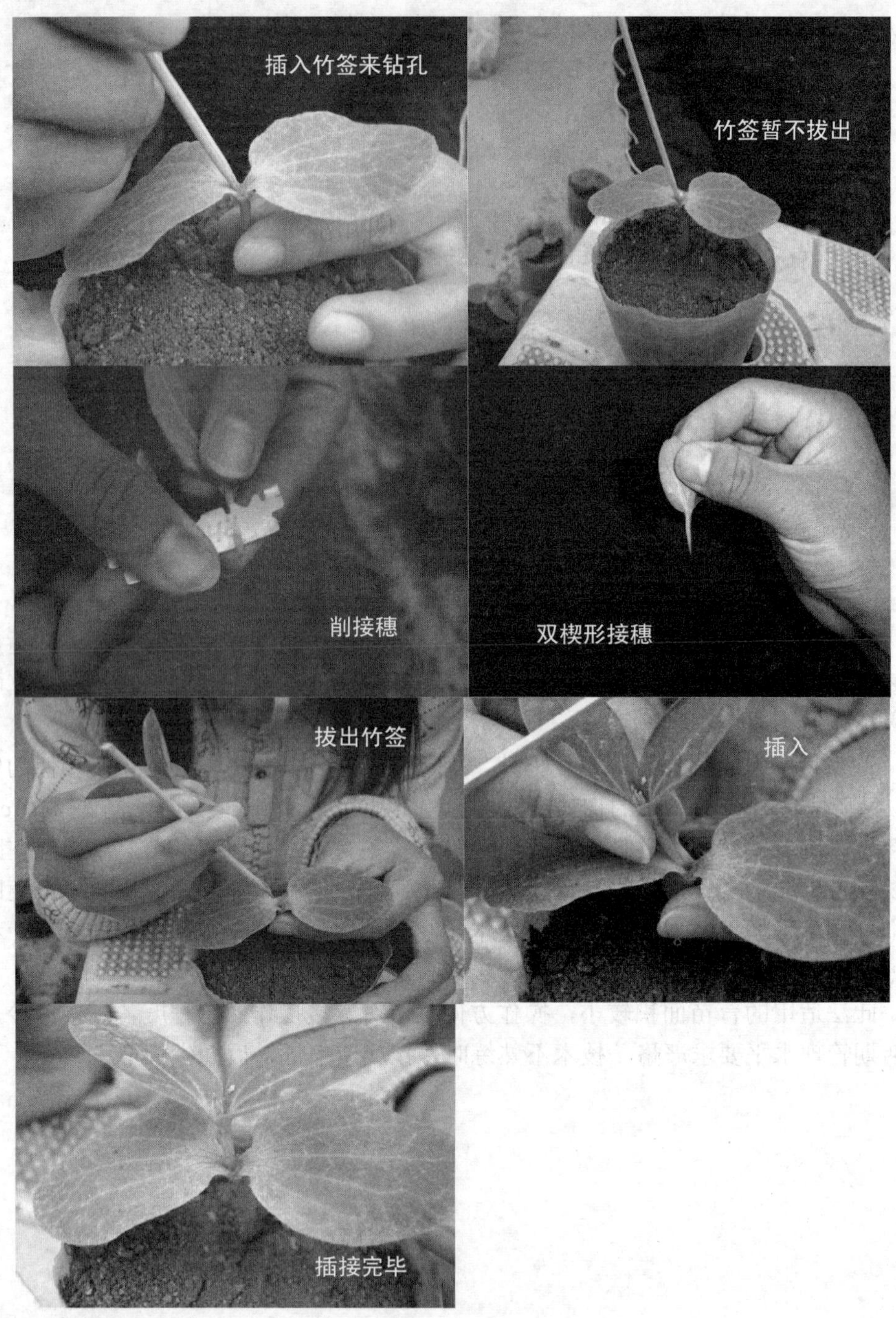

图 4-9 插接法操作步骤

（2）靠接法（图 4-10） 适用于黄瓜、甜瓜、西瓜、西葫芦、苦瓜等蔬菜，尤其适用于胚轴较细的砧木嫁接。嫁接适期为：砧木子叶全展，第一片真叶显露；接穗第一片真叶始露至半展。嫁接过早，幼苗太小操作不方便；嫁接过晚，成活率低。砧木和接穗下胚轴长 5～6 cm 利于操作。

用竹签将两种苗子从苗床中取出，先将砧木苗的顶心剔除，从子叶下方 1 cm 处，自上向下呈 30°下刀，割的深度为茎粗的一半，最多不超过 2/3，割后轻轻握于左手，再取接穗苗从子叶下方 2.5 cm 处，自下而上呈 30°下刀，向上斜割一半深，然后两种苗子对挂住切口，立即用嫁接夹夹上，随后栽入嫁接苗床，嫁接时应注意以下几点：①幼苗取出后，要用清水冲掉根系上的泥土；②嫁接速度要快，切口要镶嵌得准，夹住接穗茎的一面，刀口处一定不能沾上泥土；③嫁接好的苗子要立即栽植到营养钵内，栽植时不能埋住嫁接夹，嫁接苗的两条根都要轻轻按入泥土中，用土填平。

整个嫁接过程均应无菌操作，应将砧木和接穗进行药剂杀菌处理。晴天嫁接时，需要进行遮阴，嫁接后应及时将苗放入保温、保湿、遮阴的小拱棚内，以免接穗萎蔫而影响成活率。对于生长较快的砧木，嫁接时应切除 2/3 的根系。

（3）劈接法（图 4-11） 主要用于茄子和番茄。嫁接适期：砧木具 5～6 片真叶，接穗具 3～5 片真叶。茄子嫁接砧木需要提前 7～15 d 播种，托鲁巴姆提前 25～35 d，番茄砧木需要提前 5～7 d。嫁接时，保留砧木基部第 1～2 片真叶（茄子保留 2 片真叶，番茄保留 1 片真叶）切除上部茎，用刀片将茎从中间劈开，劈口长 1～1.5 cm；接穗于第 2 片真叶处切断，并将基部削成楔形，切口长度与砧木切缝深度相同，最后将削好的接穗插入砧木的切口中，使两者密接，并加以固定。

劈接法砧木和接穗苗龄均较大，操作简便，容易掌握，嫁接成活率也较高（图 4-12）。

嫁接后须立即浇水，注意保温保湿，适当遮阴。在愈合过程中，应及时除去自砧木上长出的不定芽和从接穗切口处长出的不定根。

（4）套管嫁接法 此法适用于黄瓜、西瓜、番茄、茄子等蔬菜。嫁接适期：砧木、接穗子叶刚刚展开，下胚轴长 4～5 cm。砧木、接穗过大成活率降低；接穗过小，虽不影响成活率，但生育迟缓，嫁接操作困难。茄果类幼苗嫁接，砧木、接穗幼苗茎粗不相吻合时，可适当调节嫁接切口处位置，使嫁接切口处的茎粗基本一致。

图 4-10　靠接法操作步骤

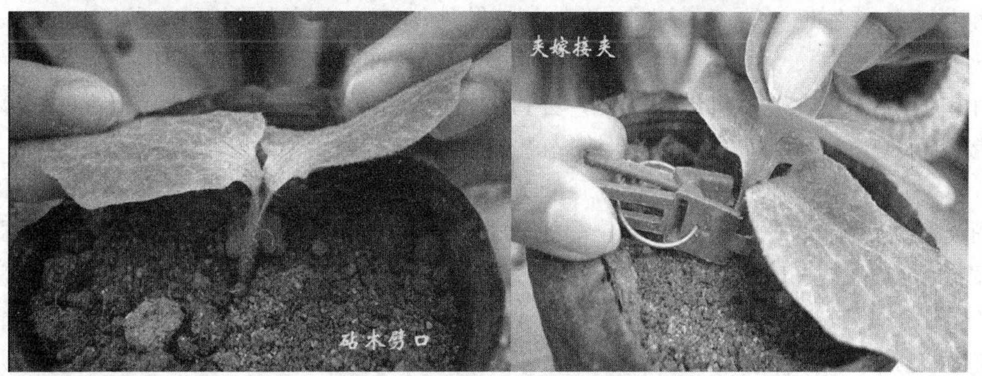

图 4-11　劈接法操作步骤

图 4-12　嫁接成活状

嫁接时首先将砧木的胚轴（瓜类）或茎（茄果类在子叶或第 1 片真叶上方）沿其伸长方向 25°～30°斜向切断，在切断处套上嫁接专用支持套管，套管上端倾斜面与砧木斜面方向一致。瓜类上端倾斜面与砧木斜面方向一致。然后，瓜类在接穗下胚轴上部、茄果类在子叶（或第 1 片真叶）上方，按照上述角度斜着切断，沿着与套管倾斜面一致的方向把接穗插入支持套管，尽量使砧木与接穗的切面很好地压附靠近在一起。

此法操作简单，嫁接效率高，驯化管理方便，成活率及幼苗质量高，适于机械化作业。砧木可直接播于营养钵或穴盘中，无须取出，便于运送。

（5）单子叶切除式嫁接　适用于瓜类蔬菜嫁接。将南瓜砧木的子叶保留 1 片，将另 1 片与生长点一起斜切掉，再与在胚轴处斜切的黄瓜接穗相结合的嫁接方法。南瓜子叶和生长点位置非常一致，所以把子叶基部支起就能确保把生长点和一片子叶切断。此法适于机械化作业，亦可用手工操作，3 人同时作业，每小时可嫁接幼苗 550～800 株，比手工嫁接提高工效 8～10 倍。

（6）平面嫁接　适于子叶展开的黄瓜、西瓜和 1～2 片真叶的番茄、茄子。平面嫁接是由日本研制成功的全自动式智能嫁接机完成的嫁接方法。该嫁接机要求砧木、接穗的穴盘均为 128 穴。嫁接时，首先，有 1 台砧木预切机，将用穴盘培育的砧木在穴盘行进中从子叶以下把上部茎叶切除。然后，将切除了砧木上部的穴盘与接穗的穴盘同时放在全自动式智能嫁接机传送带上，嫁接作业由机械自动完成。砧木穴盘与接穗穴盘在嫁接机的传送带上同速行至作业处停住，一侧伸出一机械手把砧木穴盘中的一行砧木夹住，同时，切刀在贴近机械手面处重新切 1 次，使其露出新的切口；紧接着另一侧的机械手把接穗穴盘中的一个接穗夹住从下面切下，并迅速移至砧木之上将两切口平面对接，然后从喷头喷出的黏合剂将接口包住，再喷上一层硬化剂把砧木、接穗固定。

此法完全是智能机械化作业，嫁接效率高，每小时可嫁接 1 000 株；驯化管理方便，成活率及幼苗质量高；砧木在穴盘中无须取出，便于移动运送。

7. 嫁接后的管理

嫁接后的管理，主要以避光、加湿、保温为主。以嫁接后前 3 d 最为重要，应实行密闭管理，要求小拱棚内相对湿度达到 90%以上，昼温 24～26℃，夜温 18～20℃；3 d 后早晚适当通风，两侧见光，中午喷雾 12 次，保持较高的湿度；1 周后只在中午遮光，10 d 后恢复正常管理，及时除去砧木萌芽。

（1）光照　嫁接愈合过程中，前期应尽量避免阳光直射，以减少叶片蒸腾，防止幼苗失水枯萎，但要注意让幼苗见散射光。嫁接后 2～3 d 内适当用遮阳网、草帘、苇帘或沾有泥土的废旧薄膜遮阳，光照度 4 000～5 000 lx 为宜；3 d 后早晚不再遮阳，只在中午光照较强时间临时遮阳；7～8 d 后去除遮阳物，全日见光。

（2）温度　为了促使伤口愈合，嫁接后应适当提高温度。因为嫁接愈合过程中需要消耗物质和能量，嫁接伤口呼吸代谢旺盛，提高温度有利于这一过程的顺利进行。但温度不能太高，否则呼吸代谢过于旺盛，消耗物质过多过快，而嫁接苗小，嫁接伤害使嫁接苗同化作用弱，不能及时提供大量的能量和物质而影响成活。嫁接后 3～5 d 内，白天保持 24～26℃，不超过 30℃；夜间 18～20℃，不低于 15℃，35 d 后开始通风降温。

（3）湿度　嫁接后使接穗的水分蒸发量控制在最小限度，是提高成活率的决定因素。嫁接前育苗基质要保持水分充足；嫁接当日要密闭棚膜，使空气湿度达到饱和状态，不必换气；4～6 d 逐渐换气降湿；7 d 后要让嫁接苗逐渐适应外界条件，早上和傍晚温度较高时逐渐增加通风换气时间和换气量，换气可抑制病害的发生；10 d 后注意避风并恢复普通苗床管理。

（4）通风　嫁接后 4 d 起开始通风，初始通风量要小，以后逐渐加大，一般 9～10 d 后进行大通风。通风换气时，若发生接穗萎蔫，应密闭小拱棚停止通风，并适当喷雾保湿。

（5）遮阴　苗床必须遮阴，嫁接苗可接受弱散射光，但不能受阳光直射。嫁接苗最初的 13 d 内，应完全密闭苗床棚膜，并上覆遮阳网或草帘遮光，使其微弱受光，以免高温和直射光引起萎蔫；3 d 后，早上或傍晚撤去棚膜上的覆盖物，逐渐增加见光时间；7 d 后在中午前后强光时遮光；10 d 后恢复到普通苗床的管理。如遮光时间过长，会造成嫁接苗的徒长，降低嫁接苗素质。阴天可以不遮阴。

（6）及时断根除萌芽　靠接苗 10～11 d 后可以给接穗苗断根，用刀片割断接穗苗接口以下的茎和根，并随即拔除。嫁接时砧木的生长点虽已被切除，但在嫁接苗成活生长期间，在子叶节接口处会萌发出一些生长迅速的不定芽，与接穗争夺营养，影响嫁接苗的成活，因此，要随时切除这些不定芽，保证接穗的健康生长。切除时，切忌损伤子叶及摆动接穗。

（7）病虫害防治　高温高湿条件下，嫁接苗易发生立枯病或蚜虫等，要注意防治病虫，可以在喷雾加湿时用 75%的百菌清可湿性粉剂 800 倍液或 50%的多菌灵可湿性粉剂 1 000 倍液防治。

五、黄瓜嫁接栽培应用现状

（一）嫁接设施设备的配置

黄瓜育苗过程中加温方法常采用电热线加温，其优点是建设成本低，缺点是耗电量大，使用成本高，不安全，容易导致营养土或基质下燥上湿，不利于嫁接成活期的管理（图 4-13～图 4-15）。

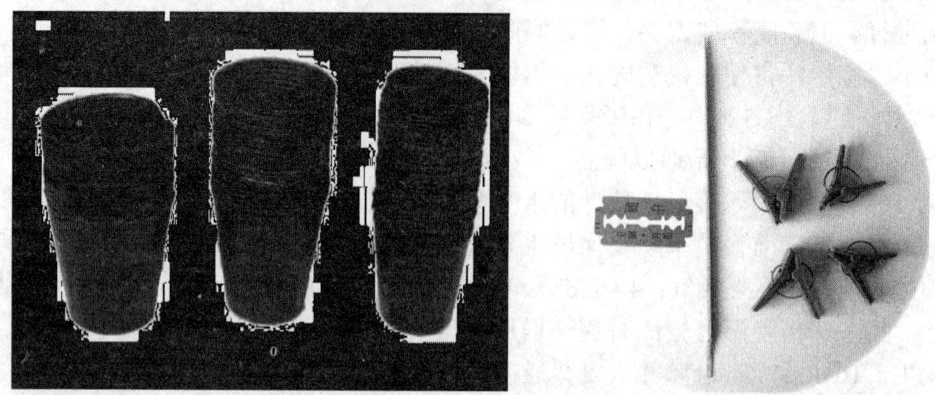

图 4-13　嫁接用刀片、竹签、塑料夹、育苗钵等

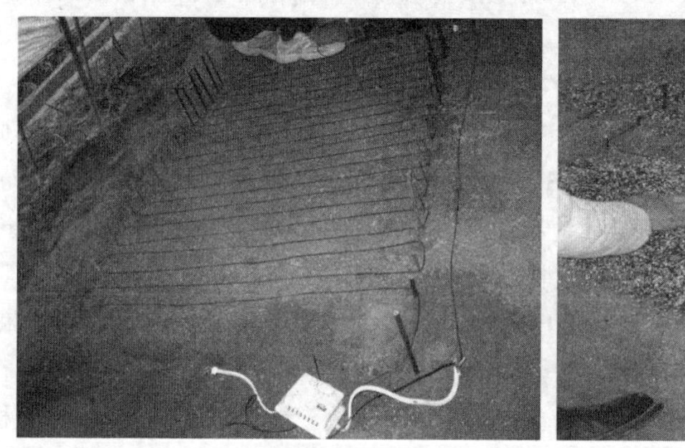

图 4-14　铺设电热线加温

图 4-15　覆盖基质

（二）选择优良的商品基质

基质主要是由泥炭、珍珠岩、蛭石按一定的比例，添加适量的营养成分混配而成，不同的商品基质其内在的理化性状不同，它们的通气孔隙、持水孔隙、最大含水量、肥力水平等性状指标直接影响着砧木及嫁接苗的生长，以及育苗过程中的管理难易。

商品基质应具备以下条件：pH 在 6～7；容重由于紧实度的关系，差异较大，0.5～1 g/cm^3 较适宜；通气孔隙：持水孔隙比例在 1∶（1.5～4），总孔隙度 54%～

96%；电导率 1.3～2.75 mS/cm；营养水平能够满足育苗阶段幼苗需求，全氮 0.8%～1%，速效磷 500～700 mg/kg，速效钾 4～6 g/kg；阳离子交换量 20～40 cmol/kg。

具备以上条件的商品基质在生产过程中水肥管理简单，培育的砧木茎矮、苗壮，接穗叶生长快，作为商品苗出售的时间早，且苗的叶色浓绿。

（三）黄瓜的嫁接

我国对黄瓜砧木选育的研究起步较晚，研究深度较浅，另外，砧木选育研究较一般蔬菜选育难度大，不仅要考虑砧木本身的优良性状，还得兼顾与接穗的亲和性与共生性，特别是嫁接苗的抗病性、耐逆性等性状要求，导致黄瓜砧木选育进展缓慢。目前，在生产中能够应用的黄瓜砧木品种并不多，在全国范围内能够大面积应用的仅黑籽南瓜与新土佐。

我国黄瓜嫁接绝大多数是选用南瓜作砧木，包括中国南瓜、印度南瓜、美洲南瓜，也有少量用葫芦作砧木。我国地域辽阔，南瓜种质资源生态类型丰富，仅中国农业科学院收集保存的地方品种就有 1 800 份，充分研究和利用现有的南瓜种质资源，选育出优秀的适合我国嫁接栽培使用的黄瓜砧木是完全可行的。

1. 选择适合的砧木

砧木品种自身的生长势、与接穗的亲和力等直接影响到嫁接育苗的管理以及生产上黄瓜的产量、品质和商品性等。生产黄瓜嫁接苗，理想的砧木一般选用黑籽南瓜。

2. 确定适宜的播种期

播种期的确定主要取决于砧木种类和嫁接方法。黄瓜嫁接主要有插接、靠接等方法。嫁接的方法不同，要求的苗龄不同，播种期也不一样。

六、番茄嫁接育苗技术

番茄嫁接育苗是近年来用于蔬菜生产的一项新兴技术。通过这一技术，可以将环境适应性较差的优质栽培品种嫁接环境适应性极强的野生番茄上，利用野生番茄在适应性方面的优势，定植后缓苗期短，成活率在 95%以上，使栽培品种长势更强，产量可以提高 30%以上，同时有效克服了多种番茄病害，所生产出的嫁接种苗抗褐色根腐病、番茄青枯病、萎蔫病、根腐萎蔫病、根结线虫病和 TMV 病毒等，延长生产季节。

由于嫁接换根，使植株获得了抗病机能，新陈代谢旺盛，增强了养分吸收能力，从而提高了番茄的产量。因此，较成功地解决了番茄连作障碍问题，从而大大缓解了土地资源紧张的问题，目前日本约 90%的番茄生产使用的是嫁接苗。

（一）砧木的选择

番茄嫁接可选用的砧木见表 4-2。

表 4-2 番茄嫁接可选用的砧木

来源	品种	防治目标
国外引进	LS-89	青枯病、枯萎病
国外引进	耐病新交 1 号	枯萎病、黄萎病、褐色根腐病、根腐枯萎病及根线虫病
国外引进	影武者	枯萎病、根腐枯萎病、黄萎病、枯萎病和根瘤线虫枯萎病、黄萎病、根腐枯萎病、褐色根腐病、根线
国外引进	斯库拉姆 2 号	虫病及 TMV 病毒

（二）栽培基质的配制

为培育出高质量的幼苗，必须进行严格的基质高温消毒，配制比例为草炭：蛭石：珍珠岩=3：1：1，同时，1 m^3 基质中可加入 100 g 多菌灵或 200 g 百菌清进行消毒，并用复合肥 20-10-20 肥料将 EC 调节至 0.75 左右（1 m^3 约用 750 g 肥料）。

（三）砧木接穗的播种与培育

番茄嫁接育苗要求嫁接的每盘砧木苗和接穗苗整齐一致，方便操作。为达到目的，可采用分段育苗，先用方盘播种，出苗后再按大小移入穴盘培育。重复使用的育苗盘可用 800 倍的高锰酸钾浸泡消毒。

番茄嫁接苗的育苗天数一般为夏季 25 d 左右，冬季 45 d 左右。砧木、接穗具体播种时间应根据采用哪种嫁接方法来确定。番茄的嫁接方法很多，这里主要介绍套管接、针接两种方法。一般砧木各方面的抗性比较强，生长较旺盛，所以接穗应提前 2 d 播种，包衣种子可以不进行处理，未包衣的种子采用温烫浸种后再进行播种。砧木和接穗均直接播于 128 穴盘中，放入 28℃左右黑暗的催芽室中进行催芽。

种子出土后要充分见光，防其徒长，使其茎秆粗壮，子叶展开后喷甲基托布津 800 倍液，育苗期间白天温度在 25～28℃，夜间温度在 15～18℃。待接穗长到 2～2.5 片真叶，子叶与真叶之间茎长大于 1 cm 时即可进行嫁接，嫁接前喷一遍杀菌剂以防嫁接时感染。

（四）嫁接

番茄主要有套管接、针接等。嫁接前 2 d 给番茄苗喷一遍杀菌剂，嫁接前 1 d 给番茄苗浇足水分。

1．套管嫁接法

嫁接选用专门的嫁接套管，套管接采用具有良好扩张性能的橡胶或塑料软管作为嫁接接合材料，嫁接苗伤口保湿性好。番茄的套管要求为内径 2.0 mm，管长 15 mm，壁厚 1.2 mm，材料为有一定弹性的透明塑料，一般多从日本进口。其具体嫁接过程是：在不透风的环境中进行，嫁接前操作台、嫁接刀、人手等都应进行消毒。嫁接时砧木在子叶上 0.3 cm 处，嫁接刀与砧木呈 30°向下切断，套上套管，套管底部正好抵住子叶，然后在接穗第一片真叶下 0.3 cm 处呈 30°与砧木成相反的方向切下接穗，插入套管，在不折断、不损伤接穗的前提下，尽量用力向下插接穗使砧木与接穗的切断面很好地压附在一起，使两者充分贴合，以利于成活（图 4-16、图 4-17）。

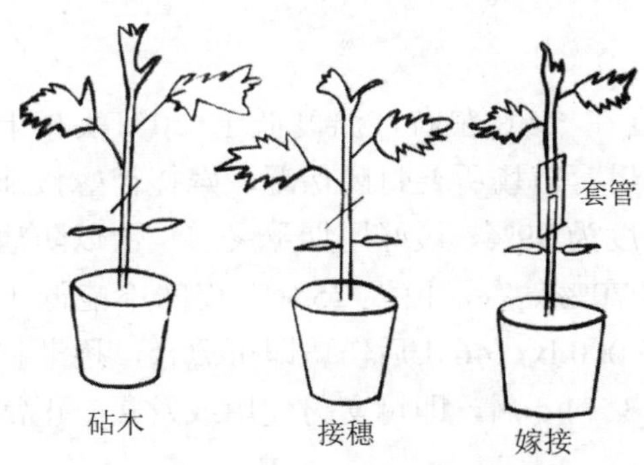

图 4-16 番茄的套管嫁接

图 4-17 番茄套管嫁接成活状

2．针式嫁接法

针式嫁接法是采用断面为六角形、长 1.5 cm 的针，将接穗和砧木连接起来。嫁接针原来是用陶瓷或硬质塑料制成，而我们则采用粗 0.6 mm、长 1.8 cm 的木工蚊钉代替，经试验在植物体内不影响植物的生长。番茄针式嫁接时嫁接苗应稍大一些，一般按接穗 2.5 片真叶左右、砧木 3～3.5 片真叶为宜。嫁接时选砧木苗与接穗苗粗细一致的幼苗，先用利刀在砧木苗子叶下方中间的位置横向切断，切口要平滑。在茎中间插入一个嫁接针，一半插入，另一半留在外面，用于插接接穗。取接穗苗，在子叶下方适当的位置横向切断，要求切断的轴径和砧木的轴径大致相等，且不宜过长，以 12 cm 为宜，将接穗插在插有嫁接针的砧木上即可。注意砧木和接穗的切面对严，并保持嫁接苗呈直线状态。针式嫁接法与其他嫁接方法相比，技术环节简单、操作容易、嫁接速度快、成活率高（图 4-18、图 4-19）。

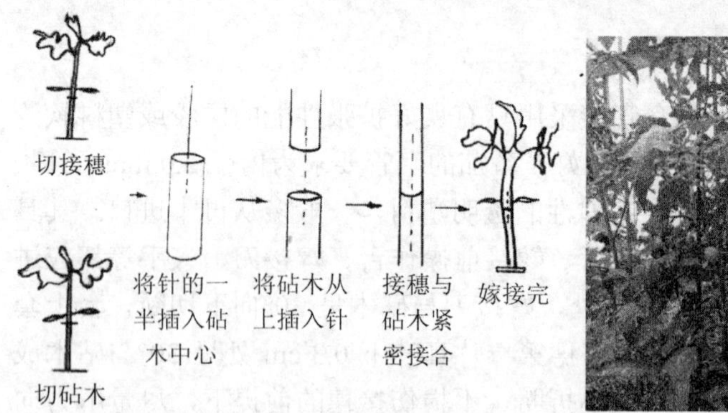

图 4-18　番茄的针式嫁接

图 4-19　番茄针式嫁接成活状

（五）嫁接后管理

嫁接后放在黑暗高湿的环境中，温度在 24℃左右，温度低于 20℃或高于 30℃不利于接口愈合，影响成活率。嫁接后育苗场所要封闭保湿，嫁接苗嫁接前要充分浇水，保证嫁接后 3～5 d 内空气湿度为 99%，最好用烟熏灵熏一次以防病害发生，2 d 后移入遮光温室，遮光率在 70%左右，白天 25℃，夜间不能低于 18℃，湿度在 95%左右，光照在 4 000～5 000 lx，46 d 后伤口即可愈合，逐渐移入正常光照区内，按常规管理即可。炼苗 3～4 d 后，即可交付使用或发货。正常时，嫁接成活率在 98%左右。

（六）番茄苗期病害防治

苗期是花芽分化的时期，是番茄生长的关键时期，苗壮则成株期病害少、产量高、畸形果少、优质果多、效益好。

（1）猝倒病　主要为瓜果腐霉所致。菌丝无隔无色，顶生或中间形成孢子囊，孢子囊产生游动孢子。此菌喜低温，10℃左右可以活动，15～16℃下繁殖加快，30℃以上生长受到抑制。

（2）立枯病　病菌为立枯丝核菌，病菌菌丝分隔明显，初时无色，较细，老熟时黄褐色，大多呈现直角分枝，分枝基部多缢缩且具分隔，老熟菌丝交织紧缩成菌核，菌核无定形，似菜籽或米粒大小，多褐色至深褐色。病菌对温度要求不严格，一般在10℃以下就可生长，最高为40～42℃，最适温度为20～30℃。

（3）根腐病 病菌为几种镰刀菌，以腐皮镰刀菌为主，菌丝无色，较细可以产生两种类型的孢子。大孢子镰刀形，具35隔，小型孢子无色，单孢椭圆形至卵圆形，菌丝和大型孢子可产生圆形的厚壁孢子。

（4）沤根 是生理病害，幼苗出土不长新根，幼根表面不长新根呈锈褐色，后腐烂，地上萎蔫枯死，菜苗易被拔起。

（5）其他 如灰霉病、晚疫病、枯萎病、早疫病等，详见这些病害症状的描述。

（七）成苗

壮苗的标准为苗龄冬茬 55～70 d，秋茬 30～35 d；苗高 20 cm 左右；茎粗 0.5 cm，上下粗细一致，节间短，各节一致，苗形健壮，具一对子叶和7～9片真叶，地上地下生长平衡，根系发达，须根白而多，叶片健壮且大，叶色深绿叶，背略带紫色有毛，第一花序在7～9节上。

七、茄子塑料吸管嫁接育苗技术

（一）砧木和接穗的选择

砧木采用野生刺茄，由于其适应性好，根系旺盛，耐涝湿，抗性强，是茄子长季节栽培常用的砧木，而且农户可自行留种。接穗品种主要选择抗性强、适应性好的惠州当地资源品种惠宝长茄。选择适合的穴盘和基质茄子嫁接苗使用 72孔或50孔穴盘，使用旧穴盘时要用漂白粉或石灰水进行消毒。营养土由过筛的稻田土 6～7 份和腐熟农家肥 3～4 份混合而成。每立方米营养土加入三元复合肥150 g或尿素50 g、磷酸二氢钾100 g，再用杀菌剂混匀后用薄膜覆盖严实，堆沤15 d，揭膜后进行翻晒。

（二）播种育苗

冬春茄子嫁接育苗一般 10 月上旬育砧木、12 月上旬嫁接、冬末春初种植，12 月下旬育砧木、3 月上旬嫁接。如果秋茄嫁接育苗，宜于 6 月中旬育砧木，8月上旬嫁接，无霜区越冬栽培。在准备好的穴盘中装入3/4～4/5的营养土，浇透底水，待底水渗下后，将催好芽的砧木种子，点播在育苗盘内，上覆约0.8 cm厚营养土，再盖上塑料薄膜，待 60%左右的苗出土后揭去薄膜。当苗株长出 3～4片真叶时可适当遮光，使苗株适当徒长。使嫁接口上移，利于套管嫁接。砧木播后 15～25 d 播接穗种子。

（三）塑料吸管嫁接

选用内径 0.4 cm、有一定韧性弹性的透明塑料吸管，用小剪刀纵向剪开。按 1～1.2 cm 剪段。塑料吸管嫁接砧木和接穗茎秆粗细一致性要求不严格，一般接穗茎秆不大于砧木茎秆即可，当砧木 6～7 片真叶、接穗 5～6 片真叶，径粗 0.4 cm 左右，半木质化时即可进行嫁接。嫁接前 2 d 砧木浇 1 次透水。嫁接要在无风、晴天下进行。嫁接时用刀片在砧木高 3 cm 处（半木质化）平切，去掉上部，再在砧木切口中间垂直向下切入 1 cm 深，随后套上塑料吸管。如砧木较大，可分开吸管套上砧木，注意不要把吸管开口与砧木垂直切口对正。在接穗半木质化处即茄子茎秆颜色较深与较淡交接处平切，去掉下端，保留 2～3 片叶。与垂直方向成 30°楔形，将削好的接穗对准砧木切口插好。如插入切口困难或对准不齐，可把吸管下移至与砧木切口齐平，插稳接穗后，再把吸管移到切口中间。嫁接时要注意切口和斜面必须光滑，砧木和接穗粗细不一致时，应靠一侧对齐，要把接穗插实，移动苗盘时轻拿轻放（图 4-20）。

图 4-20　茄子的塑料吸管嫁接

（四）嫁接后管理

嫁接后的苗株管理是茄子嫁接育苗成功与否的关键。嫁接后必须对温、湿度和光照进行调控。放置嫁接苗盘前把育苗场地淋湿，湿度保持 95%以上，并保证场所不通风。

用旧报纸或牛皮纸把嫁接后的苗株覆盖遮光 3 d，然后半遮阴 2～3 d，即在早晚光弱时揭开报纸，之后逐渐增加见光时间，直至全天见光。温度一般白天保持在 22～30℃，最高不超过 32℃，如温度过高，可适当通风及加盖遮阳网降温，夜间温度保持在 18～22℃。一般嫁接后 13 d 左右接口愈合。嫁接苗成活后要及时摘除砧木的萌芽，以保证对接穗养分的供应。

（五）成苗

当嫁接苗长出 1～2 片新叶时，即可出苗定植。

茄子土传病害在我国南北各地普遍发生，利用嫁接技术可以有效防治病害的发生。在以往的嫁接中主要利用的是野生茄子作为砧木，但野生茄子存在发芽难、生长期长、采种难及价格贵等问题。番茄、茄子同属茄科，且番茄土传病害相对较少，根系强大，两者嫁接成活率高，能防止茄子的土传病害并增加产量。

为了进一步开发茄子嫁接抗病增产的应用范围，以茄子为接穗，番茄为砧木进行嫁接，成活后地上部分除茄子枝干以外同时保留番茄的侧枝，得到既结茄子又结番茄的嫁接共生复合体，采取茄子/番茄嫁接共生栽培这种方式能够获得茄子、番茄果实，且果实品质基本不变。同时还能发挥出抗病优势，综合发病率≤5%。

任务三 常见花卉嫁接育苗技术

常见花木接穗和砧木的选择见表 4-3。

表 4-3 常见花木接穗和砧木的选择

接穗名称	常用砧木	繁殖方法
玫瑰	（月季）野蔷薇	十姐妹播种，扦插
牡丹	单瓣牡丹，芍药	分蘖，扦插
梅花	毛桃，果梅	播种
山茶	金心茶，油茶	播种，扦插

接穗名称	常用砧木	繁殖方法
桂花	女贞，小蜡，白蜡	播种
蜡梅	狗蝇蜡梅	分蘖，扦插
碧桃	毛桃	播种
樱花	青肤樱	播种，扦插
红枫	羽毛枫，鸡爪槭，小果槭	播种
垂丝海棠	山荆子，圆叶海棠	播种
白玉兰	含笑 木笔，玉兰	播种，扦插
广玉兰	木笔，玉兰，厚朴	播种，扦插
丁香	女贞，小蜡	播种
金橘	代代花，构橘	播种

一、菊花的嫁接育苗技术

菊花，为多年生草本宿根花卉，菊科菊属植物。经 3 000 多年的栽培选育，已有品种 3 000 多个，成为广大群众所喜爱的传统名贵花卉之一。菊花的花色、花型繁多，艳丽多彩，但在扦插繁育过程中，易出现变异、退化等不良现象。采用黄蒿作砧木嫁接菊花，培育的菊花既保持了原有品种的特性，又解决了常规扦插成活率低的问题，并且盆菊型满、花大、色艳，提高了观赏价值。

（一）砧木、母本的选择

10 月底—11 月初，从野外采集黄蒿苗，移栽到温室或塑料大棚中培育至第二年 3 月底，作为砧木培育。

菊花母本的选育方法有以下两种。

（1）分株法 菊花凋谢后剪去老干，待根旁发出脚芽，于 11 月中旬至 12 月初挖出母根，分开脚芽，植于苗床中培育。

（2）母株保存法 于 12 月上旬将开过花的菊花剪去老干，整株移植于大棚培育。

（二）砧木的培育

用黄蒿萌生的新枝做插条培育砧木。

具体做法为：做成宽 60 cm、厚为 15～20 cm 的沙床，从黄蒿萌生的新枝上剪取 10 cm 长、有 2～4 节的枝梢，再将枝梢的下部剪平，插入沙中约 5 cm 深，株行距为 20 cm×10 cm，浇透水。以后每天的浇水量以够蒸发为准，过 25 d 左右即可生根发芽。以后每隔 3 d 按 1%的浓度喷施氮肥，40 d 左右即可嫁接。

（三）菊花的嫁接

将培育的砧木在温度升高并正常的情况下，揭开塑料薄膜自然生长一段时间（也称炼苗）。5 月中旬长至 8～12 cm 高时，即可嫁接。一般采用腹接法。

具体操作方法是：选取接穗的粗细要和砧木粗细相当，用刀将接穗下端削成缓斜的楔形平面，使靠砧木内侧一面（与砧木形成层相接的一面）的厚度稍大于外侧面的厚度，削面长度为 1.3～2.5 cm。在削面上部保留 2～3 个芽，长度为 6～10 cm，即可将接穗剪断，做好保湿措施。将砧木距地面 6～9 cm 处剪断，剪口应平滑，距地面高 4～7 cm 处进行腹接。选用平滑的一侧向距剪口 1.5 cm 的下方，用刀呈 25°～30°的斜角向下切至砧木直径的 1/3 和 1/4 处（不可切至髓心部位），切口的长度、宽度与接穗的削面长宽相一致，然后迅速将削好的接穗插入砧木的切口。

在嫁接过程中，如遇接穗比砧木细，可将接穗一侧削面的形成层与砧木同一侧形成层对齐；如果砧木和接穗粗细相等，应使接穗的两侧削面的形成层与砧木切面两侧的形成层对齐。将接穗与砧木对准之后，用透明胶布裹紧或用湿润的细沙土将整个接穗封严。

腹接成活后，将嫁接部位以上的砧木剪去，即成新的植株。在嫁接过程中要做到“快、平、准、紧”，即嫁接刀要快，动作要快；接穗削面和砧木接口要平滑；插入接穗使之与砧木的形成层对准；砧穗两者间要固定紧。嫁接成活一段时间后，要及时解除绑缚。菊花与黄蒿嫁接如图 4-21 所示。

图 4-21　菊花与黄蒿嫁接

二、蜡梅嫁接育苗技术

蜡梅嫁接以切接为主，也可采用靠接和芽接。切接多在3—4月进行，当叶芽萌动有麦粒大小时嫁接最易成活。如芽发得过大，接后很难成活。切接前一个月，就要从壮龄母树上，选粗壮而又较长的一年生枝，截去顶梢，使养分集中到枝的中段，则有利于嫁接成活。接穗长6～7 cm，砧木可用狗蝇蜡梅或用4～5年生蜡梅实生苗。砧木切口可略长，深达木质部为宜，扎缚后的切口要涂以泥浆，然后壅土封起。接后约一个月，即可扒开封土检查成活。用切接法繁殖的蜡梅，生长旺盛，当年可高达40～60 cm。靠接繁殖多在5月份前后进行，砧木多用数年生蜡梅实生苗。先把砧木苗上盆培养成活，把它们搬至用作接穗的母枝附近，选择母枝上和砧木苗粗细相当的枝条，在适当部位削成梭形切口，长3～5 cm，深达木质部。削口要平展，砧木和接穗的削口长短和大小要一致，然后把它们靠在一起，使四周的形成层相互对齐，用塑料带自下而上紧密绑扎在一起。嫁接成活后先自接口下面将接穗剪断，再把切口上面的砧木枝梢剪掉即成。

芽接繁殖宜在5月下旬至6月下旬为好，蜡梅芽接须选用第一年生长枝条上的隐芽，其成活率高于当年生枝条上的新芽，可采取"V"字形嫁接法。

（一）砧木繁殖

1. 分株繁殖

分株繁殖在叶芽刚萌动时进行。先于前一年年底在离地面20～30 cm处，将准备分株的蜡梅枝条全部截顶。分株时在母株四周将土掏出，用刀按每丛2～3根茎秆劈开，移出另栽，原处留2～3根粗大壮实的茎秆不动，分栽的蜡梅苗采用60 cm×50 cm株行距进行栽植。培养2～3年后出圃或再进行分株繁殖。

2. 播种繁殖

7—8月采收变黄的坛形果托，取出种子干藏，翌年春天播种，播种前用60℃温水浸泡12～24 h，播种时先整好苗圃地，点播，或开沟条播，覆土厚度4～5 cm。注意浇水、除草，每隔20～30 d施清淡薄肥一次；苗期注意排水防涝。播种苗经过3～4年培养，作为砧木使用。

（二）良种嫁接

一般以狗芽蜡梅做砧木，素心蜡梅、馨口蜡梅等优良品种做接穗（图4-22）。

图 4-22 蜡梅嫁接

1．切接

3—4 月，当叶芽萌动约麦粒大小时进行切接，在切接一个月前，从良种蜡梅壮龄树上，选粗壮较长的一年生枝条，截去顶梢。嫁接时将接穗剪成 6～7 cm 长，在接穗下芽的背面 1 cm 处斜切一刀，削掉 2/3 的木质部，斜面长 3～5 cm，要求斜面光滑、平直。再在斜面的背面削 1 cm 长的斜面呈楔形，接穗上保留 1～2 对芽，削成楔形，稍露出木质部。砧木用 2～3 年生的狗牙蜡梅，也可用 4～5 年生的蜡梅实生苗。在离地面 3～5 cm 处剪除砧木，选皮厚、光滑的地方把砧木削平，再在皮层内略带木质部垂直切 3～4 cm。把接穗的长斜面对准砧木的木质部处插入，使接穗斜面两边的形成层和砧木切口两边形成层对准靠紧。接后绑扎好，在接口处涂上泥浆，用疏松湿润的细土将接穗封住即可。

2．腹接

采用当年生枝条作为接穗，带有 2～3 对芽，长度为 8～10 cm，在茎粗 1.5～2 cm 的砧木上准备嫁接的部位用刀斜切一切口，深达砧木粗度的 1/3，切口长 2～3 cm，将接穗小段顶芽一侧的茎部斜向削一削面，削面长度与砧木切口长度相等，在此削面背面再削 1 cm 长的小斜面，然后用手轻轻推开砧木，将接穗插入，使长削面紧贴砧木木质部，两个形成层对准，最后用塑料条紧绑接口即可。

（三）嫁接苗的管理

当嫁接成活的接穗长出 6 片叶片左右时及时摘心，促其增粗、萌发侧枝，形成树冠和开花枝。培育具有较高主干的植株时，等到第二年砧木与接穗生长牢固后，利用其新萌发的枝芽培育主干。春季切接成活的植株，在初夏“松绑”，将绑缚用的塑料薄膜松开，但不可完全去掉；夏季腹接成活的植株，在翌年初夏“松绑”，用锋利的小刀在塑料膜上轻轻纵向划一刀，使塑料膜松动即可。

任务四　银杏嫁接育苗技术

银杏嫁接能坚持母树的优秀性状，经过嫁接能够保存、培育优秀种类，矮化树体，便于密植，扩展种类培养规模，并能提前开花结实。银杏苗嫁接关键是接穗收集和不同时期内的嫁接方法。

一、接穗收集

（一）春季接穗收集时刻

通常在清明节前10～20 d内，从优秀单株的成年母树上或采穗圃中收集接穗。

（二）收集接穗的母树的条件

（1）种类纯粹，丰登、稳产、优质；
（2）出核率高，出仁率高，单核重、大；
（3）无病虫灾；
（4）母树生长强健旺盛。

（三） 银杏接穗枝条应具有如下条件

（1）当年生嫩枝或2～5年生发育正常的长枝；
（2）生长强健、充分。通常要用树冠外围和树体中上部发育老练的枝条。老树上徒长枝也可选用，在嫁接技能娴熟的情况下，可选用老龄枝或多年生短枝，以便提前成果，枝条在树冠的南向成活率高，嫩枝要比老枝成活率高；
（3）接穗最佳取枝条的中部，由于上部接穗木质化程度差，基部接穗芽子不丰满；
（4）接穗腋芽和顶芽丰满充分。穗条收集后要蜡封枝条或接穗的两头，保湿储存。

二、嫁接

（一）嫁接的时期

银杏原则上一年四季均可嫁接，不同嫁接时期的嫁接方法也不一样。春季嫁接宜选用劈接、插皮接、带木质芽接、双舌接、袋接、腹接等。嫁接时间为发芽前 5 d 至展叶，嫁接成活率最高，即清明前 15 d 至清明后 5 d 内嫁接。

方块芽接及方块短枝接可在生长时节进行。

秋季嫁接以 8 月下旬为宜，首要办法有方块芽接、带木质芽接、劈接、插皮接、贴枝接、腹切接等。

（二）嫁接方法

1．劈接法

此法用 2 年生以上的实生苗，它是砧木和接穗均未离皮的常用的、传统的嫁接方法。

（1）削接穗　挑选有 2～3 个丰满芽的粗大健壮接穗，在最下端的芽两边各削一个 3～4 cm 的削面，使呈楔形，外宽内窄，但最上一个芽要在外侧，削面润滑，无毛。削面斜度适中，削面削好后，上面留 1～2 个芽，在上芽上方 0.5～1 cm 处剪断。

（2）劈砧木　在适合的嫁接部位上，先截干，用劈接刀在砧木横断面往下劈纵切断，切断深 4～5 cm。

（3）插穗及包扎　刺进接穗时要用劈刀的楔部将劈口撬开，先将接穗与砧木劈口左右对齐，然后悄悄将穗刺进，且注意砧、穗构成层对准，刺进后外“露白”0.2～0.3 cm，然后用薄膜条包紧砧木与接穗之间的创伤，以防雨水的侵入和过量的蒸腾而影响成活率。

2．插皮舌接法

砧木和接穗离皮后即可进行嫁接的一种方法。

（1）砧木处置　依据所需要的高度，在砧木平直处将砧木锯断，削平锯面，挑选砧木皮润滑平直一侧，用刀削去老皮长约 5 cm，深达嫩皮见白。

（2）削接穗　接穗上保存 2 个丰满芽，削面成马耳形，削面平直，长 3～4 cm，并去掉前端较软部分，以便刺进，然后用手捏开，使木质部和韧皮有分离。

（3）插接穗　先用手捏开砧木的韧皮部，并使其与木质有些分离或用嫁接刀将韧皮部撬开，然后将接穗木质部向内慢慢刺进砧木的木质部和韧皮部之间，直至微露接穗停止，然后用塑料薄膜绑缚结实，封紧接口。

3．插皮接法

适用于砧木已离皮而接穗未离皮进行的嫁接方法。

（1）削接穗　先在芽的不和 0.5 cm 处下刀，削成 3～4 cm 长的斜面，入刀要陡，深至接穗的 1/4～1/3，然后在其斜面背面的尖端处削成长 0.3～0.5 cm 的短削面，在短削面两边各轻削一刀，使呈楔形，然后，在长削面两边各轻削一刀，使构成层显露，然后切断，每穗 2 芽。

（2）削砧木　在砧木适合部位剪断，削平切断，在润滑的一侧横削一刀，再纵切一刀深达木质部，然后将砧木刀缝两边皮层悄悄撬开。

（3）插接穗　将接穗削面朝向砧木木质部，慢慢刺进接穗，待接穗斜面在剪口上呈半圆形停止，上部露白 0.3 cm，然后用塑料条绑缚即可。

4．切接法

春秋两季均适用，省接穗，操作简略，成活率高。削接穗时，先在芽下方约 1 cm 处成 45°斜削一刀，削掉芽子下面一段，然后翻转接穗，使宽平面向上，从芽基部起平削一刀，削芽皮层，不伤或微伤木质部，最终在芽上 0.3 cm 处斜削一刀，削断接穗。砧木在距地上 8～15 cm 处，选润滑处自上而下纵切一刀，刀穿皮层，不伤或微伤木质部，切断长 2.5～3 cm，接合时，将单芽大削面朝向砧木木质部刺进口内，下部抵紧砧木切断底部，至少使砧木与接穗构成层一边对齐，然后扎紧，以防失水，选用全封闭式包扎，待接穗发芽时顶破塑料薄膜。此法最适合 1～2 年生苗嫁接。

5．袋接法

是把砧口捏成袋状、接穗削成弧形削面并刺进砧袋内的一种小苗嫁接方法。此法简洁易行，成活率高，无需绑缚，是银杏春季嫁接最早采用的方法之一。此法适于砧木根茎部位已离皮的 1～2 年生小苗嫁接。

（1）削接穗　接穗选好后左手持接穗，基端向内，右手拿嫁接刀。接穗四刀削成：首刀先在最上部一芽同一方向处下刀，削成 3 cm 长略呈弧形的斜面；第二刀将削面顶级过长的削去；第三、四刀分别在斜面两边约 1/2 处顺势修削一刀，再从芽上 1 cm 处切断。每穗 1～2 芽。

（2）剪砧　扒开砧木根部泥土显露根部浅黄色，用剪刀将砧木剪成约 45°的马耳形斜面，袋接需要斜面向南。

（3）插接穗　先用左手捏开砧木剪口皮层，使剪口顶部一面皮层和木质分离成袋状，右手取接穗将削面朝内，即“骨对骨”慢慢刺进袋内，插到不能再插时停止。要避免用力过猛而使接穗皮皱褶和砧木皮层决裂。如决裂，最佳绑缚。接好后左右手各抓一把泥土，对挤到接口处，使泥土和接口严密触摸。然后在周围及上面盖上细土，盖没接穗顶端 1～2 cm，并培成馒头状，以利增湿保温，持接穗发芽萌生后人工扒土，以确保腋芽正常萌生。

6．腹接法

皮下腹接，砧木切断不伤及木质部呈 T 形切断，撬开皮层刺进接穗，接穗长削面平直斜削，长 2～2.5 cm，不和下端呈小斜面。假如接于大树上的授粉枝或经过嫁接来添补树冠缺枝部位时，能够不剪砧，用于育苗成活后剪砧。为了避免方位效应，榜首芽在接穗上边。

单芽腹接：砧木处置时，先在嫁接部位斜切一刀，深达木质部 1/3。接穗为一单芽枝段，在芽的两边作两个斜切削面，外宽内窄。两个切削面长短也略有不同。削后在芽上 0.5 cm 处剪断。刺进后假如松动须绑缚。

7．带木质部芽接法

（1）削芽片　一手倒握接穗，一手从芽基上方 1 cm 处向上斜削一刀，深达木质部。再在顶芽（向内一端）1 cm 处斜切一刀，深达木质部，不要取刀，顺直向上平削，直到将带木质部的芽片取下停止。芽片一定要润滑，不然不易成活。

（2）削砧木　在适合嫁接部位润滑面上，将砧木削成与接芽平等巨细并深达木质部的切断，悄悄取下切块。

（3）嫁接　将削好的芽片嵌入砧木切断内即可，芽片上窄下宽或上宽下窄均可。接好后再用塑料条自下而上绕芽扎紧。春季嫁接当即剪砧，夏秋季嫁接翌春剪砧。

8．根接法

（1）插皮根接

①削接穗：接穗削法同一般插皮接，但长削面 3 cm，短削面 0.5 cm。

②根段挑选及切削：根砧先从苗圃内挖出，洗净泥土，切不可损害须根。剪除机械损害，并剪成长 10 cm 的根段，截制时将粗端平切断，细端斜切断，以便区别上、下端，并按粗细分级。削砧方法同一般插皮接，按惯例办法刺进接穗后绑缚即可。

（2）皮接装根法　适于较细银杏根，接穗较粗。

①削接穗：先用嫁接刀修平接穗下切断，向上 0.3 cm 处用刀向上削一个斜面，长约 3 cm，深达木质部。削起皮层带有一些木质部，但不脱离穗条，又要有弹性。

②削根段：将根段粗端上口选滑润处削一长 3 cm 的斜面，在斜面的背面削一长为 0.2 cm 的小斜面。

③嫁接及包扎：将根段长斜面向内由下而上刺进接穗切断内，再用塑料条自上而下绑扎紧。但接穗下切断不要用塑料条封口，以利于接穗基部构成愈伤安排和生出新根。

（3）合接法　用嫁接刀修平接穗下切断和根段较粗一端（基端），并各削一长 3 cm 的斜面，对准二者的构成层然后扎紧。

技能训练

实训 4-1　果树砧木实生苗培育技术

一、实训目的

果树苗木的质量对果树的生长和结果影响很大。通过本技能训练，使学生掌握实生砧木苗的育苗方法及技术，并掌握砧木种子的检测技术方法。

二、实训材料与用具

（1）材料：选择符合训练和考核要求的果树育苗圃地，砧木种子；
（2）用具：染色剂，标签、笔、培养皿、镊子、手持放大镜。

三、实训内容与方法

不同树种选用的砧木种类见表 4-4。

表 4-4　不同树种选用的砧木种类

树种	砧木	树种	砧木
梨	杜梨、山梨等	苹果	山顶子、海棠、沙果
葡萄	山葡萄、葡萄	枣	酸枣、枣
桃	毛桃、山桃	核桃	核桃楸、核桃
杏	山杏、土杏	柿子	黑枣、油柿

1. 砧木种子鉴定

（1）目测法　一般生活力强的种子，种皮不皱缩，有光泽，种粒饱满，胚和子叶呈乳白色，不透明，有弹性，用手指按压不破碎，无霉烂味；而种粒瘪小，种皮发白且发暗，无光泽，弹性小或无弹性，胚及子叶变黄或污白，都是生活力减退或失去生活力的种子。目测后，计算正常种子与劣质种子的百分数，判断种子生活力情况。

（2）染色法　根据种子染色情况，判断其生活力大小。先浸种 1～2 d，待种皮柔软后剥去种皮进行染色，染色后漂洗，检查染色情况，计算各类种子的百分数。根据染色剂的不同，有生活力的种子分着色与不着色两种类型。用0.1%～0.2%靛红染色2～4 h，或0.1～0.2%曙红染色1 h，或5%～10%红墨水染色6～8 h，凡胚和子叶未染色的或稍有浅斑的，为有生活力的种子；胚和子叶部分染色的为生活力较差的种子；胚和子叶完全染色的，为无生活力的种子。小粒种子用0.5%红四唑液（2,3,5-氯化三苯基四氮唑）、大粒种子用1.0%红四唑液染色6～24 h，在黑暗条件下38～40℃时染色1 h，活力强的种子全部均匀鲜明着色；中等生活力的种子，染色较浅；低生活力的种子，子叶及胚附近大面积不染色。

（3）发芽试验法　在适宜条件下使种子发芽，直接测定种子的发芽能力。供测种子必须是未休眠或已解除休眠。每次使用50～100粒种子，重复3～5次。在培养皿或瓦盆中，衬垫滤纸、脱脂棉或清洁河沙，加清水以手压衬垫物不出水为度，将种子均匀摆放其上，保持20～25℃的恒定温度，每天检查1次，记载发芽种子数，缺水时可用滴管滴水，避免冲动种子。凡长出正常的幼根、幼芽的种子，均为可发芽的种子；幼根、幼芽畸形、残缺、中间细、根尖发褐色停止生长的，为不发芽的种子。根据发芽种子数量计算发芽率，判断种子的生活力。

发芽率=发芽种子总粒数/试验种子总粒数×100%

2．砧木种子处理

（1）砧木种子储藏　要精心保管，不使其发霉、变质，不受虫害。将种子装入容器内，放到通风干燥处。

（2）砧木种子层积处理　砧木种子不经层积处理，播种后，发芽率极低或不发芽。多采用冬季露天沟、木箱、花盆内沙藏。用细河沙测其含水量，手握成团不滴水，落地散开为宜。种子与沙混合，小粒种子用30倍的细河沙混合，大粒种子用20倍的细河沙混合。装入容器后埋藏在背阴处，温度变化不大的地点；不可放在向阳的地方，避免种子提早发芽造成损失。解冻后要经常检查，上下翻动种子，防止干燥和鼠害。有少部分种子露白即可开始播种。

（3）冷水处理　适宜处理核桃种子。将核桃置于冷水中浸泡5～6 d，每天换一次水，待吸足水分之后即可播种。

（4）温水浸种　适宜海棠、杜梨、桃、杏等种子。在来不及沙藏的情况下，可在春季播种前30 d，用温水（50～60℃）浸种5 min，充分搅拌，自然降温，在清水中浸泡2～3 d（每天换水），再进行短期沙藏。播种前将种子摊在暖炕上，保持温度18～25℃，种子上覆盖湿麻袋，每天翻动和加水两次，少量种子露白，大部分种子膨胀即可播种。

3．播种时期和方法

播种时期 4—5 月露地播种。苗床播种出苗数多，需要移栽，每亩可出 3 万～4 万株，但当年能进行芽接的砧木苗较少。垄播以 70 cm 的垄距，双行条播，行距 30 cm 为宜。开浅沟深度为 2～3 cm，如山定子、海棠、杜梨等小粒种子。开沟深度为 3～4 cm，如山杏、核桃等大粒种子。小粒种子连同湿沙一起均匀撒播，播后覆土厚度为 2～3 cm，随后镇压。大粒种子应按株距双行点播，播后覆土厚度 3～4 cm，随后镇压。墒情不好应再开沟后播种前浇足底水，播后为保幼苗能顺利出土，用草帘覆盖或覆盖地膜。

4．播种后管理

当砧苗出土达 10%～20%时，拆除覆盖的草帘，覆盖地膜的应注意苗的上方扎小眼，通风，避免高温烤苗。当幼苗出齐后，划破膜放出幼苗，并用细土压住地膜。

幼苗生长到 3～4 叶时进行一次间苗，山定子、海棠、杜梨等 4～6 cm 的株距，山杏、核桃等 6～10 cm 株距。间苗时应结合补苗进行。

间、定、补苗后，进行中耕松土除草，在小行间开 3 cm 深的小沟，每亩撒施尿素 20 kg，施肥后马上盖土，随后浇水。

幼苗生长高度约达 45 cm 时，为促使幼苗加粗生长，抑制其伸长生长，进行摘心和剪除基部的分枝。

7 月中旬至 8 月中旬是芽接适宜时期，因为这个时期是形成层最活跃的时期，是果树芽接育苗最佳时期。

四、作业

将实训过程和内容整理成实训报告。

实训 4-2　果树嫁接育苗技术

一、实训目的

果树的嫁接繁殖技术，有芽接（果树嫁接育苗中讲述）、枝接（春季萌芽前育苗或高接换头），通过本技能训练，使学生掌握较为常用的枝接基本技术方法。

二、实训材料与用具

（1）材料：果树品种接穗和砧木。

（2）用具：枝接刀、芽接刀、绑带等。

三、实训内容与方法

1．果树的枝接繁殖技术

果树枝接的方法是在休眠期萌芽前进行，选择品种的接穗是在修剪时进行，接穗嫁接到砧木上(或某品种大主枝上)，接穗与砧木的形成层薄壁细胞相互连接，进一步产生新的形成层细胞，分化维管束组织，沟通砧木与接穗木质部的导管和韧皮部的筛管，使水分和养分得以相互交流，接穗将发展成为新的植株（或新的生长部分)。所以，枝接的成活率是由接穗削面的平滑度、砧木与接穗形成层对准紧密接触，向下、向上覆瓦式绑扎等来保证的。枝接的方法有劈接、切接、皮下接、腹接等。

（1）劈接　将砧木在嫁接部位剪或锯断，并削平断面，再把断面从中间劈开，劈口深 3～4 cm。将接穗削成楔形，两个削面均长 3～4 cm，使剪口芽的一侧稍厚，另一侧稍薄。接穗长度以留 2～4 个芽为宜。将砧木劈口撬开，把接穗稍厚的一边朝外轻轻插入，使砧木与接穗形成层对齐，接穗切面上端露出 0.5 cm 左右。最后用塑料薄膜条绑扎。砧木粗时，可以插入两个接穗，劈口两端各 1 个。常用于高接换头、品种更新。

（2）切接　砧木从要嫁接的部位剪断，削平断面，于断面 1/3 处或稍带木质部垂直切下，切口长 2～3 cm。在接穗下端稍带木质部削平直、光滑的削面，削面长 2～3 cm，在其下端相反一面削 1 cm 以内的短斜向，将接穗留 5～6 cm，具 1～3 个芽剪下。把接穗长削面面对砧木大断面插入砧木切口，使接穗削而两面或一边的形成层上砧木的形成层对齐，上部露出 1～2 cm。最后，用塑料薄膜条绑扎。常用于高接换头、品种更新。

（3）皮下接　又称插皮接。砧木从要嫁接部位剪断，在光滑的一侧将皮层竖划一条缝，长 3 cm 左右。接穗下端削成一侧长 3～6 cm、背侧长不足 1 cm 的两个削面。把接穗大削面朝向木质部，慢慢插入砧木皮层与木质部之间，至削面稍微留一点为止。最后，用塑料薄膜条绑扎。常用于高接换头、品种更新。

（4）腹接　将接穗基部削成具有两个等长削面的楔形，削面长 2～3 cm，选留 1～4 个芽剪下。在砧木嫁接部位向下约呈 30°斜切一个接口，深度与接穗削面相适应。然后将接穗插入，用塑料薄膜条或地膜绑扎，应用较多的是单芽腹接。常用于品种更新、高接换头。

2．实训内容

每位同学按不同的嫁接方法分别嫁接两次。

四、作业

将实训内容整理成实训报告。

实训 4-3 茄子嫁接育苗技术

一、实训目的

（1）掌握茄子嫁接的主要方法。

（2）了解茄子嫁接育苗的生产意义。

二、实训材料与用具

（1）托鲁巴姆和茄砧新一号嫁接砧木幼苗（营养钵、6～8 片叶）。

（2）天津快圆、黑贝一号茄子幼苗（6～8 片叶）。

（3）日光温室、电热温床、干湿温度计、地温表、刀片、嫁接夹、竹竿、塑料膜、遮阳网、喷壶、万霉灵、塑料盆。

三、实训内容与方法

（1）按照课堂讲授的蔬菜三种嫁接方法进行嫁接，要求每人不少于 10 株。

（2）嫁接后每天进行温度、水分、光照、防病管理。

（3）观察记载：嫁接 15 d 后统计成活率。

四、作业

（1）根据嫁接实际情况分析成活率不高的主要原因。

（2）简述茄子嫁接的关键技术。

五、思考题

（1）嫁接育苗的生产意义。

（2）如何提高嫁接成活率？

实训 4-4 黄瓜嫁接育苗技术

一、实训目的

蔬菜嫁接育苗可以有效防止土传病害侵染，提高植株抗性，是现代设施园艺的一项主要技术，在设施瓜类和茄果类栽培中广泛使用。本实训通过对黄瓜苗的嫁接操作和嫁接苗的培育，了解嫁接技术在蔬菜作物上的应用及嫁接苗成活率的影响因素，掌握瓜类蔬菜常用的嫁接方法。

二、实训材料与用具

（1）材料：培育好的黄瓜接穗幼苗和砧木幼苗。

（2）用具：刀片、竹签、纱布或酒精棉、塑料夹、小喷雾器、嫁接台等。嫁接场所要求没有阳光直射、空气湿度 80%以上。

三、实训内容与方法

1．嫁接前的准备

（1）接穗和砧木苗的准备　黄瓜嫁接苗一般以黑籽南瓜为砧木。不同的嫁接方法，接穗和砧木苗的播种期有差别，插接法砧木比接穗早播 3～5 d，靠接法砧木比接穗迟播 3～5 d，种子处理的方法、播种方法和管理等与常规做法一样，待幼苗长至第一片真叶展开前后可进行嫁接，具体要求如下：插接法嫁接砧木要求下胚轴粗壮，接穗在第一片真叶展开前较适宜；靠接法嫁接接穗比砧木的下胚轴要稍长。

（2）嫁接苗床准备　采用保湿、保温性能较好的温床或小棚，嫁接前一天浇足底水备用。

2．嫁接方法

嫁接顺序是：砧木处理→接穗处理→砧木与接穗结合（靠接法要用嫁接夹固定）→栽于营养钵内并用小喷雾器对子叶进行喷雾→马上放于嫁接苗床内。每种嫁接方法在砧木处理和接穗处理上有如下差别。

（1）插接法

①砧木处理：去生长点和真叶，用竹签从子叶一侧斜插向另一侧，深达 0.5～0.6 cm。注意不要插穿胚轴表皮。

②接穗处理：在子叶下 0.5 cm 处宽面（两子叶正下方是窄面，另外两侧是宽

面）向下斜切，把胚轴切断，刀口长 0.5～0.6 cm。

（2）靠接法

①砧木处理：去生长点和真叶，在子叶下 0.5 cm 处宽面下刀，向下斜切，深达胚轴横径 1/2 左右（不超过 1/3），刀口长 0.7～1.0 cm。

②接穗处理：在子叶下 1.5～2.0 cm 处窄面下刀，向上斜切，深达胚轴横径 3/5～2/3 处，刀口长 0.7～1.0 cm。

3．注意事项

①嫁接苗的四片子叶必须呈“十”字交叉。

②靠接苗不能栽得过深，以防嫁接口长根，靠接苗定植时，使砧木根系处于营养钵中心，栽好后再把接穗根系置于边上并稍加覆土即可。

③手和嫁接工具注意经常消毒。

四、作业

写出实训报告，记载嫁接苗嫁接及管理要点，统计嫁接苗成活率。

知识拓展

茄子嫁接栽培技术

1．品种选择

砧木与接穗在嫁接亲和力上品种间表现差异不大。目前推出的砧木优良品种有茄砧新一号和托鲁巴姆。接穗可选用当地主栽、市场欢迎的优良茄子品种。

2．播种

茄砧新一号需提前 5～10 d，托鲁巴姆需提前 15～20 d 播种。采用常规育苗方法播种，然后分苗到营养钵内。苗床土宜采用无土基质或提前进行严格消毒，严防苗期感染土传病害。

3．嫁接前管理

接穗及砧木在出齐苗前均采用高温催苗措施，白天保持 28～30℃，夜间 18～23℃。出齐苗后应适当降温 3～5℃。当幼苗长出 2～3 片真叶时及时分苗。砧木要分到 10～12 cm 直径的营养钵中，接穗分到营养钵或消毒的苗床内，株行距 8～10 cm，分苗后尽快促进缓苗生长，并防止病虫害发生。

4．嫁接方法

茄子嫁接应在 18～25℃，湿度较高且光照较弱的温室内进行，宜采用劈接法嫁接。当砧木与接穗长至 6～8 片真叶，茎半木质化，茎粗 5 mm 左右时嫁接。先在高 3.3～6.7 cm 处用刀片平切砧木上半部，保留 3 片左右真叶，然后在茎中间垂直向下切入 1 cm 深。接穗在其半木质化处切去下端，保留 2～3 片真叶，削成双斜面楔形，楔形长短为 1 cm，将削好的接穗插入砧木切口中，对齐后用圆口嫁接夹固定，如果当时接穗偏细，应使接穗与砧木的茎一侧对齐，这样有利于成活（图 4-23）。

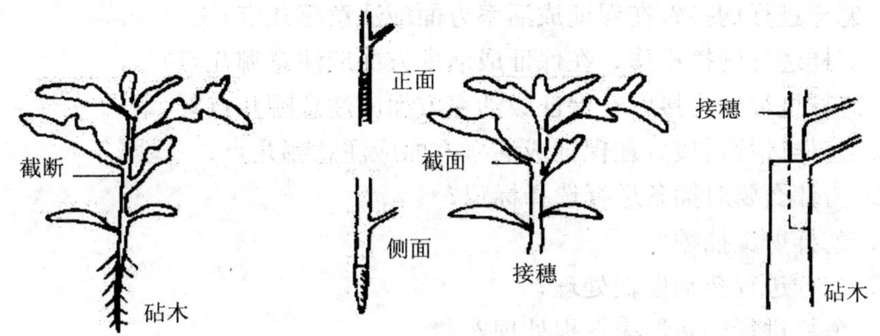

图 4-23 茄子劈接法嫁接示意图

5．嫁接后管理

嫁接后放入小拱棚内，及时进行叶面喷雾保温。嫁接后 3 d 内温度白天应保持 25～28℃，夜间 18～22℃。嫁接苗经过 7～10 d 的愈合期后，接穗开始生长，此时砧木的侧芽生长也很迅速，要及时除净砧木萌芽。一般茄子嫁接成活后即可与普通茄子苗相同管理，在嫁接成活率后 10～15 d 即可定植，定植前 5～7 d 要适当进行炼苗，以利定植后迅速缓苗生长。

6．定植及定植后管理

因茄子嫁接后长势较强，产量提高，要增施肥料，每亩施优质有机肥 5 000 kg 以上，磷酸二铵和硫酸钾各 30 kg。定植密度应较自根苗减少 10%，采用大小行定植。定植时不要埋住嫁接口，使嫁接刀口距地面 2 cm 以上，以免接穗感染土传病害。定植后及时去除砧木的萌芽，在茄子开花坐果前后摘掉嫁接夹子。保护地栽培应在开花时及时蘸花或喷花，其他栽培管理与普通茄子栽培相同。

复习思考题

1. 怎样从外观上鉴别种子生活力的强弱？
2. 怎样用染色法鉴别种子生活力？
3. 砧木种子处理方法有哪些？
4. 简述砧木种子层积处理方法及注意的问题。
5. 芽接方法有哪几种？有哪些区别？
6. T 形芽接法怎样进行操作？
7. 怎样进行切接？在保证成活率方面应注意哪几点？
8. 怎样进行劈接操作？在保证成活率方面应注意哪几点？
9. 怎样进行插皮接？在保证成活率方面应注意哪几点？
10. 怎样进行舌接？在保证成活率方面应注意哪几点？
11. 为什么要对插条进行选择标记？
12. 怎样剪裁插穗？
13. 怎样进行药剂催根处理？
14. 怎样进行电热温床催根处理？
15. 蔬菜嫁接技术有哪些方法？比较它们的优缺点。

项目五　培育分株苗

学习目标

知识目标　了解分株繁殖的概念、应用、方法等基础知识，掌握常见园艺植物的分株繁殖技术知识。

能力目标　熟练掌握常见蔬菜、花卉、果树等园艺植物的分株繁殖育苗技术；掌握园艺植物分株苗的管理技术，能进行日常管理。

学习任务描述

本项目的主要任务有四项：理解分株繁殖的基础知识；掌握草莓分株繁殖技术；掌握常见唐菖蒲分球育苗技术；掌握常见园艺绿化植物的分株育苗技术。

学习环境

要完成本项目学习任务，必须具备以下条件：

教学环境　多媒体教室、园艺实训室、育苗场（基地）。

教学工具　多媒体资料、影像资料、现代种苗生产基地企业网站等。

师资要求　专职教师、育苗场（基地）技术人员。

任务一　园艺植物分株繁殖基本知识

一、定义

（一）分株繁殖

分株繁殖就是将蔬菜、花卉等植物的萌蘖枝、丛生枝、吸芽、匍匐枝等从母株上分割下来，另行栽植为独立新植株的方法，一般适用于宿根类植物。

（二）分株繁殖应用及其特点

1. 应用

多用于丛生性强的花灌木和萌蘖力强的宿根花卉。是繁殖花木的一种简易方法（图 5-1）。

图 5-1 花卉分株繁殖苗

2. 特点

成活率高，成苗快。牡丹、芍药、蜡梅、君子兰、兰花、玉簪、鸢尾等常用此法繁殖。但繁殖系数较低，切面较大，易感染病毒病等病害。

二、分株繁殖的时间

主要在春、秋两季。落叶花木类，分株繁殖宜在休眠期进行，南方可在秋季落叶后进行，北方宜在开春土壤解冻而尚未萌芽前进行；常绿花木类，南方多在冬季进行，北方多在春季出室前后进行。

三、分株方法

（一）按照分株部位和内容不同

可将分株分为分株、分吸芽、分珠芽或零余子、分走茎、分根茎、分球茎、分鳞茎和分块茎。

1. 分株

将根际或地下茎上发生的萌蘖切下栽植，使其形成独立植株。适于分株的园林植物有刺槐、蜡梅（图 5-2）、南天竹等；果树有木瓜、枣等；花卉有萱草（图 5-3）、玉簪等。禾本科中一些草坪植物也可用此法繁殖。

图 5-2 蜡梅分株繁殖

图 5-3 金娃娃萱草分株繁殖

2. 分吸芽

某些植物根际或地上茎的叶腋间自然发生的短缩、肥厚呈莲座状的短枝（短匍茎），其下部可自然生根，可从母株上分离而另行栽植。在根际发生吸芽的有芦荟（图 5-4）、景天（图 5-5）等；地上茎叶腋间发生吸芽的有菠萝等。

图 5-4 芦荟分株繁殖

图 5-5 钱串景天分株繁殖

3. 分珠芽或零余子

珠芽和零余子是某些植物所具有的特殊形式的芽，生于叶腋（如卷丹，见图 5-6；薯蓣）或花序上（如葱类），脱离母株自然落地后即可生根长成新的植株。韭菜分株繁殖如图 5-7 所示。

4. 分走茎

自叶丛抽出的节间较长的茎（长匍茎）。节上着生叶、花和不定根，也能产生幼小植株。分离小植株另行栽植即可形成新株。以走茎繁殖的植物有草莓（图 5-8）、虎耳草（图 5-9）、吊兰（图 5-10）等。匍匐茎与走茎相似，但节间稍短，横走地面并在节处生不定根和芽，多见于禾本科的草坪植物，如狗牙根（图 5-11）等。

图 5-6　卷丹分株繁殖

图 5-7　韭菜分株繁殖

图 5-8　草莓匍匐茎繁殖

图 5-9　虎耳草分走茎繁殖

图 5-10　吊兰的走茎繁殖

图 5-11　狗牙根走茎繁殖

5．分根茎

有些多年生植物的地下茎肥大呈粗而长的根状。根茎与地上茎在结构上相似，均具有节、节间、退化鳞叶、顶芽和腋芽。用根茎繁殖时，其切成段，每段具 2～

3 个芽，节上可形成不定根，并发生侧芽而分枝，继而形成新的株丛。莲、美人蕉等多用此法繁殖（图 5-12、图 5-13）。

图 5-12　美人蕉根茎繁殖

图 5-13　台湾萍蓬草根茎繁殖

6．分球茎

有的植物地下变态茎短缩肥厚而呈球状。老球侧芽萌发基部形成新球，新球旁常生子球。繁殖时可直接用新球茎和子球栽植，也可将较大的新球茎分切成数块（每块具芽）栽植。唐菖蒲和慈姑等可用此法繁殖（图 5-14、图 5-15）。

图 5-14　观音莲的分球茎繁殖

图 5-15　慈姑的分球茎繁殖

7．分鳞茎

有些植物的变态地下茎有短缩而呈扁盘状的鳞茎盘，上面着生肥厚的鳞叶，鳞叶之间发生腋芽，每年可从腋芽中形成一个或数个子鳞茎从老鳞茎分出。生产上可将子鳞茎分出栽种而形成新植株，如水仙、郁金香等。为加速繁殖，还可创造一定条件分生鳞叶促其生根，这在百合的繁殖栽培中已广泛应用（图 5-16、

图 5-17）。

图 5-16　水仙分球繁殖

图 5-17　风信子分球繁殖

8．分块茎

多年生植物有的变态地下茎近于块状。根系自块茎底部发生，块茎顶端通常具几个发芽点，块茎表面也分布一些芽眼，内部着生侧芽，如马铃薯、马蹄莲等。这类植物可将块茎直接栽植或分切成块繁殖（图 5-18、图 5-19）。

图 5-18　马铃薯分块茎繁殖

图 5-19　大丽花分块茎繁殖

（二）分株的方法

分株的方法主要有侧分法和掘分法。

1．侧分法

在母株一侧或两侧将土挖开，露出根系，然后将带有一定基干（一般 1～3 个）和根系的萌株带根挖出，另行栽植。用此种方法，挖掘时注意不要对母株根系造成太大的损伤，以免影响母株的生长发育，减少以后的萌蘖（图 5-20、图 5-21）。

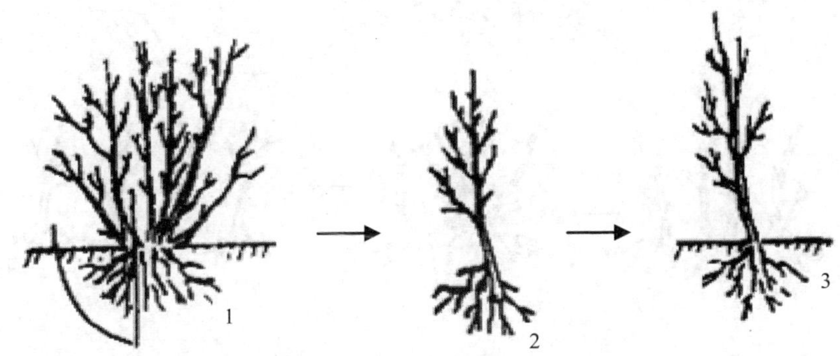

1. 切割；2. 分离；3. 栽植

图 5-20　分株繁殖之侧分法（灌丛分株）

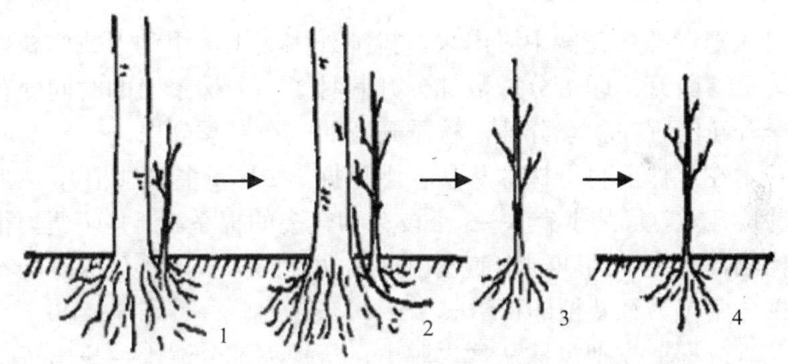

1. 长出根蘖；2. 切割；3. 分离；4. 栽植

图 5-21　分株繁殖之侧分法（根蘖繁殖）

2．掘分法

将母株全部带根挖起，用利刀或利斧将植株根部分成几份，每份的地上部均应各带 1～3 个基干，地下部带有一定数量的根系，分株后适当修剪，再另行栽培（图 5-22）。

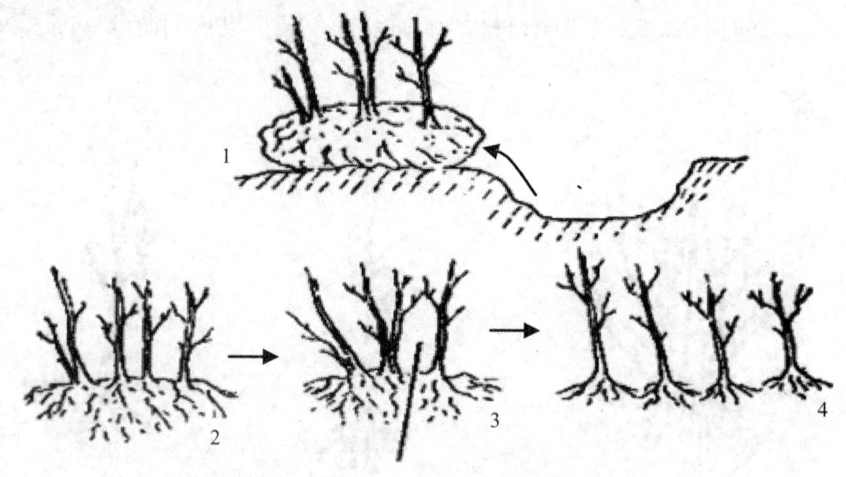

1、2. 挖掘；3. 分割；4. 栽植

图 5-22　分株繁殖之掘分法

四、分株繁殖技术

分株时先把母株从花盆中脱出来，抖掉外围泥土，用利刀或修枝剪把叶丛之间相连的地下茎断开，即可分成数株分开栽种了。分株繁殖的时间随花卉的种类而异，春季开花的宜在秋季分株，秋季开花的宜在春季分株。

露地花木在分株前将母株株丛从花圃里掘出（尽量多带须根），然后将整个株丛用利刀劈成几丛，每丛带有 3～5 个枝芽和较多的根系。一些萌蘖力很强的花灌木和藤本植物，在母株的四周常萌发出许多幼小的株丛，在分株时则不必挖掘母株，只挖掘分蘖苗另行栽植即可。

盆栽花卉分株前先把母株从盆内脱出，抖掉大部分泥土，找出每个萌蘖根系的延伸方向，把盘结在一起的团根分开，然后用利刀把分蘖苗和母株连接的根颈部分割开，割后立即上盆栽植。

分株的时候细心观察，按照根的自然伸展间隔，顺势从缝隙中用手分开或利刀切开，每株只能分 2～3 株，不宜过多，分开的根与枝的多少要相称得当，使整个植株保持平衡均匀。分开后加以修剪，并除去烂根，有条件的还应在切口涂以木炭粉或硫黄粉消毒后，再进行定植。

五、分株后管理

定植初期，根系的吸收功能尚不强，容易失水而造成死亡。这一阶段要加强水分管理，浇水后放荫棚下养护，保证成活率。成活后进行松土、除草、施肥，促进幼苗迅速生长。分株时间一般结合春季换盆时进行。此外水塔花的根际常滋生吸芽，可于早春挖取另行栽植。落地生根叶子边缘常生出很多带根的无性芽，亦可摘取进行繁殖。吊兰、虎耳草等，常自走茎上产生小植株，切下栽植即可。

分株由于具有完整的根、茎、叶，故成活率很高，但是繁殖的数量却有限，分蘖力较强的种类常用此法，如蜡梅、棕竹、凤尾竹、牡丹、芍药、兰花、万年青、玉簪等。此外，如吊兰、虎耳草等匍匐茎上产生的小植株，多浆植物中的景天、石莲花等基部生出的吸芽（小枝），从下部自然生根，此等幼小植株可随时分离出来栽植。

此外，尚有分球法，球根花卉通常采用分球法繁殖，此法依照球根自然增殖的性能，把从母体新形成的球根——鳞茎、球块、块茎及根茎等，分离栽植，如球茎类的唐昌蒲，根茎类的美人蕉、鸢尾，鳞茎类的水仙、风信子、郁金香、大丽花等的块状根，都可以休眠后掘起另行繁殖。

任务二　草莓分株繁殖技术

一、选地做床

繁殖草莓应选择地势平坦、土质疏松肥沃、有灌溉条件的地块。栽苗前每亩施入腐熟农家肥 7 500 kg，磷酸二铵 15 kg，将地整平耙细，做宽 1.5 m、长 15～20 m 的平畦，有条件的地区可在土表加一层草炭，既利于保水，又利于匍匐茎扎根。

二、选苗栽植

选择品种纯正、无病虫害的粗壮草莓作母株，在畦中央按 46～60 cm 株距定植一行苗，栽苗要使苗心基部和土表平齐，这是秧苗能否成活的关键。栽后及时灌水，直到缓苗后再进行正常管理，经 7～10 d 缓苗后，要及时检查成活率，对缺苗处进行补栽。另外，同一品种要集中栽植，各品种间要有作业道间隔，以保证品种纯度。

三、松土除草

草莓秧苗要及时松土除草，经常保持土壤疏松和畦面干净，早期除草可以用锄头等工具，后期为避免伤害匍匐茎，应人工拔草。

四、追肥浇水

在基肥不足或繁殖园的后两年，对草莓母株应追肥，最好采用叶面喷肥，可用 0.3%尿素，也可在距母株 10～15 cm 处施肥，然后及时灌水。

五、摘除花序

为节省营养，促使匍匐茎尽早发出，春季应将母株抽出的花序及时摘除，这样可以获得更好的优质秧苗。

六、人工压蔓、摘蔓

在匍匐茎大量发出期间，人工引压匍匐茎，使其向各方向均匀分布，使早抽生的匍匐茎早扎根，形成匍匐茎苗。早扎根能减轻母株营养消耗。有利于母株继续抽出匍匐茎。待整个畦面匍匐茎均匀布满之后，再发出的匍匐茎应及时摘除。

七、起苗

起苗时应注意保护根系。如果就近定植，最好带土移栽，缓苗快，成活率高。

应注意避免伤根，将老叶和匍匐茎等剪掉。分级后，按品种捆成小捆储藏在湿度 60%左右、温度在 20～25℃的地方，保留母株；冬季注意防寒，第二年又重新抽蔓繁苗，一般母本园可使用 3 年。然后换地重建。

壮苗标准：植株矮化、4～6 片绿叶、叶柄短而粗、根系发达、白根多、根茎粗 1 cm 以上，地上部分与地下部分对称，单株鲜重 30 g 左右，无病虫害。

草莓分株繁殖技术如图 5-23～图 5-28 所示。

图 5-23　草莓繁殖圃的建立

图 5-24　培育健壮的草莓母株

图 5-25 草莓匍匐茎繁殖

图 5-26 草莓苗期（滴灌）管理

图 5-27 草莓壮苗

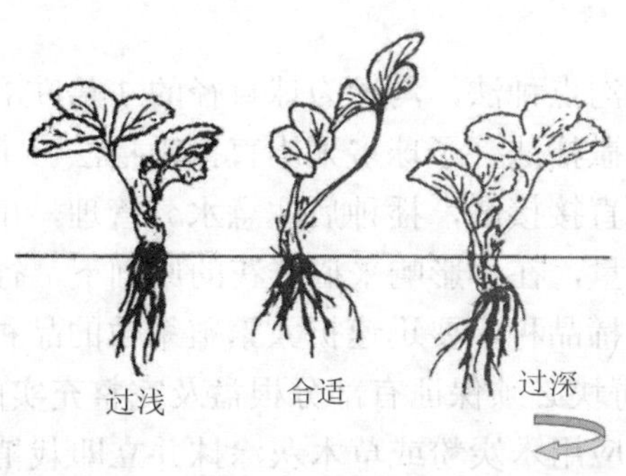

注：草莓定植要求为“深不埋心、浅不露根”

图 5-28 草莓栽植深度

任务三　唐菖蒲分球繁殖技术

唐菖蒲是喜温暖的植物，但气温过高对生长不利，不耐寒，生长适温为20～25℃，球茎在 5℃以上的土温中即能萌芽。它是典型的长日照植物，长日照有利于花芽分化，光照不足会减少开花数，但在花芽分化以后，短日照有利于花蕾的形成和提早开花。夏花种的球根都必须在室内储藏越冬，室温不得低于 0℃。

一、分球前准备

栽培土壤以肥沃的沙质壤土为宜，pH 不超过 7；特别喜肥，磷肥能提高花的质量，钾肥对提高球茎的品质和子球的数目有促进作用。

二、种球分级

通常唐菖蒲经 1 年栽培后，1 个母球会产生 1～2 个商品球及很多子球，经分级后，周长 8 cm 以上的种球直接做商品进入市场，8 cm 以下的子球分 3 级进行再培养。一般大子球周长为 4～8 cm，中子球周长为 2～4 cm，小子球周长为 2 cm 以下，不同级别分片栽培。种球越小越能保持品种的遗传特性，但栽培年限较长。种球较大因已具备了开花能力，养分消耗过大，生产商品球质量不好。因此，在栽培中以中子球繁育商品球最好。

值得注意的是，商品球并非越大越好，以球形圆整饱满、球质较硬的商品球生产的鲜切花为好，高大而扁平，球质较软的种球生产的鲜切花质量不高。

三、分球方法

中球和大球采用开沟点种法，沟深为球直径的 3 倍左右，株距按球径大小灵活掌握。小球采用开沟撒播法，子球多采用直接撒播法。下种前要施足基肥，但要注意肥料不能和球茎直接接触，播种后注意水分管理，出苗前不干不浇。为提高单位面积的鲜切花产量，在不影响采摘鲜花的原则下，行距应尽量缩小。

切球繁殖：某些珍稀品种，要迅速扩大繁殖系数的品种，可用充实饱满的商品球切割成 2～4 块，每块必须保证有部分根盘及完整充实的芽，来做子球繁殖。为防止种球腐烂，切面应用木炭粉或草木灰涂抹并立即栽植。

四、苗期管理

当幼苗长到 23 个叶片期间，每 7～10 d 浇一次水。苗高在 25 cm 以上时，要及时进行根部培土，以防倒状。当小苗长至两叶片、孕蕾及开花后，配合浇水进行追肥。每次浇水都要进行中耕除草。

五、浇水排水

唐菖蒲不耐涝，在养护管理期间浇水不宜过多。在孕育花蕾开花前浇水一次，在花期过半时浇水一次，以免造成植株徒长，发生倒伏和影响开花数量。唐菖蒲不耐积水，要做好雨季排水工作，使水流畅通，及时疏通花坛内的积水，避免造成根茎腐烂。

六、施肥

唐菖蒲特别喜肥，磷肥能提高花的质量，钾肥对球茎品质和子球的数量有促进作用。在施足基肥的同时，应追施适量的磷钾肥，以利于植株生长和花芽分化。追肥应掌握好时间，以免造成植株徒长；在孕蕾期和生长中期结合浇水可追肥两次，亩施氮磷钾复合肥 20～25 kg。

任务四　棕竹分株繁殖技术

棕竹为典型的室内观叶植物。因为耐阴、耐湿、喜散射光，可长期在室内光线明亮的地方摆放，即使连续 3 个月在暗处见不到阳光，也能正常生长，并能保持其浓绿的叶色。棕竹可用播种和分株繁殖，家庭种植多以分株繁殖为主。

分株繁殖可结合春季翻盆换土时进行。早春 3—4 月是翻盆换土时节，一般小株一年翻盆换土 1 次，大株 2～3 年翻盆 1 次，常用盆土是园土 2 份，厩肥土 1 份，腐叶土和砻糠灰各 0.5 份混合使用。

将原株丛从老盆中倒出，除去旧泥，但在老根上适当带些旧泥垛，用桑剪将棕竹根部丛切断，同时将有生长不良的发黑和腐根剪去，切口要平，每一丛最少 5～6 枝，多则 10～20 枝（根据盆的大小及株丛多少来定）。然后种植到准备好的盆钵中去，盆底排水孔垫好碎盆片，以利排水，放入培养土先粗后细，放至八分满，边加培养土边用小竹片将泥土与根戳紧。种植不要太深，浇足水后将盆株置半阴处，约半个月后复盆。

技能训练

实训 5-1　果树分株繁殖技术

一、实训目的

通过本次实训进一步熟悉果树分株育苗技术要点，学会分株育苗等实际操作技能。

二、实训材料与用具

（1）材料　果树苗圃。

（2）用具　锹、锄、铲、斧或柴刀、沙壤土或苔藓、木屑等。

三、实训内容与方法

断根分株法的步骤如下所述。

（1）在母树树冠外围环状挖深 40 cm、宽 30 cm 的沟，切断直径 1～2 cm 树根，并将伤口削平。

（2）在沟内施入肥料并用松散土覆盖断根。

（3）在苗长到 20～30 cm 高时注意间苗，每丛留 1～2 株，并加强肥水管理。

（4）当年秋天或第二年春天分级移栽到苗圃不同的地块进一步进行培育。

四、注意事项

分株育苗挖沟时，注意不要操作损伤或挖断直径 2 cm 以上的粗根，以免影响植株生长，切断的小根要将伤口处削平。

五、作业

分析影响分株繁殖成活率的因素，并将实训过程进行整理，完成实训报告。

实训 5-2 百合分球繁殖及苗期管理

一、实训目的

通过实训，掌握球根花卉分球繁殖技术，了解苗期管理特点，掌握苗期常规管理技术。

二、实训材料与用具

（1）材料：百合种球、700～800 倍的 75%百菌清可湿性粉剂。

（2）用具：剪刀、利刀、塑料筐、手套、手持喷雾器、口罩、卡尺等。

三、实训内容与方法

（一）分割

（1）用剪刀清理母球上的枯鳞茎片，适当去除老根，对准母球与子球的连接点，用锋利的小刀切割。切割避免伤到子球，切口要平滑，以利伤口愈合。

（2）用配制好的百菌清溶液均匀喷洒子球伤口。

（二）种球处理

1．挑选种球

挑选品种纯正、无病虫害、球体完整的种球，标准见表 5-1。

表 5-1 三大类百合周径要求及对应的等级

百合品种	周径要求	等级数	等级标准
亚洲百合	10 cm	三个等级	10/12 12/14 14/16
东方百合	12 cm	五个等级	12/14 14/16 16/18 18/20 20+

2．种球消毒

用 1 000 倍多菌灵溶液喷洒种球。将百合种球放入 50～55℃的水中，浸种 25 min 后，将水温降至 30℃左右浸种 30 min，可以促进鳞茎内的营养物质的循环以及减少病虫害的发生。

3．种球催芽

将种球用 100 mg/L 的赤毒素浸泡 4 d 后进行催芽处理。不同品种催芽处理方法及时间见表 5-2。

表 5-2 不同品种催芽处理方法及时间

品种名称	催芽时间	催芽温度/℃
亚洲百合	30～40 d	2～5
东方百合	70 d 以上	2～5
麝香百合	20 d	30

（三）百合种植

1．种球解冻

先将种球放入 12～15℃的暗室中 7～8 d，待幼芽生长到 4～5 cm 时准备种植，芽长 3 cm 以下的种球不要浪费，可以放回暗室内继续催芽。

2．种球挑选及分级

剔除催芽不足球（芽长 3 cm 以下）、病球、烂球，将种球大小、催芽程度近似的种球芽朝上摆放在同一个筐内。

3．种球消毒

用 500 倍 50%多菌灵消毒溶液对种球进行均匀喷洒。

4．种植种球

按照适宜的株行距（百合的种植密度应根据品种、周长、季节、光照等有所变化，一般情况下，夏季为 16 cm×16 cm，冬季为 17 cm×17 cm。）进行开沟，开沟深度为种球高度的三倍。在沟内按照规定株距放球，要求球稳芽正。放好后进行覆土并整平，冬季覆土 6～8 cm，温暖季节覆土 8～10 cm。浇透水。

（四）苗期管理

百合出苗后，要适时中耕除草，疏松土壤，促使地下鳞茎和根系的健康发育。喷施新高脂膜，可保墒保肥效，防蒸发蒸腾，窒息驱虫和防杂草迁播。

四、作业

将实训过程整理成实训报告。

实训 5-3 虎尾兰分株繁殖

一、实训目的

通过实训，使学生掌握分株繁殖的方法，能够用分株法繁殖虎尾兰。

二、实训材料与用具

（1）材料：虎尾兰、0.12%高锰酸钾溶液，营养土。

（2）用具：瓦片、剪枝剪、花盆、喷壶。

三、实训内容与方法

（1）分组

按人数进行分组，共分成 10 组，每组完成 10 盆虎尾兰的分株繁殖操作，并将分株后的虎尾兰上盆。

（2）磕盆

将虎尾兰从花盆中倒出，并将盆土轻轻敲碎，保持叶片完整。

（3）分株

用小刀将个体从母株上分离出来，每个个体带有根系，尽量避免切断根系。

（4）整理

将分出个体的根上的土抖掉，并用水冲洗干净，剪去烂根和断裂根。

（5）消毒

把个体的根系浸入 0.12%的高锰酸钾溶液中消毒 1～2 min。

（6）上盆

在盆底排水孔垫瓦片，填入培养土 1/3 深，把植株栽入盆中，填入培养土，压实后使土面低于盆沿 2～3 cm。

（7）浇水

用喷壶浇水，栽植后将花盆放置于阴凉处。

四、作业

将实训过程整理成实训报告。

实训 5-4 草坪的分栽繁殖

一、实训目的

通过实训，掌握草坪分栽的方法，能够用分栽方法繁殖草坪。

二、实训材料与用具

（1）材料：草坪苗。
（2）用具：利刀、镐、锹、花铲。

三、实训内容与方法

（1）起苗
将草坪连根带土铲起，土厚 6～8 cm，放置时根向下。
（2）分割
用利刀将草切成小块，每束草坪 6～10 株，分切均匀。
（3）开沟
沟距 15～20 cm，沟深 6～8 cm。
（4）种植
将小草块栽植沟中，间距为 10～15 cm，栽植后根系全部埋入土中。
（5）踩实
将草块周围的土踏实，要求草块不高出地面。
（6）浇水
浇透，不把根系冲出。

四、作业

将实训过程整理成实训报告。

知识拓展

新高脂膜

新高脂膜粉剂是以高级脂肪酸与多种化合物科学复配，采用特色科研新工艺合成的一种可湿性粉剂。本品稀释使用后自动扩散，形成一层超薄的保护膜紧贴植物体，不影响作物吸水透气透光，保护作物不受外部病害的侵染，被称为“植物保健衣”。新高脂膜可用于各种作物拌种、土壤保墒、苗体保护、防病减灾等，同时又是农药生产工艺中重要的中间体，也可用于农药、叶肥增效。

一、使用方法

（1）母液的配制：打开包装，将新高脂膜粉剂放进原包装瓶内，加凉水至瓶口，充分搅动（要求粉剂全部溶解）成母液乳膏。

（2）母液的稀释：将配制好的母液以每瓶 300 g 重量计算，根据需求不同按比例加水稀释至全部溶解，即可喷雾使用。

（3）配成的母液也可根据需要直接使用。

（4）新高脂膜在植物生长各个阶段均可使用。

二、应用

（1）拌种　用新高脂膜拌种（可与种衣剂混用），能驱避地下病虫，隔离病毒感染，不影响萌发吸胀功能，加强呼吸强度，提高种子发芽率。

（2）地面喷施　整地下种后，用新高脂膜600～800倍液喷雾土壤表面，可保墒防水分蒸发、防晒抗旱、保温防冻、防土层板结，窒息和隔离病虫源，提高出苗率。

（3）幼苗保护　新高脂膜喷施在植物表面，能防止病菌侵染，提高抗自然灾害能力，提高光合作用强度，保护禾苗茁壮成长。

（4）苗期移栽　幼苗移栽后，喷施新高脂膜，可有效防止地上水分不蒸发，苗体水分不蒸腾，隔绝病虫害，缩短缓苗期，快速适应新环境，健康成长。

（5）花蕾期　花蕾期喷施新高脂膜，大大提高农药和养肥的有效成分利用率，不怕太阳暴晒蒸发，能调节水的吸收量，防旱防雨淋。

（6）果期　新高脂膜喷施果面，可起到液膜套袋作用，不会影响果实呼吸，防果锈病，防裂果，提高果面着色和光亮度，降低残毒提高品质。新高脂膜喷施叶面，可防止叶片病毒感染，使枝叶翠绿茂盛、光合作用产物积累和定向转运能力增强。

（7）雹灾补救　对受冰雹袭击的植物要尽快喷施新高脂膜，可防伤口腐溃，病毒感染，恢复植物生理元气，促进植物恢复生长。

（8）果实保鲜　用新高脂膜 500 倍液浸泡各种果实，可防水分蒸发，防病菌感染，抗冻保温，延长保鲜期。

（9）伤口保护　用新高脂膜母液直接涂抹果树环剥口可防夹口虫，封闭果树嫁接处可抑制津液损耗，提高接穗成活率。涂抹修剪伤口，可防病菌侵入（注意：勿再用塑料包扎）。

三、注意事项

（1）新高脂膜本身不具备杀菌作用，不是化肥，不属于农药，是多功能植物保护外用品，防病机理属物理防治。化学性质为 pH 中性，可与各类液体任意比例混合使用，也可单独使用。

（2）给作物喷雾时应使叶片正、反面均匀，喷雾 1 h 后遇雨不必再补喷。

（3）本品无毒、无污染，理化性质稳定，保质期 3 年，母液保质期 6 个月，稀释液保质期 20 d。

复习思考题

1. 分生育苗如何进行？分生繁殖的方法有哪些？
2. 分株繁殖的时期一般选在什么时候？
3. 简述分株繁殖的过程。
4. 如何提高分株繁殖的出苗率和种苗质量？
5. 分株繁殖适用于哪些园艺植物？

项目六　培育压条苗

学习目标

知识目标　了解压条繁殖的方法和步骤要求；了解压条工具的种类、作用及维护方法；掌握压条苗日常管理的内容及方法。

能力目标　能够熟练掌握压条繁殖的技术要点，进行压条繁殖育苗的技能操作；能够进行压条苗的日常管理。

学习任务描述

本项目的主要任务有四项：了解和掌握压条繁殖的基本知识和技能；掌握夹竹桃普通压条繁殖技术；掌握葡萄压条繁殖技术（波状压条、空中压条）；掌握甜樱桃砧木大青叶的压条繁育技术。

学习环境

要完成本项目学习任务，必须具备以下条件：

教学环境　多媒体教室、不同类型的园艺苗圃基地。

教学工具　多媒体资料、影像资料、现代种苗生产基地企业网站等。

师资要求　专职教师、苗圃基地技术人员。

任务一　园艺植物压条繁殖基本知识

一、定义

（一）压条繁殖

压条繁殖又称压枝，是将植株未脱离母体的枝条压入湿润土内或用其他保水物质（如苔藓），空中包以湿润物，创造黑暗和湿润的生根条件，待生根后把枝条切离母体，成为独立新植株的一种繁殖方法。它与扦插繁殖一样，是利用植物器官的再生能力来繁殖的，多用于扦插繁殖不容易生根的树种或根叶较多的木本花卉。如玉兰、蔷薇、桂花、樱桃、龙眼等。其根本特点是脱离母体的营养器官，具有再生的能力，能在离体的部分长出不定根，不定芽，从而发展成为独立生活的植株。

（二）压条繁殖的特点

方法简单，能够保持某些栽培植物的优良性状，且繁殖速度较快，成苗时间短，可以防止植物病毒的危害。

但压条繁殖的应用范围要次于种子繁殖与扦插繁殖，因为其费时，繁殖效率较低。无法大量繁殖，仅局限于小范围进行。当无法用种子或扦插繁殖时，才使用压条繁殖。

压条繁殖方法悠久，北魏《齐民要术》中已载有压条技术，明末蚕农常用此法繁殖树苗。

二、压条繁殖的时期

（一）生理机制

压条繁殖多用于木本花卉中的灌木类，如桂花、蜡梅、白兰、结香、迎春、金钟花、月季等。其方法是将母体部分枝条，进行环状剥皮，然后覆于土中，待生根后自母体上剪下，再进行种植，成为独立植株，这种方法的优点是能保存母本的优良特性，以弥补扦插、嫁接的不足之处。有些植物用剪下的枝条进行扦插或嫁接不易成活，而压条则易成活。因压条在其未发根之前，不与母体分离，能获得养分的供给，所以发根成活的概率高。

（二）依压条的方法不同而异，可分为休眠期压条和生长期压条

（1）休眠期压条　在秋季落叶后或早春发芽前，利用 1～2 年生的成熟枝条进行。休眠期压条多采用普通压条法。

（2）生长期压条　一般在雨季进行，北方常在夏季，南方常在春、秋两季，用当年生的枝条压条。在生长期进行的压条多采用堆土压条法和空中压条法。

三、压条的种类及方法

（一）压条前期准备

除了一些很容易产生不定根的种类（如葡萄、常春藤等）不需要进行压条前处理外，大多数植物为了促进压条繁殖的生根，压条前一般在芽或枝的下方发根部分进行创伤处理后再将处理部分埋压于基质中。

种前处理有环剥、绞缢、环割等，是将顶部叶片和枝端生长枝合成有机物质和生长素等向下疏松的通道切断，使这些物质积累在处理口上端，形成一个相对的高浓度区。

由于枝条的木质部又与母株相连，所以能继续得到源源不断的水分和矿物质营养的供给，再加上埋压造成的黄化处理，使切口处像扦插生根一样产生不定根。常用以下方法。

1．机械处理

机械处理主要有环剥、环割、绞缢等。一般环剥是在枝条节、芽的下部剥去 50 cm 左右宽的枝皮；绞缢使用金属丝在枝条的节下面进行环缢；环割则是环状割 1～3 周，以上都深达木质部，并截断韧皮部的筛管通道，使营养和生长素积累在切口上部。

2．黄化处理

又叫软化处理，用黑布、黑纸包裹或培土包埋枝条使其黄化或软化，有利于根原体的生长。在早春发芽前将母株地上部分压伏在地面，覆土 2～3 cm。待新梢黄化长至 2～3 cm 再加土覆盖。待新梢长至 4～6 cm 时，至秋季黄化部分长出相当数量的根，将它们从母株切开就可供嫁接用。

3．激素处理

促进生根的激素处理（种类和浓度）与扦插基本一致。IBA、IAA、NAA 等生长素能促进压条生根。为了便于涂抹，可用粉剂或羊毛脂膏来配制或用 50%乙醇液配制，涂抹后因乙醇立即挥发，生长素就留在涂抹处，尤其是空中压条用生长素处理对促进生根效果很好。

（二）压条种类及技术

1．低压法

根据压条的状态分为普通压条、水平压条、波状压条、堆土压条。

（1）普通压条法　多用于枝条柔软而细长的藤本花卉，如迎春、金银花、凌霄花等。压条时将母株外围弯曲呈弧形，把下弯的凸出部分刻伤，埋入土中，再用钩子把下弯的部分固定，待其生根后即可剪离母株，另外移栽（图 6-1）。

图 6-1　普通压条法

普通压条法主要有以下三种。

①单枝压条。此法多用于乔木类花卉，一根枝条只能繁殖一株幼苗。把母株下部柱条下弯，然后埋入土内，枝梢外露，并用竹竿固定，使其直立生长。埋入土内的被压部位，要扭伤、刻伤或环状剥皮，以促使发根。同时用木钩或树杈把被压部位固定住，这样效果更好。待其生根后可从母株上割离。

②连续压条。此法多用于灌木类花卉。先把母株上靠近地面的枝条的节部稍稍刻伤，然后把枝条深埋入挖好的沟内，枝梢露出地面。经过一段时间，节部萌发新根，节上腋芽也萌发出土。待幼苗本质化后，从埋土处把各段的节间切断。

③波状压条（重复压条）。此法适于藤本、蔓生性木本花卉。这类花木枝条很长，节部入土后多数能自然生长新根。可将枝条呈波浪状逐节埋入土内（刻伤或不刻伤），半个月左右即能发根，然后把露在外面的节间部分逐段剪断。节部新根吸收的水分、养分可供腋芽萌发生长，以便形成许多新的植株。葡萄、紫藤等常用此法繁殖。

（2）水平压条法　适于枝条较长且易生根的树种（如苹果矮化砧、藤本月季等）。水平压条法又称连续压、掘沟压。顺偃枝挖浅沟，按适当间隔刻伤枝条并水平固定于沟中，除去枝条上向下生长的芽，填土。待生根萌芽后在节间处逐一切断，每株苗附有一段母体。

可利用 1～2 年生多余的枝条，也可用当年生的新梢或副梢进行压条育苗。用 1 年生成熟枝条压条育苗，在头一年冬剪时，留下母株基部附近的萌蘖枝，翌年春天萌芽前进行压条。首先在准备压条的植株附近挖一深 10～15 cm 的沟，沟底施肥、深翻，使土壤疏松。然后将留用压条的枝条下部刻伤处理后，水平压在沟底，并用木杈或铁钩固定后，盖上 4～5 cm 厚的土，土壤要踩实，保持湿润，以利发芽生根。当压条上芽眼萌发，新梢长到高 15～20 cm 时，基部要少量培土。当新梢高达 40 cm 以上基部半木质化时再次培土，将沟填平，促进生根。用当年新梢压条称为绿枝压条。可选用植株基部生长出的萌蘖枝压条，使其副梢直立生长，下部节上生长新根，秋季副梢成熟后断成独立植株，即成压条苗木。具体做法：选好母株的萌蘖枝，长到 1 m 左右时摘心，并拉平促使副梢萌发和生长；当副梢长到 20 cm 时，在地面挖一深 10～15 cm 的沟，将拉平的萌蘖枝放在沟里，使副梢直立向上，然后填土压实即可。这时雨多气温高，副梢长到 40 cm 左右时，将沟填平，并对副梢之间下部的压条进行刻伤处理，促进副梢基部加速生根（图 6-2）。

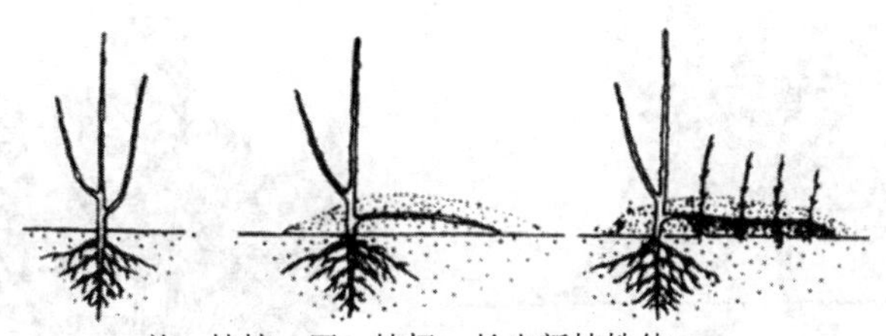

图 6-2 水平压条法

（3）波状压条法 适于枝蔓特长的藤本植物（如葡萄等）。将枝蔓上下弯成波状，着地的部分埋压土中，待其生根和凸出地面部分萌芽并生长一定时期后，逐段切成新植株。

与 1 年生成熟根蘖枝条压条方法相似，只是将压条在沟内上下弯曲呈波状，在向下弯曲处用木杈或铁钩固定压入沟底踩实，以利生根。向上弯曲处有饱满的芽，萌发出新梢成苗。但在压条前要采用刻伤处理，以促进生根（图 6-3）。

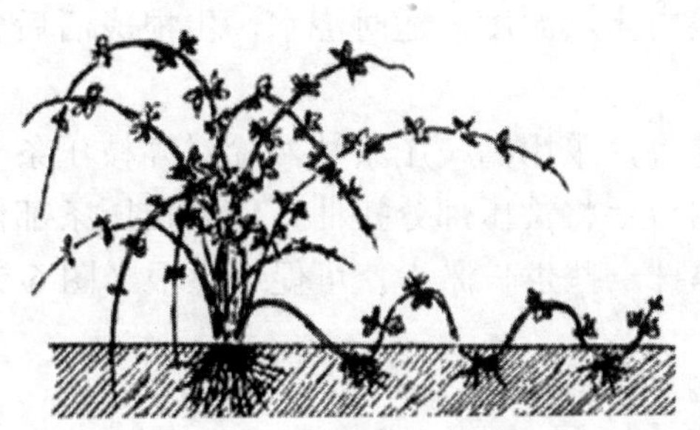

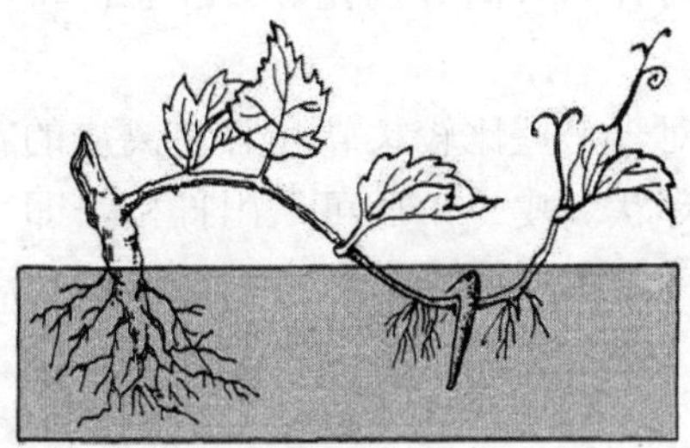

图 6-3 波状压条法

（4）堆土压条法 适于丛生性强、枝条较坚硬不易弯曲的落叶灌木，根颈部分蘖性强或呈丛状的树木（如红瑞木、榆叶梅、黄刺玫、辛夷、珍珠梅、黄刺玫、李、石榴等）。将根颈部枝条基部刻伤后堆土埋压，待生根后，分切成新植株。

于初夏将其枝条的下部距地面约 25 cm 处进行环状剥皮约 1 cm，然后在母株周围培土，将整个株丛的下半部分埋入土中，并保持土堆湿润。待其充分生根后到来年早春萌芽以前，刨开土堆，将枝条自基部剪离母株，分株移栽（图 6-4）。

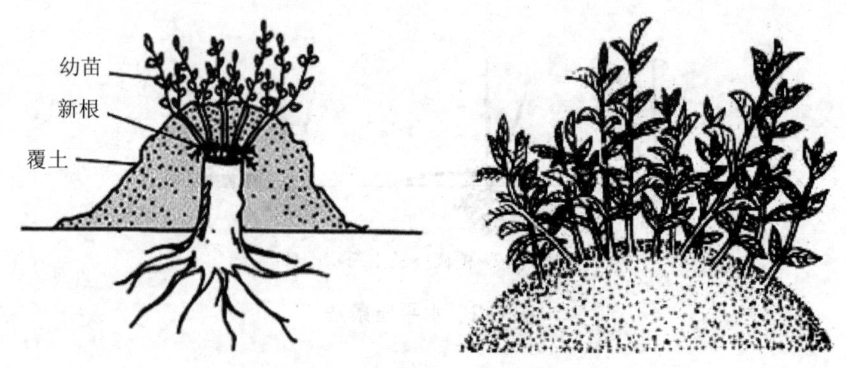

图 6-4 堆土压条法

2．高压法

高压法又叫空中压条法。凡枝条坚硬不易弯曲或树冠太高枝条不能弯到地面的树枝，可采用高压繁殖，如桂花、荔枝、山茶、米兰、龙眼等。一般在生长期进行。压条时先进行环剥或刻伤等处理，用塑料薄膜把环割的伤口下部围起来，捆扎紧，然后用疏松、肥沃土壤或苔藓、蛭石等湿润物敷于枝条上，外面用塑料袋或对开的竹筒等包扎好。注意保持袋内土壤湿度，适时浇水，生根成活后剪下定植。

对于一些比较柔软和容易离皮的花卉，采用高枝压条法，除对高枝压条部位采用环状剥皮外，还可采用拧枝，即用双手将被压部分扭曲，使高枝压条部位的韧皮部与木质部分离即可，在伤口处涂抹一些生长激素，可促进生根（图 6-5）。

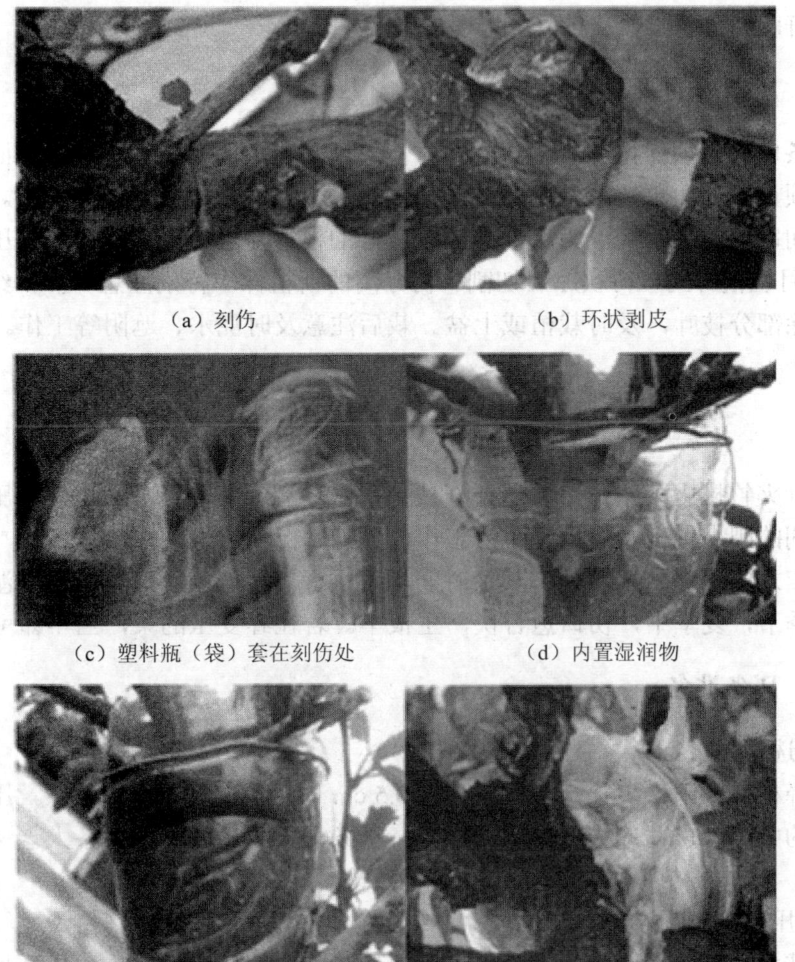

（a）刻伤　（b）环状剥皮

（c）塑料瓶（袋）套在刻伤处　（d）内置湿润物

（e）固定　（f）浇水

图 6-5　空中压条法

四、促进压条生根的方法

对于不易生根的或生根时间较长的植物，可采取技术处理以促进生根。促进压条生根的常用方法有刻痕法、切伤法、缢缚法、扭枝法、劈开法、软化法、生长刺激法以及改良土壤法等。

以上各种方法，皆是为了阻滞有机物质（糖类等）的向下运输，而向上的水分和矿物质运输则不受影响，使养分集中于处理部位，有利于不定根的形成。同时，也有刺激生长素产生的作用。

五、压条后的管理

压条以后必须保持土壤湿润，随时检查埋入土中的枝条是否露出地面，如已露出必须重压。如果情况良好对被压部位尽量不要触动，以免影响生根。分离压条的时间以根的生长情况为准，必须有良好的根群才可分割，一般春季压条需经3～4个月生根时间，待秋凉后切割。初分离的新植株应特别注意养护，结合整形适量剪除部分枝叶，及时栽植或上盆。栽后注意及时浇水、遮阴等工作。

任务二　夹竹桃普通压条繁殖技术

进行夹竹桃压条繁殖，要选择好枝条，做环剥或扭伤处理后，掩埋压实，并做好后期的肥水管理及病虫害防治工作，才能确保夹竹桃的质量。

一年之中除寒冷季节外，其余时间均可进行压条繁殖，而以高温高湿的夏季为最佳季节，夏季中，伤口愈合快，生根早。若在春夏压的条，当年即可开花。

一、压条准备

1. 选择枝条

选择植株向阳、生长健壮、枝径在0.5 cm以上，接近地面的枝条，压条部位需在枝的中上部，并选择芽饱满的部分。枝条太嫩不易环剥，枝条太老又难以愈合生根。

2. 压条处理

将枝条准备埋在地下的部分用小刀环切2道，间距1～2 cm。用环切刀把环剥圈内全部刮一遍，去掉所有形成层，露出木质部。

3. 挖穴

把处理好的枝条预压，确定挖穴的位置。穴的深度为10～20 cm，近母本一侧为斜面，对面一侧为近垂直的立面。

4. 压条

把处理好的压条环剥部分拗弯放入穴内，让一部分枝条连同顶部露出地面。截取树杈做成枒杈扣，扣在压条的弯曲部分，压紧，使压条不会重新弹起。覆土、压实。

5. 围堰浇水

在压条位置围堰，用铁锹拍实后浇水，之后要勤浇水，使土壤保持湿润。

任务三　葡萄压条繁殖技术

一、波状压条

1．新梢压条法

用作压条繁殖的新梢长至 1 m 左右时，进行摘心并水平引缚，以促使发生副梢。副梢长约 20 cm 时，将新梢平压于深 15～20 cm 的沟中，填土 10 cm 左右，待副梢半木质化，高 50～60 cm 时，再将沟填平。夏季对压条副梢进行支架和摘心，秋季掘起压下的枝条，分割为若干带根的苗木。

2．二年生枝压条法

春季萌芽前，将植株基部预留作压条的一年生枝平放或平缚，待其上萌发的新梢高 15～20 cm 时，再将母枝平压于沟中，露出新梢，如不易生根的品种，在压条前先将母枝的每一节进行环割或环剥，以促进生根。压条后，先浅覆土，待新梢半木质化后逐渐培土，以利增加不定根数量。秋后将压下的枝条挖起，分割为若干带根的苗。

3．多年生蔓压条法

压老蔓多在秋季修剪时进行。先开挖 20～25 cm 深沟，将老蔓平压沟中，其上 1～2 年生枝蔓露出沟面，再培土越冬。在老蔓生根过程中分 2～3 次切断老蔓，促使发生新根。秋后取出老蔓，分割为独立的带根苗。

二、空中压条

选一段两年生的枝条，在离新梢后面 8～10 cm 处环剥一圈，环剥枝条段一般长 1.5 cm 左右。环剥须小心，要把韧皮部剥干净，又不能伤了木质部的筛管。这样新梢叶片的光合产物不能向下运转，就可以积累在环剥口上边用于生根长根了。而根部吸收的水与无机盐等养料又可以继续通过木质部的筛管组织源源不断地向上输送，满足新梢生长发育的需要。把 2 L 饮料瓶锯掉头部，在瓶底中心钻孔（直径略大于枝条）后，对称锯开，对扣上枝条后又用透明胶带黏结还原成整体。调整上下使环剥口在容器中间之后固定容器。小心装填备好的较疏松透气的配合土，装满后略为压紧，把环剥口埋在中央，然后小心浇水使土有六七成湿。最后是把容器绑扎加固在预选好的附着物上，使大风狂吹也不会摆动移位。如果一切正常，90 d 内生出的新根将到达容器壁边（图 6-6～图 6-8）。

图 6-6 环剥

图 6-7 扣容器、填土

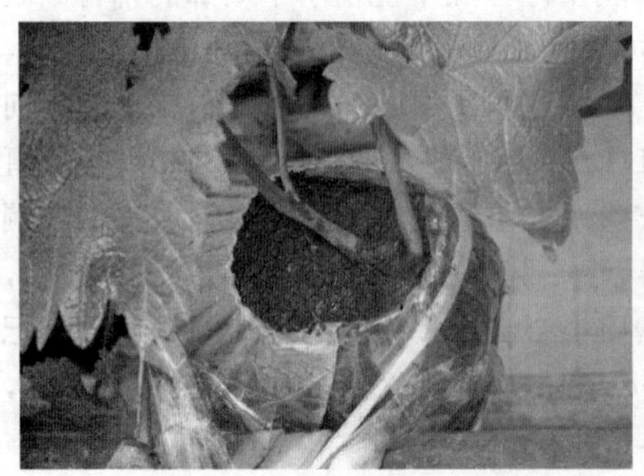

图 6-8 浇水、固定

任务四　甜樱桃砧木大青叶压条育苗技术

大青叶是中国樱桃的一个类型，叶片宽大浓绿，根系发达，垂直根较多，不易倒伏，抗寒性强，高抗根瘤病，是甜樱桃的一种优良砧木；用大青叶做砧木嫁接甜樱桃，成活率高，很少出现“小脚”现象，幼树生长健壮，盛果期表现丰产、稳产。

一、大青叶苗压条育苗技术

1．压条前的准备

选择土壤肥沃、土层较厚、排灌良好的沙壤土，2 月底至 3 月初苗木栽植前，每亩撒施 5 000 kg 优质圈肥后深翻，南北向开沟，沟距 70～80 cm，沟宽 30 cm、深 25～30 cm，沟内每亩撒施 20 kg 复合肥，土肥混匀，然后浇水沉实。视墒情沟内划锄保墒。

2．苗木选择与栽植

用于压条的大青叶苗应选择根系完整发达、根茎粗 0.6～1.0 cm、有 2～3 个粗 0.4 cm 以上分枝的壮苗。细弱苗木压条繁育的苗比较细弱，夏、秋季达不到嫁接要求；苗木太粗，由于其中下部的芽体不饱满或已长出分枝，繁殖系数低，压条后出苗少。

栽植苗木应朝南，与地面呈 20°～30°。为便于压条操作，粗壮苗可适当贴近地面。株距可根据苗木长度，以相邻苗木的根、梢交接 10 cm 为好。栽前对苗木进行修剪，将弱梢短截，选留角度适宜、粗 0.4 cm 以上的分枝 2～3 个，其余分枝从基部疏除。栽后立即浇水。

3．疏除新梢与埋土压条

为保证繁育的苗木根系发达，生长健壮，必须按一定密度，对长出的新梢进行疏枝，以集中养分，促使苗木生长良好。方法是，新梢长 5～10 cm 时，每 10 cm 留 1 个健壮新梢，其余新梢全部从基部疏除。5 月下旬新梢长 20～25 cm 时，进行第 1 次埋土，埋土厚度以埋住压条苗为宜。6 月中旬、7 月上旬结合灌水或雨后进行第 2 次、第 3 次埋土，最终埋土土面距压条 8～10 cm。覆土后追施尿素或复合肥，促进苗木生长。

技能训练

实训 6-1 普通压条法繁殖枸杞

一、实训目的

通过实训，掌握普通压条繁殖的方法；能够用普通压条繁殖枸杞。

二、实训材料与用具

（1）材料：枸杞苗。

（2）用具：小刀、铁锹、花铲、木钩、水管或喷壶。

三、实训内容与方法

（1）处理枝条

选枸杞基部近地面的 1～2 年生枝条，在预压处刻伤。

（2）挖穴

在枸杞基部用铁锹掘穴，深度为 10～20 cm，近母本一侧为斜面，对面一侧为近垂直的立面。

（3）植土

将枝条下部弯曲，把刻伤部分放入穴中，用木钩固定，然后填土，使枝条上端垂直露出地面。

（4）围堰

在压条部位用土作水圈并压实。

（5）浇水

充分浇透水。

四、作业

将实训过程整理成实训报告。

实训 6-2　高枝压条法繁殖橡皮树

一、实训目的

通过实训，掌握高枝压条繁殖的方法；能够用高枝压条繁殖橡皮树。

二、实训材料与用具

（1）材料：橡皮树、苔藓、腐殖土、吲哚乙酸、50%酒精溶液。
（2）用具：小刀、塑料袋、喷壶。

三、实训内容与方法

（1）选择枝条
在橡皮树植株上，选择生长健壮的枝条。
（2）环剥
在枝条下部靠近节处进行环状剥皮，宽度为 1～2 cm。
（3）消毒
在刻伤部位用吲哚乙酸 50%酒精溶液进行涂抹。
（4）包裹
用潮湿的苔藓和腐殖土将刻伤部位包好，外面再包上塑料袋，捆紧包严。将塑料袋内的苔藓和腐殖土悬空吊起，勿使其压弯、压折枝条。
（5）浇水
将塑料袋内的苔藓和腐殖土浇足水。

四、作业

将实训过程整理成实训报告。

复习思考题

1. 压条繁殖方法有哪些？
2. 压条繁殖的技术要点是什么？
3. 如何进行压条后管理？
4. 压条繁殖适用于哪些植物？

项目七　组织培养技术

学习目标

知识目标　了解植物组织培养的基本概念、类型、原理等基本知识；了解组织实验室的设计及常用设备的使用与维护；理解植物脱毒的意义及方法；理解和掌握植物组织培养基本操作；理解和掌握组织培养技术在蔬菜、花卉、果树等园艺植物生产上的应用；了解植物组织工厂化生产与管理技术。

能力目标　能进行培养基的配制、接种等技能操作；掌握不同园艺植物的组织快繁技术；掌握组织培养实验室常用设备的使用与维护；能进行组培室及组培苗的经营管理。

学习任务描述

本项目的主要任务有六项：了解植物组织培养技术基础理论与基本理论；了解植物组织培养实验室的设计及常用设备的使用与维护；掌握植物组织培养基本操作；理解和掌握植物脱毒的方法；掌握组培在果蔬、花卉等园艺植物上的应用；能进行组培苗工厂化生产与管理。

学习环境

要完成本项目学习任务，必须具备以下条件：

教学环境　多媒体教室、组培实验室、校企合作单位组培室等。

教学工具　多媒体资料、影像资料、组培苗生产基地企业网站等。

师资要求　专职教师、组培苗生产基地技术人员。

任务一 植物组织培养技术的基础理论与基本知识

一、植物组织培养的基础理论

（一）植物组织培养的概念

1．广义概念

广义植物组织培养又叫离体培养，指从植物体分离出符合需要的组织、器官或细胞，原生质体等，通过无菌操作，在人工控制条件下进行培养以获得再生的完整植株或生产具有经济价值的其他产品的技术。

2．狭义概念

狭义植物组织培养指用植物的部分组织，如形成层、薄壁组织、叶肉组织、胚乳等进行培养获得再生植株，也指在培养过程中从各器官上产生愈伤组织的培养，愈伤组织经过再分化形成再生植物。

（二）外植体的概念

1．概念

把离体植物的器官（organ）、组织（tissue）、细胞（cell）、胚胎（embryo）、原生质体（protoplast）称为外植体。

2．外植体的选择

根据培养目的适当选取材料，选择原则：易于诱导、带菌少。选取组织内部无菌的材料。选健壮植株，不要有伤口或有病虫材料。选晴天中午或下午，健壮的植株和晴天光合呼吸旺盛的组织，有自身消毒作用，这种组织一般是无菌的（图 7-1）。

3．培养材料的消毒

植物材料必须经严格的表面灭菌处理，再经无菌操作接种到培养基上。

图 7-1 外植体选择

（三）愈伤组织（callus）概念

1．概念

原指植物体的局部受到创伤刺激后，在伤口表面新生的组织。它由活的薄壁细胞组成，可起源于植物体任何器官内各种组织的活细胞。

在植物器官、组织、细胞离体培养时，条件适宜也可以长出愈伤组织。其发生过程是：外植体中的活细胞经诱导，恢复其潜在的全能性，转变为分生细胞，继而其衍生的细胞分化为薄壁组织而形成愈伤组织。从植物器官、组织、细胞离体培养所产生的愈伤组织，在一定条件下可进一步诱导器官再生或胚状体而形成植株。在单倍体育种中，也可由花粉产生的愈伤组织或胚状体分化成单倍体植株。甚至可由原生质体培养诱导植株或器官再生。故愈伤组织的概念已不局限于植物体创伤部分的新生组织了。

2．类型

（1）紧密型（compact） 愈伤组织内无大的细胞间隙，细胞间被果胶质紧密结合，不易形成良好的悬浮系统。

（2）松脆型（friable） 愈伤组织内有大量大的细胞间隙，细胞排列无次序，容易分散成单细胞或少数几个细胞组成的小细胞团，是进行悬浮培养的最合适的材料。

两类愈伤组织通过激素调节可互相转变（图 7-2）。

图 7-2 愈伤组织

其方法是：加入高浓度的生长物质，可使坚实的愈伤组织变为松脆。反之，减少或除去生长物质，则松脆愈伤组织可以转变为坚实。

组织培养育苗法，又叫试管育苗法。是指先在人工控制条件下，将植物组织如茎（尖）、叶或花药等，在试管内的人工培养基上进行离体培养，形成具有根、茎、叶的幼苗后，再经试管外驯化成苗。这种育苗方法不是用种子繁育秧苗，而是利用植物组织的再生能力培养成秧苗，它用营养体进行快速繁殖扩大，因此，又称无性繁殖。这种育苗方法对于难以得到种子的植物，或能结籽而种子量过少的植物以及属于营养体繁殖的植物的快速繁殖来说，是一种很好的方法。

二、植物组织培养的类型

（一）按外植体的来源划分

1．植株培养

植株培养是指对具有完整植株形态的幼苗或较大的植株进行离体培养的方法。

2．胚胎培养

胚胎培养是指对植物成熟或未成熟胚进行离体培养的方法。常用的胚胎培养材料有幼胚、成熟胚、胚乳、胚珠、子房。

3．器官培养

器官培养是指对植物体各种器官及器官原基进行离体培养的方法。常用的器官培养材料有根（根尖，切段）、茎（茎尖、切段）、叶（叶原基、叶片、子叶）、花（花瓣、雄蕊）、果实、种子等。

4．组织培养

组织培养是指对植物体各部位组织或已诱导的愈伤组织进行离体培养的方法。常用的组织培养材料有分生组织、形成层、表皮、皮层、薄壁细胞、髓部、木质部等。

5．细胞培养

细胞培养是指对植物的单个细胞或较小的细胞团进行离体培养的方法。常用的细胞培养材料有性细胞、叶肉细胞、根尖细胞、韧皮部细胞等。

6．原生质体培养

原生质体培养是指对除去细胞壁的原生质体进行离体培养的方法。

7．基因转化

用包含生长素的基因和细胞分裂素的基因引起细胞特异性的变化，并利用植物的全能性，经过细胞或组织培养，由一个转化细胞再生成完整的转基因植物的过程，叫作植物基因转化。

（二）按培养过程划分

1．初代培养

初代培养是将植物体上分离下来的外植体进行最初几代培养的过程。其目的是建立无菌培养物，诱导腋芽或顶芽萌发，或产生不定芽、愈伤组织、原球茎。通常是植物组织培养中比较困难的阶段，也称启动培养、诱导培养。

2．继代培养

继代培养将初代培养诱导产生的培养物重新分割，转移到新鲜培养基上继续培养的过程。其目的是使培养物得到大量繁殖，也称为增殖培养。

3．生根培养

生根培养为诱导无根组培苗产生根，形成完整植株的过程。其目的是提高组培苗田间移栽后的成活率。

（三）按培养基的类型划分

（1）固体培养　琼脂、卡拉胶等固化；

（2）半液半固体培养　固液双层；

（3）液体培养　震荡、旋转或静置培养。

（四）按再生途径划分

根据再生途径分为愈伤组织途径、芽增殖途径、原球茎途径、体胚发生途径。

三、植物细胞全能性

（一）基本概念

植物细胞全能性（totipotency）：指植物的每个细胞都包含着该物种的全部遗传信息，从而具备发育成完整植株的遗传能力。在适宜条件下，任何一个细胞都可以发育成一个新个体。植物细胞全能性是植物组织培养的理论基础。

（二）成因

为什么植物细胞具有全能性呢？我们知道，一个植物体的全部细胞，都是从受精卵经过有丝分裂产生的。受精卵是一个特异性的细胞，它具有本种植物所特有的全部遗传信息。因此，植物体内的每一个体细胞也都具有和受精卵完全一样的 DNA 序链和相同的细胞质环境。当这些细胞在植物体内的时候，由于受到所在器官和组织环境的束缚，仅仅表现一定的形态和局部的功能。可是它们的遗传潜力并没有丧失，全部遗传信息仍然被保持在 DNA 的序链之中，一旦脱离了原来器官组织的束缚，成为游离状态，在一定的营养条件和植物激素的诱导下，细胞的全能性就能表现出来。于是就像一个受精卵那样，由单个细胞形成愈伤组织然后成为胚状体，再进而长成一棵完整的植株。所以离体培养之所以能够成功，首先是由于植物细胞具有全能性的缘故。

1902 年，德国植物学家哈伯兰特预言植物体的任何一个细胞，都有长成完整个体的潜在能力，这种潜在能力就叫植物细胞的“全能性”。为了证实这个预言，他用高等植物的叶肉细胞、髓细胞、腺毛、雄蕊毛、气孔保卫细胞、表皮细胞等多种细胞放置在他自己配制的营养物质中（人工配制的营养物），称为培养基。这些细胞在培养基上可生存相当长一段时间，但他只发现有些细胞增大，却始终没有看到细胞分裂和增殖。1934 年，美国的怀特用无机盐、糖类和酵母提取物配制成怀特培养基，培养番茄根尖切段，400 多天后，在切口处长出了一团愈合伤口的新细胞，这团细胞被称为愈伤组织。法国的高斯雷特制成了一种固体培养基，使山毛柳、黑杨形成层组织增殖，最后形成了类似藻类的凸起物。1946 年，中国学者罗士韦培养菟丝子的茎尖，在试管中形成了花。

之后许多科学家为证实这一论断做了不懈努力。1958 年，Steward 等将高度分化的胡萝卜根的韧皮部组织细胞放在合适的培养基上培养，发现根细胞会失去分化细胞的结构特征，发生反复分裂，最终分化成具有根、茎、叶的完整的植株；1964 年，Cuba 和 Mabesbwari 利用毛叶曼陀罗的花药培育出单倍体植株；1969 年 Nitch 将烟草的单个单倍体孢子培养成了完整的单倍体植株；1970 年 Steward 用悬浮培养的胡萝卜单个细胞培养成了可育的植株。至此，经过科学家们 50 余年的不断试验，植物分化细胞的全能性得到了充分论证，建立在此基础上的组织培养技术也得到了迅速发展。

四、植物组织培养的意义及应用

（一）植物组织培养的意义

（1）快速繁殖优良品种、优良类型和珍贵种质资源；

（2）脱除各类病毒，幼化复壮植物；

（3）有效地培养新品种，创造新型植物种类。采用组织培养可以直接诱变和筛选出具抗病、抗盐、高赖氨酸、高蛋白等优良性状的品种；

（4）保存种质资源，避免基因的丢失和毁灭；

（5）提供加工原材料，生产次生代谢物。如抗癌首选药物——紫杉醇等，可以用大规模培养植物细胞来直接生产；

（6）基因工程，基因工程主要研究 DNA 的转导，而基因转导后必须通过组织培养途径才能实现植株再生。

（二）植物组织培养的特点

1. 培养条件可以人为控制

组织培养采用的植物材料完全是在人为提供的培养基和小气候环境条件下进行生长，摆脱了大自然中四季、昼夜的变化以及灾害性气候的不利影响，且条件均一，对植物生长极为有利，便于稳定地进行周年培养生产。

2. 生长周期短，繁殖率高

组织培养是由于人为控制培养条件，根据不同植物不同部位的不同要求而提供不同的培养条件，因此生长较快。另外，植株也比较小，往往 20～30 d 为一个周期。所以，虽然组织培养需要一定设备及能源消耗，但由于植物材料能按几何级数繁殖生产，故总体来说成本低廉，且能及时提供规格一致的优质种苗或脱病毒种苗。

3．管理方便，利于工厂化生产和自动化控制

植物组织培养是在一定的场所和环境下，人为提供一定的温度、光照、湿度、营养、激素等条件，极利于高度集约化和高密度工厂化生产，也利于自动化控制生产。它是未来农业工厂化育苗的发展方向。它与盆栽、田间栽培等相比省去了中耕除草、浇水施肥、防治病虫等一系列繁杂劳动，可以大大节省人力、物力及田间种植所需的土地。

4．研究材料单一，无性系遗传信息相同

在组织培养研究中，植物材料的遗传信息一致是非常重要的因素，否则实验结果没有意义。在植物组织培养中由于植物细胞具有全能性，故单个或小块组织经培养即可再生出植株，培养中获得的各种水平的无性系，如细胞、组织块、器官或小植株，材料均来自单一的个体，遗传性一致，将它们用于实验，可避免许多误差，实验材料纯度很高，可以进行重复而不影响实验，保证实验的精度。

5．经济方便，效益高

植物组织培养快繁生产以茎尖、侧芽、根、叶、子叶、下胚轴、花瓣等作材料进行器官培养，只需几毫米甚至不到 1 mm 大小的材料。由于取材少，培养效果好，对于新品种的推广和良种复壮更新，都有重大的实践意义。植物组织培养实验栽培微型化、精密化，节约人力、物力和土地，管理方便。比田间栽培、盆栽、水培、沙培都经济得多，精细得多，还避免了其他生物、微生物的干扰。工作效率提高，一个人可同时做多项实验。

（三）植物组织培养的优点

占用空间小，不受地区、季节限制；培养脱毒作物；培养周期短；可用组织培养中的愈伤组织制取特殊的生化制品；可短时间大量繁殖，用于拯救濒危植物；可诱导之分化成需要的器官，如根和芽；解决有些植物产种子少或无的难题；不存在变异，可保持原母本的一切遗传特征；投资少，经济效益高；繁殖方式多，试用品种多。

五、植物组织培养的发展概况及展望

（一）植物组织培养发展简史

植物组织培养与细胞培养开始于 19 世纪后半叶，当时植物细胞全能性的概念还没有完全确定，但基于对自然状态下某些植物可以通过无性繁殖产生后代的观察，人们便产生了这样一种想法，即能否将植物体的一部分在适当的条件下培养

成一个完整的植物体，为此许多植物科学工作者开始了培养植物组织的尝试。最初的问题仍然是集中在植物细胞有没有全能性和如何使这种全能性表现出来。

1839年Schwann提出细胞有机体的每一个生活细胞在适宜的外部环境条件下都有独立发育的潜能。1853年Trecul利用离体的茎段和根段进行培养获得了愈伤组织。1901年Morgan首次提出一个全能性细胞应具有发育出一个完整植株的能力。如果将一个生活的细胞从植物体内分离出来，使之脱离原有的环境，细胞被抑制的功能将有望得以恢复，重新表现出全能性。基于这种认识，科学工作者便萌生出了植物组织培养的念头。

Haberlandt在1902年首次提出细胞培养的概念，也是第一个用人工培养基对分离的植物细胞进行培养的人。与Rechinger不同，Haberlandt相信切块大小不会影响细胞增殖，但由于Haberlandt使用的培养液成分简单，培养的细胞是高度分化的细胞，又没有采取消毒技术，所以实验失败，培养的细胞虽然存活了几个月但没能分裂。Haberlandt转而对损伤修复发生兴趣，提出激素作用的概念（leptohormone），与维管组织特别是韧皮部有关；另一类是创伤激素（woundhomone），与细胞损伤有关，为后来激素理论的建立和在组织培养中的广泛应用奠定了基础。但自Haberlandt的实验之后直到1934年White培养番茄离体根尖的成功，其间的30多年里，植物组织培养技术几乎没有什么进展。分析其原因，主要就是培养基的成分和实验所选取的材料不够合适。

1934年White用离体的番茄根建立了第一个活跃生长的无性系，使根的离体培养实验首次获得了真正的成功，并首次发现和提出B族维生素B_1、维生素B_6和烟酸的重要性。与此同时，Cautheret在山毛柳和黑杨形成层组织的培养中也发现了B族维生素的作用，并使培养获得了成功。Nobecourt也用胡萝卜建立了类似的连续生长的组织培养物。因此，Haberlandt、White和Nobecourt一起被誉为植物组织培养的奠基人。人们现在所用的若干培养方法和培养基，原则上都是他们在1939年所建立的方法和培养基演变的结果，几乎所有的培养基中都添加了不同种类和不同数量的B族维生素。从此植物组织培养进入快速发展时期。1941年，Overbeek、Conklin和Blakeslee等用附加椰乳到培养基中，获得了Datura离体胚培养的成功。椰乳成分复杂，含有多种不同的有机物，后来的研究发现，其中在组织培养中起主要作用的是腺嘌呤类激素或类似物。1944年，Skoog报道DNA的降解产物腺嘌呤和腺苷可以促进愈伤组织的生长，解除生长素对芽形成的抑制作用，诱导芽的形成。1948年，Caplin和Steward用实验证明椰乳与2,4-D配合，对培养的胡萝卜和马铃薯组织的增殖起到明显的促进作用。在用烟草髓细胞诱导愈伤组织的实验中，Skoog、Miller等分离确定了6-呋喃氨基嘌呤对细胞分裂有促进作用，并命名为“激动素”（Kinetin）。之后，与此相关的同系物 6-苄氨基嘌呤被合成，它也刺激培养物的细胞分裂。于是，出现了“细胞分裂素”这一集合名词，专门用来指能刺激培养物细胞分裂的一组 6-某基团的氨基嘌呤化合物。而后，玉米素、异戊烯基腺嘌呤和其他细胞分裂素等植物激素的相继发现，更增加了细胞分裂素的种类。由于发现生长素和细胞分裂素相互配合能调节细胞的分裂与分化，控制器官的分化，生长素高时可诱导根的形成，细胞分裂素高时可促进芽的分化，使植物组织培养的工作迅速取得突破。1958 年美国的 Steward 和德国的 Reinert 分别由培养的胡萝卜细胞诱导形成了胚状体，1965 年由 Vasil 和 Hildebrandt 用单个分离的细胞培养获得整个植株的再生，从而使植物细胞全能性的理论真正得到了科学的证实。从此之后，一批又一批植物的组织或器官通过培养的方法获得了再生植株。

20 世纪 60 年代，在植物组织培养方面的另外两项成就就是划分小孢子培养和原生质体培养的成功。Guha 和 Maheshwari（1966，1967），Rourgin 和 Nitsch（1967）先后利用烟草和胡萝卜的小孢子培养获得单倍体植株，并成功地实现了染色体的加倍，使这种同源二倍体植株在 5 个月内收获到种子。Cocking 等用纯化的纤维素酶和果胶酶处理烟草细胞，获得原生质体，通过调节渗透压的方法控制原生质体膨胀，使培养获得成功，得到了再生植株。自 20 世纪 60 年代，植物组织与细胞培养逐渐走向了工厂化和商品化阶段。

现在已不能确切统计有多少种植物通过组织培养的方法获得了再生植株，因为几乎每天都有可能出现利用新的植物种类获得培养成功的报道。植物组织培养已经变成了一种常规的实验技术，广泛应用于植物的脱毒、快繁、基因工程、细胞工程、遗传研究、次生代谢物质的生产、工厂化育苗等多个方面；从高级的研究机构、大专院校到普通的生物技术公司，甚至农民专业户都在不同程度地利用或开展组织培养工作。

植物组织培养已经走过了近百年的历程。它的历史不仅证明了植物的每一个生活细胞都含有一种植物的全部遗传信息，在一定的条件下可以发育成一个完整的植株，而且在一定范围内人们可以按照意愿，改变和调节植物的发育。但这种调节和改变只是局部的，主要是通过改变培养基中的激素和培养条件，从遗传基础上的彻底改造仅仅是开始。但是，生命的奥秘是很深远的，植物也如此，科学家至今仍不能实现对所有植物的组织培养再生，基因型对组培成功的影响至今仍迷惑不解，而且对已经获得成功的植物，也还有很多问题没有解决。即便像烟草和拟南芥这样的模式植物，也没能实现让它们在组培容器中遂愿的生长发育和开花结实。人们对植物的认识、了解和掌握，仍然处于比较浅显阶段，单就其组织培养而言，还有十分漫长的道路要走。

（二）应用现状

1. 在植物育种上的应用

目前，国内外把植物组织培养已普遍应用于作物育种，并在以下几个方面取得了较大进展。

（1）单倍体育种　单倍体植株往往不能结实，在培养中用秋水仙素处理，可使染色体加倍，成为纯合二倍体植株，这种培养技术在育种上的应用称为单倍体育种。单倍体育种具有高速、高效率、基因型一次纯合等优点，因此，通过花药或花粉培养的单倍体育种，已经作为一种崭新的育种手段问世，并已开始育成大面积种植的作物新品种。在单倍体育种方面，我国科学家做出了突出贡献。1974年就育成了世界上第一个作物新品种——单育 1 号烟草品种，随后又育成了中花 8 号水稻和京花 1 号、京单 92-2097 小麦等面积栽培的作物新品种，还获得了多种作物的大量花培新品系。

（2）胚胎培养　在植物种间杂交或远缘杂交中，杂交不孕给远缘杂交带来了许多困难。而采用胚的早期离体培养可以使胚正常发育并成功地培养出杂交后代，可以通过无性系繁殖获得数量较多、性状一致的群体，胚培养已在 50 多个科属中获得成功。远缘杂交中，可把未受精的胚珠分离出来，在试管内用异种花粉在胚珠上萌发受精，产生的杂种胚在试管中发育成完整植株，此法称为“试管受精”。用胚乳培养可以获得三倍体植株，为诱导形成三倍体植物开辟了一条新途径。三倍体加倍后可得到六倍体，可育成多倍体新品种。

（3）细胞融合　通过原生质体融合，可部分克服有性杂交不亲和，而获得体细胞杂种，从而创造新种或育成优良品种，这是组织培养应用最诱人的一个方面。目前已获得 40 余个种间、属间甚至科间的体细胞杂种、愈伤组织，有些还进而分化成苗。目前，采用原生质体融合技术已经能从不杂交的植物中如番茄和马铃薯、烟草和龙葵、芥菜和油菜等获得属间杂种，但这些杂种尚无实际应用价值。随着原生质体融合、选择、培养技术的不断成熟和发展，今后可望获得更多有一定应用价值的经济作物体细胞杂种及新品种。

（4）基因工程　用基因工程的方法，把目标基因切割下来并通过载体使外来基因整合进植物的基因组是完全有可能的，这项研究如果获得成功，将克服作物育种中的盲目性，而变成按人们的需要操纵作物的遗传变异，育成优良品种。目前这项研究刚刚起步，加上植物的遗传背景比原核生物更为复杂，因此，要用基因工程实现作物改良，以增加产量和改善品质，将是 21 世纪需要解决一个问题。

（5）培养细胞突变体　无论是愈伤组织培养还是细胞培养，培养细胞均处在不断分生状态，容易受培养条件和外界压力（如射线、化学物质等）的影响而产生诱变，从中可以筛选出对人们有用的突变体，从而育成新品种。尤其对原来诱发突变较为困难、突变率较低的一些性状，用细胞培养进行诱发、筛选和鉴定时，处理细胞数远远多于处理个体数，因此一些突变率极低的性状有可能从中选择出来。例如植物抗病虫性、抗寒、耐盐、抗除草剂毒性、生理生化变异株等的诱发，为进一步筛选和选育提供了丰富的变异材料。目前，用这种方法已筛选到抗病、抗盐、高赖氨酸、高蛋白、矮秆高产的突变体，有些已用于生产。

2．在植物脱毒和快速繁殖上的应用

植物脱毒和离体快速繁殖是目前植物组织培养应用最多、最有效的一个方面。很多农作物都带有病毒，特别是无性繁殖植物，如马铃薯、甘薯、草莓、大蒜等。但是，感病植株并非每个部位都带有病毒，White 早在 1943 年就发现植物生长点附近的病毒浓度很低甚至无病毒。如果利用组织培养方法，取一定大小的茎尖进行培养，再生的植株有可能不带病毒，从而获得脱病毒苗，再用脱毒苗进行繁殖，则种植的作物就不会或极少发生病毒。目前组织培养在甘蔗、菠萝、香蕉、草莓等主要经济作物上已成功应用。取用的外植体已不仅限茎尖，其他如侧芽、鳞片、叶片、球茎、根等都可以应用。由于组织培养法繁殖作物的突出特点是快速，因此，对一些繁殖系数低、不能用种子繁殖的“名、优、特、新、奇”作物品种的繁殖，意义更大。对于脱毒苗、新育成、新引进、稀缺育种、优良单株、濒危植物和基因工程植株等可通过离体快速繁殖，同时可不受地区、气候的影响，比常规方法快数万倍到数百万倍的速度扩大繁殖，及时提供大量优质种薯和种苗。马铃薯茎类脱毒、无毒种苗和微型脱毒种薯已在马铃薯生产上广泛应用，从根本上解决了马铃薯种性退化问题。目前，观赏植物、园艺作物、经济林木、无性繁殖作物等部分或大部分都用离体快繁提供苗木，试管苗已出现在国际市场上并形成产业化。

3．在植物有用产物生产上的应用

利用组织或细胞的大规模培养，有可能生产出人类所需的一切天然有机化合物，如蛋白质、脂肪、糖类、药物、香料、生物碱及其他活性化合物。因此，近年来这一领域已引起人们的极大兴趣，许多产业部门纷纷投资进行研究。目前，已有 20 多种植物的培养组织中有效物质高于原植物，国际上已获得这方面专利 100 多项。近年来，用单细胞培养生产蛋白质，将给饲料和食品工业提供广阔的原料生产前途；用组织培养方法生产微生物以及人工不能合成的药物或有效成分的研究，正在不断深入，有些已投入工业化生产，预计今后将有更大发展。

4．在植物种质资源保存和交换上的应用

农业生产是在现有种质资源的基础上进行的，由于自然灾害和生物之间的竞争以及人类活动对大自然的影响，已有相当数量的植物物种在地球上消失或正在消失。具有独特遗传性状的生物物种的绝迹是一种不可挽回的损失。利用植物组织和细胞法低温保存种质，可大大节约人力、物力和土地，同时也便于种质资源的交换和转移，防止有害病虫的人为传播，给保存和抢救有用基因带来了希望。例如胡萝卜和烟草等植物的细胞悬浮物，在−196～−20℃的低温下储藏数月，尚能恢复生长，再生成植株。

5．在遗传、生理、生化和病理研究上的应用

组织培养推动了植物遗传、生理、生化和病理学的研究，已成为植物科学研究中的常规方法。花药和花粉培养获得的单倍体和纯合二倍体植株，是研究细胞遗传的极好材料。在细胞培养中很容易引起变异和染色体变化，从而可得到作物的附加系、代换系和易位系等新类型，为研究染色工程开辟了新途径。细胞培养和组织培养为研究植物生理活动提供了一种极有力的手段。植物组织培养工作曾在矿质营养、有机营养、生长活性物质等方面开展了很多研究，有益于了解植物的营养问题。用单细胞培养研究植物的光合代谢是非常理想的，近年来，光自养培养研究也是十分有效的。在细胞的生物合成研究中，细胞组织培养也极为有用，如查明了尼古丁在烟草中的部位等。细胞培养为研究病理学提供了方便，如植物的抗病性就可以单细胞或原生质体培养进行鉴定，几天之内就可以得到结果。

6．开放式组织培养技术研究破解世界性难题

以一次性塑料饮水杯和食品保鲜膜作为培养容器和封口材料，添加抑菌剂抑制培养基污染，在自然光的温室里就可以快速繁育出合格、健壮的植物组培苗。该课题日前在北京通过了由我国著名工程院资深院士陈俊愉等 9 位专家学者的鉴定审核。

专家认为，此项研究针对植物组织培养必须在严格的无菌环境下操作的限制，研制出了高效抑菌剂，抑菌剂加入培养基后，使培养基具有了抑制真菌和细菌生长的功能，并在有限抑菌浓度范围内，对植物生长无不良影响，因此，在植物组织培养过程中，可以省去培养基高压灭菌程序，不需应用超净工作台即可接种，这在植物组织培养技术史上是一项重大突破，在国内外尚属首创；由普通的聚乙烯塑料水杯代替传统的耐高温高压的玻璃和聚丙烯塑料制品、由食品保鲜膜代替封口膜这项技术也是国内外首例。该研究所提出的完善的植物开放式组织培养规程，开发的中药抑菌剂生产性商品培养基，大幅度降低了植物组织培养的成本，

使植物组织培养这个高精技术走向了普通大众，必将加快我国组织培养产业化发展步伐，推动组织培养事业的发展。

六、植物组织培养的应用前景

1．快速繁殖某些稀有植物或有较大经济价值的植物

依靠自然条件在较短时间内繁殖稀有植物和经济价值较高的植物，受到地理环境和季节的限制，很难达到快速、高效的目的；特别对于在短时期内需要达到一定数量，才能创造应有价值的植物，时间就是效益，只有通过组织培养的方法才能满足这一要求。

用组织培养法繁殖植物，这是组织培养应用于生产的主要的和成效最大的实例。首先是在兰花上的成功应用。自 Morel 在 1960 年得到兰花组织培养苗后，很快应用于生产，形成了组织培养法繁殖兰花产业。

由于组织培养法繁殖植物的明显特点是快速，每年可以数以百万倍速度繁殖，因此对一些繁殖系数低、不能用种子繁殖的名特优植物品种的繁殖，尤为意义重大。

2．脱毒

植物中有很多都带有病毒，严重影响植物的产量和品质，给农业带来灾害。特别是无性繁殖植物，如马铃薯、草莓、大蒜、康乃馨等，由于病毒是通过维管束传导的，因此利用这些植物营养器官繁殖，就会把病毒带到新的植物个体上而发生病害。但是也证明感病植株并不是每个部位都带有病毒，如茎尖生长点尚未分化成维管束的部分，可能不带病毒。若利用组织培养法进行茎尖培养，再生的植株有可能不带病毒，从而获得脱病毒的苗，再用这种苗进行繁殖，则种植的植物就不会或极少发生病毒病。

所获得的脱毒苗一定要经过鉴定，确认不带病毒才能使用。使用组织培养法获得脱毒苗已经在草莓、葡萄、康乃馨等获得成功，产生明显的经济效应。

3．植物种质资源的保存、挽救濒于灭绝的植物

长期以来人们想了很多方法来保存植物，如储存果实，储存种子，储存块根、块茎、种球、鳞茎；用常温、低温、变温、低氧、充惰性气体等，这些方法在一定程度上收到了好的或比较好的效果，但仍存在许多问题。主要问题是付出的代价高，占的空间大，保存时间短，而且易受环境条件的限制。植物组织培养结合超低温保存技术，可以给植物种质保存带来一次大的飞跃。因为保存一个细胞就相当于保存一粒种子，但所占的空间仅为原来的几万分之一，而且在-193℃的液氮中可以长时间保存，不像种子那样需要年年更新或经常更新。

环境的不断变化使许多种类的植物面临着灭绝的危险，而且许多种植物已经灭绝，留给人类的只是一种遗憾。如何挽救这些植物，还有许许多多的动物，已成为世人关注的问题。实践证明，通过组织培养的方法可以使一部分濒危的植物种类得到延续和保存；如果再结合超低温保存技术，就可以使这些植物得到较为永久性的保存。其实，对大多数普通植物来说，用组织培养的方法保存其种质材料，也具有十分重要的意义。

4．通过花药和花粉培养获得单倍体植株、缩短育种年限

通过花药和花粉组织培养可以获得单倍体植物，大大缩短了育种时间，使新品种的培育过程大大简化。

5．胚胎培养的应用

在远源杂交中，杂交后形成的胚珠往往在未成熟状态时，就停止生长，不能形成有生活力的种子，因而杂交不孕，这给远缘杂交造成极大困难。19 世纪 20 年代末，Laibach 用胚培养技术培养亚麻种间杂种胚，第一个获得了杂种植物，这一成功为在远缘时克服杂交不亲和的障碍提供了一项有用的技术。

这项技术发展至今，已经相当成熟，可以说多数植物的成熟或未成熟胚通过培养都可获得成功。幼胚培养已经可使 5 个细胞大小的极幼龄的胚状结构培养成植株。但胚珠培养的研究不多，单个胚珠培养尚存在许多问题，需作深化研究。

远缘杂交中，由于生理上和遗传上的障碍而不能杂交成功，可采用试管授精加以克服，即将母本胚珠离体培养，使异种花粉在胚珠上萌发受精，产生的杂种胚在试管中发育成完整植株。

用胚乳培养可获得三倍体植株，为诱导形成三倍体植物开辟了一条新途径。三倍体加倍后得到六倍体，可育成多倍体品种。

6．细胞融合

通过原生质体融合，可部分克服有性杂交的不亲和性，而获得体细胞杂种，从而创造新种或育成优良品种。

7．培养细胞突变体的应用

培养细胞处在不断分生状态，容易受培养条件和外加压力（如射线、化学物质）的影响而产生突变，从中可以筛选出有用的突变体，从而育成新品种。目前用这种方法已经筛选到抗病、抗盐、高蛋白、高产等突变体，有些已经用于生产。

8．用于遗传学、分子生物学、细胞生物学、组织学、胚胎学、基因工程、生物工程等的研究

要揭开生命活动的秘密，需要多科学、多技术的相互配合，其中植物组织培养技术是不可缺少的，它为遗传学、分子生物学、细胞生物学、生物工程等提供了一种有效、快速的方法。因为要揭示生命的奥秘，首先要研究单个基因的作用，研究它在细胞内是如何组装的，如何与其他基因发生联系，如何表达和调控等。分离单个基因，对它 DNA 进行测序，再对其中的某些碱基实行突变，然后还需要将基因送到受体细胞当中，看表达情况，以确定其功能。接受基因的受体细胞要产生再生植株，就需要通过组织培养的方法才能实现。

9．利用组织培养的材料作为植物生物反应器

中国的中草药是一份人类宝贵的财富，但很多种中草药资源匮乏，产量不足，甚至濒于灭绝。如果能利用组织和细胞培养的方法在实验室内生产，不再依附于自然环境，不仅可以解决现有困难，而且可以通过筛选高产有效成分的细胞系来提高其药用价值。比如用培养的人参悬浮细胞，来生产人参皂苷，已在日本等国家形成规模。利用培养的植物细胞和组织细胞作为生物反应器，也可以生产某些蛋白质、氨基酸、抗生素、疫苗等，如用生食蔬菜生产乙肝疫苗正在实验中。

10．用于其他未知科学的研究

现代科学发展非常迅速，很多现在预想不到的事情都有可能发生，新发明、新发现、新创造层出不穷，今天认为不可能的东西未来就可能变成现实，植物组织培养也同样具有许多尚未发掘的潜力。

总之，现在的植物组织培养仍然处于发展阶段，远远没有达到它的高峰期，很多机理人们还没有搞清楚，它的潜力还远远没有发挥出来。相信在今后的几十年内，组织培养将会有更大的发展，在农业、制药业、加工业等方面将会发挥更大的作用，创造出更大的经济效益。

任务二　植物组织培养实验室设计及常用设备的使用与维护

一、植物组织培养室的设计

组培实验室设计如图 7-3 所示。

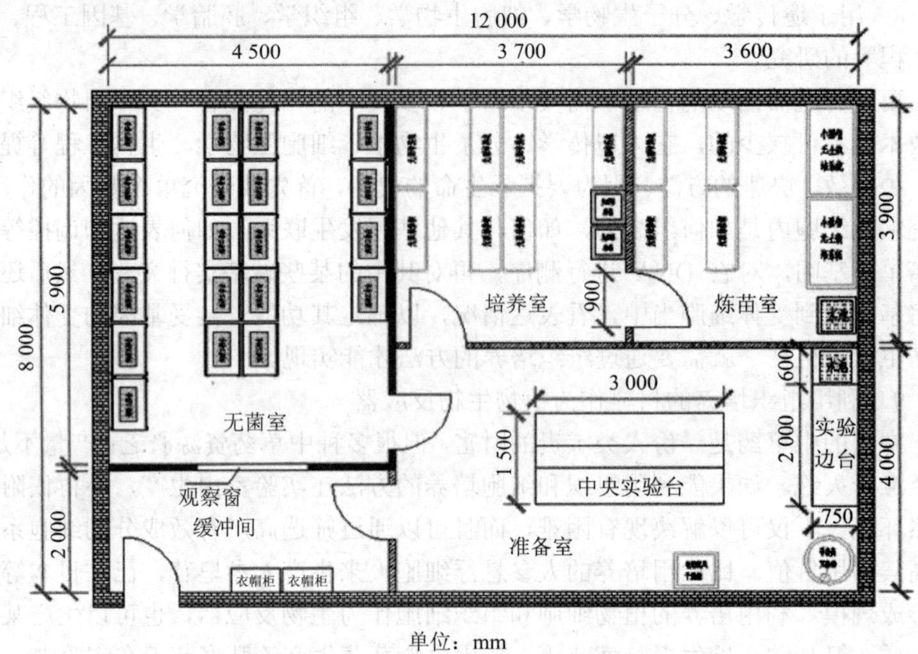

图 7-3 组织培养实验室设计平面图

（二）实验室设置及仪器设备

实验室是进行组培研究的主要场所，应能满足清洗、培养基制备、储藏、无菌操作、培养、鉴定等多方面的工作。组织培养室主要由准备室、培养基制作室、消毒室、接种间、培养室、育苗温室等组成。

植物组织或幼芽，经消毒、分（剥）离，在无菌条件下（超净工作台）移至装有培养基的试管或三角瓶中。放进组织培养室内培养。组织培养室要求条件较高，温度条件要能控制。为充分利用空间，培养室内制作摆放试管或三角瓶的层架，每一层架都应安装补光用的日光灯管（自然光照条件较好时可少安装一些）。

组织培养室建设的规模，根据具体情况和培养种类的多少可大可小，千万不可盲目建设，以减少资金浪费。

1．准备间（洗涤间）

根据工作量的大小决定其大小，一般面积控制在 30～50 m^2。在实验室的一侧设置专用的洗涤水槽，用来清洗玻璃器皿。中央实验台还应配置 2 个水槽，用于清洗小型玻璃器皿（图 7-4）。如果工作量大，可以购置一台洗瓶机（图 7-5）。

准备 1～2 个洗液缸，专门用于洗涤对洁净度要求很高的玻璃器皿。此外还应配置落水架、干燥箱、柜子、超声波清洗器等。地面应耐湿并排水良好。

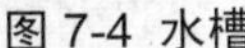

图 7-4 水槽

图 7-5 洗瓶机

2．培养基配制间

面积 60 m^2 左右，配备的主要仪器设备有：冰箱、天平、微波炉、pH 计、培养基分装器、药品柜、器械柜、抽气泵、电炉、各种规格的培养瓶、培养皿、移液管、烧杯、量筒、容量瓶、储藏瓶等。冰箱以体积 180～200L 为宜，用于储存培养基母液、激素维生素等贵重药品，彩色胶卷及保存植物材料。天平应有不同感量（图 7-6～图 7-9）。

图 7-6 锅、电磁炉

图 7-7 培养瓶

图 7-8 器械柜

图 7-9 药品柜

3．消毒间

配备实验台、高压灭菌锅、排风灭火设备、细菌过滤设备、干热消毒柜、电炉等。灭菌锅的选择应根据不同的要求选择不同型号的灭菌锅。一般实验室可选用小型的医用手提式高压灭菌锅，较大的实验室可选用立式自动控制压力和温度的灭菌锅。生产性的实验室可选用大型的卧式灭菌锅（图 7-10、图 7-11）。

图 7-10 风淋室

图 7-11 高压灭菌锅

如果没有条件的话，可以将上述工作间合并成一个准备间，要求是设备的安装和排列要合理，房间要宽敞、明亮、透风，地面要便于清洁、防滑。

4．无菌操作室

无菌操作室主要用于实验材料的接种操作，所以又叫接种室。通常由里外两间组成，外间是缓冲间，用于准备工作，还有防止污染的作用。缓冲间的门应该与接种室的门错开，两个门也不要同时开启，以保证无菌室不因开门和人的进出带进杂菌。缓冲间内应该设有水槽、实验台、鞋帽架、柜子、紫外灯。无菌操作室的内壁应当用塑钢板或瓷砖装修，工作人员进入操作间前要穿上消过毒的工作服和拖鞋。

室内应配有超净工作台、紫外灯、解剖镜、各种接种器械等（图 7-12）。

图 7-12 超净工作台

5．培养室

为了控制培养室的温度和光照时间及其强度，培养室的房间不要窗户，但应当留一个通气窗，并安上排气扇。室内温度由空调控制，光照由日光灯控制。天花板和内墙最好用塑料钢板装修，地面用水磨石或瓷砖铺设，一般要分两间，一为光照培养室，一为暗培养室。培养室外应有一预备间或走廊（图 7-13）。

图 7-13 培养室

培养室应配有培养架、转床、摇床、光照培养箱、生化培养箱、自动控时器等。日光灯一般用 40W，固定在培养架的侧面或搁板的下面，每层有两支日光灯，距离为 20 cm，光照强度为 2 000～3 000 lx。

6．辅助实验室

（1）细胞学鉴定室　其功能是对培养材料进行细胞学鉴定和研究。要求清洁、明亮、干燥，使各种光学仪器不受潮湿和灰尘污染。应配置各种显微镜、照相系统等。

（2）生化分析室　在以培养细胞产物为主要目的的实验室中，应建立相应的分析化验实验室，以便于对培养物的有效成分随时进行取样检查。离心机、酶联免疫检测仪、天平、PCR仪等。

二、温室

为试管苗提供满足生长的适宜环境条件。

任务三　植物组织培养基本操作

植物组织培养技术程序如图7-14所示。

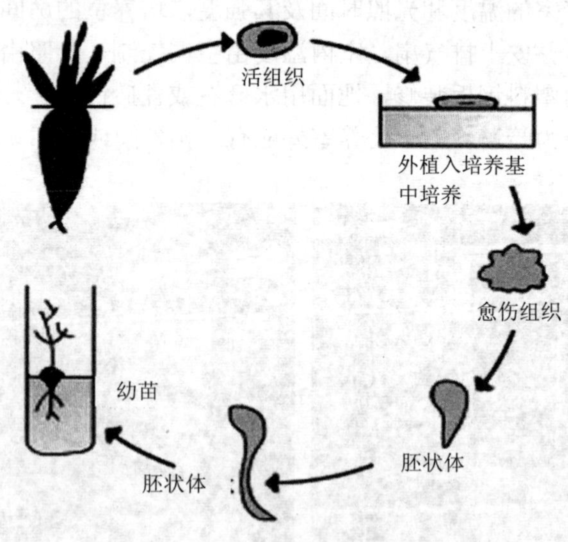

图7-14　植物组织培养技术程序

一、洗涤技术

（一）洗涤液的配制

常用洗液的配制与适用范围见表 7-1。

表 7-1 常用洗液的配制与适用范围

名称	化学成分及配制方法	适用范围	说明
铬酸洗液	用 5～10 g $K_2Cr_2O_7$ 溶于少量热水中，冷后徐徐加入 100 mL 浓硫酸，搅动，得暗红色洗液，冷后注入干燥试剂瓶中盖严备用	有很强的氧化性，能浸洗去绝大多数污物	可反复使用，呈墨绿色时，说明洗液已失效。成本较高有腐蚀性和毒性，使用时不要接触皮肤及衣物。用洗刷或其他简单方法能洗去的不用此法
碱性高锰酸钾洗液	取 4 g 高锰酸钾溶于少量水后，加入 100 mL 10%的 NaOH 溶液混匀后装瓶备用。洗液呈紫红色	有强碱性和氧化性，能浸洗去各种油污	洗后若食品壁上面有褐色二氧化锰，可用盐酸或稀硫酸或亚硫酸钠溶液洗用。可反复使用，直到碱性及紫色消失为止
磷酸钠洗液	取 57 gNa_3PO_4 和 28.5 g $C_{17}H_{33}COONa$ 溶于 470 mL 水中	洗涤碳的残留物	将待洗物在洗液中泡若干分钟后涮洗
硝酸、过氧化氢洗液	15%～20%硝酸和 5%过氧化氢混合	浸洗特别顽固的化学污物	储于棕色瓶中，现用现配，久存易分解
强碱洗液	15%～20%NaOH 溶液（或 Na_2CO_3、Na_3PO_4 溶液）	常用以浸洗普通油污	通常需要用热的溶液
	浓 NaOH 溶液	黑色焦油、硫可用加热的浓碱液洗去	

（二）洗涤方法

1. 新购买的玻璃仪器

新购买的玻璃仪器表面常附着游离的碱性物质，可先用 0.5%的去污剂洗刷，再用自来水洗净，然后浸泡在 1%～2%盐酸溶液中过夜（不可少于 4 h），再用自来水冲洗，最后用无离子水冲洗两次，在 100～120℃烘箱内烘干备用。

2．使用过的玻璃仪器的清洗

先用自来水洗刷至无污物，再用合适的毛刷蘸去污剂（粉）洗刷，或浸泡在0.5%的清洗剂中超声清洗（比色皿决不可超声），然后用自来水彻底洗净去污剂，用无离子水洗两次，烘干备用（计量仪器不可烘干）。清洗后器皿内外不可挂有水珠，否则重洗，若重洗后仍挂有水珠，则需用洗液浸泡数小时后（或用去污粉擦洗）重新清洗。

3．塑料器皿的清洗

聚乙烯、聚丙烯等制成的塑料器皿，已在生物化学实验中用的越来越多。第一次使用塑料器皿时，可先用 8 mol/L 尿素（用浓盐酸调 pH＝1）清洗，接着依次用无离子水、1 mol/L KOH 和无离子水清洗，然后用 10^{-3} mol/L EDTA 除去金属离子的污染，最后用无离子水彻底清洗，以后每次使用时，可只用 0.5%的去污剂清洗，然后用自来水和无离子水洗净即可。

4．金属用品洗涤

金属用品一般不宜用各种洗涤液洗涤（新的可以用热洗衣粉水洗净），需要清洗时，一般用酒精擦洗，然后火焰干燥。

5．除菌过滤器

除菌过滤器用清水冲洗后，用洗液冲洗，再用清水冲洗，最后用蒸馏水冲洗，晾干备用。

二、灭菌

首先应建立有菌和无菌的概念以及有菌的范畴。

①有菌：凡是暴露在空气中的物体，至少其表面都是有菌的。如植物的表面、超净工作台的台面，未处理的工具和手等。

②无菌：高压高温处理（工具、器皿、培养基等）；物理或化学处理；火烤后的物体；健康的动植物不与内外部表面接触的组织内部可能是无菌的（有时也有内生菌，但不会影响培养，也不会污染）。

（一）灭菌的方法

灭菌的方法有物理方法和化学方法两种。

物理方法：干热、湿热、过滤（0.25 μm）、紫外灯、超声波等。

化学方法：使用灭菌剂或抗菌素，如酒精、次氯酸钠、升汞、漂白粉、高锰酸钾、双氧水、福尔马林等。

各种灭菌方法及其使用范围见表 7-2。

表 7-2　各种灭菌方法及其使用范围

方法	使用范围
干热灭菌	玻璃器皿、器械
湿热灭菌	培养基、蒸馏水、器械、棉塞等
熏蒸灭菌	接种室、培养室
过滤灭菌	液体培养基、蒸馏水
药剂灭菌	培养材料
烧灼灭菌	器械、瓶口、棉塞、包头纸
辐射灭菌	接种室、培养间

（1）干热灭菌　适用于玻璃器皿和金属器械的灭菌。操作方法：150℃，40 min 或 120℃、120 min，如果发现芽孢杆菌，160℃，90～120 min。

（2）湿热灭菌　适用于各种器皿、培养基、器皿、蒸馏水、棉塞、纸等。121℃维持 20～30 min。

注意：加足水、排尽气、气压降到 0 时，才能开盖。

（3）过滤灭菌　培养基的灭菌一般用高压高温处理，但如果培养基中某些成分遇到高温分解（如某些生长调节剂 GA3、玉米素等），就需要过滤灭菌。另外酶、血清等也需要过滤灭菌。

灭菌方法：将生长调节剂或酶配成一定浓度，用注射器注入微孔滤膜虑，滤膜孔径 0.22～0.45 μm。配制培养基时，现将培养基高压灭菌，待降至 50℃左右时，加入适量的激素，然后分装。

（4）射线灭菌　主要是利用紫外灯进行照射，适合实验室空气、操作台等，灭菌时间 20～30 min。

注意：关灯后 5 min 后再进入。超净工作台关灯后要打开风机。

（5）火焰灼烧灭菌　用火焰灼烧达到灭菌目的，适用于接种器皿的灭菌。

（6）消毒剂　适用外植体、实验器皿、操作表面、皮肤等。

表 7-3　几种常用消毒剂的效果比较

消毒剂	使用浓度/%	消毒时间/min	效 果	残液去除难易
乙醇	70～75	0.1～3	好	易
新洁尔灭	10～20	5～30	好	易
氯化汞	0.1～1	2～15	最好	最难
过氧化氢	10～12	5～15	较好	最易
抗菌素	4～50 mg/L	30～60	较好	较难
次氯酸钙/钠	9～10	5～30	好	易

（7）熏蒸灭菌　长期不用的培养室或接种室要进行熏蒸。方法：甲醛、高锰酸钾熏蒸。

甲醛的用量通常按每立方米空间 2～6 mL 计算，高锰酸钾的用量是甲醛的一半。室内准备妥当后，把称好的高锰酸钾放在瓷碗或烧杯内（最好在碗或杯下面铺一张报纸，以利清洗），然后将甲醛也倒入碗或杯内，立即出屋关门。几秒钟后，甲醛溶液即沸腾挥发。高锰酸钾是一种氧化剂，当它与一部分甲醛作用时，由氧化反应产生的热可使其余的甲醛挥发为气体。

甲醛熏蒸接种室应至少在使用前 24 h 进行，熏蒸后密闭保持 4 h 以上再进入室内工作。甲醛对人的眼、鼻有强烈刺激作用。因此，可在使用前用氨进行中和。取与甲醛等量的氨水，倒在另一个烧杯里，迅速放入熏蒸室内，使甲醛和氨水发生中和反应，以消除甲醛味，减少对人体的刺激作用。使用氨水应在工作前 2 h 进行。

对有材料的培养室，也可以采用乙二醇加热熏蒸。

三、无菌操作技术

（1）实验器具和材料的准备。

（2）用 75%的酒精擦拭超净工作台，然后室内及超净工作台用紫外灯杀菌 20～30 min。

注意：台面上的用品不要放置太多或重叠放置，以免降低灭菌效果。

（3）关紫外灯、打开风机，过 5～10 min 进入缓冲间，以 75%洗手和手臂，更换无菌服、帽子和口罩。进入接种室（注：没有特别情况，尽量不要下工作台）。

（4）用 70%～75%的酒精拭擦台面并消毒双手。试验用具也应该用酒精消毒。点燃酒精灯，将金属器械在其火焰上灼烧，冷却待用。

注意：所有操作应在火焰近处并经过灼烧进行。金属器械不能过度灼烧，以防退火。移液管不能灼烧，培养瓶口、塑料材料、橡胶材料过火焰不能时间太长。

（5）取流水冲洗（至少 30 min）过的外植体，用一定的消毒剂浸泡消毒，用无菌水冲洗 3～4 次，放入无菌培养皿中，置于酒精灯火焰下方，用无菌的接种器械进行分离、切割或其他处理。

（6）打开培养瓶，瓶口在灯焰处旋转灼烧，用镊子将培养材料置于培养基上，灼烧镊子放回，灼烧瓶口，盖上瓶塞。

（7）用酒精擦洗工作台和手。进行下一轮操作。

注意：①进行培养时，动作要准确敏捷，但又不必太快，以防空气流动，增加污染机会。②不能用手触及已消毒器皿，如已接触，要用火焰烧灼消毒或取备品更换。③为拿取方便，工作台面上的用品要有合理的布局，原则上应是右手使用的东西放置在右侧，左手用品在左侧，酒精灯置于中央。④工作由始至终要保持一定顺序性，组织或细胞在未做处理之前，勿过早暴露在空气中。同样，培养液在未用前，不要过早开瓶；用过之后如不再重复使用，应立即封闭瓶口直立可增加落菌机会。⑤吸取营养液、细胞悬液及其他各种用液时，均应分别使用吸管，不能混用，以防扩大污染或导致细胞交叉污染。⑥工作中不能面向操作区讲话或咳嗽，以免唾沫把细菌或支原体带入工作台面发生污染。⑦手或相对较脏的物品不能经过开放的瓶口上方，瓶口最易污染，加液时如吸管尖碰到瓶口，则应将吸管丢掉（图 7-15～图 7-21）。

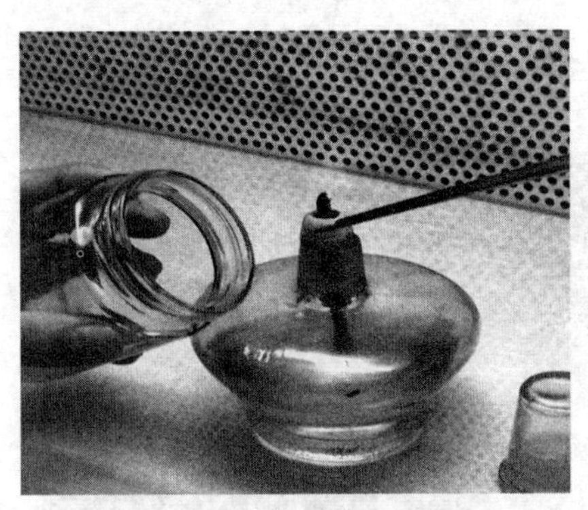

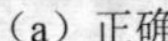

（a）正确

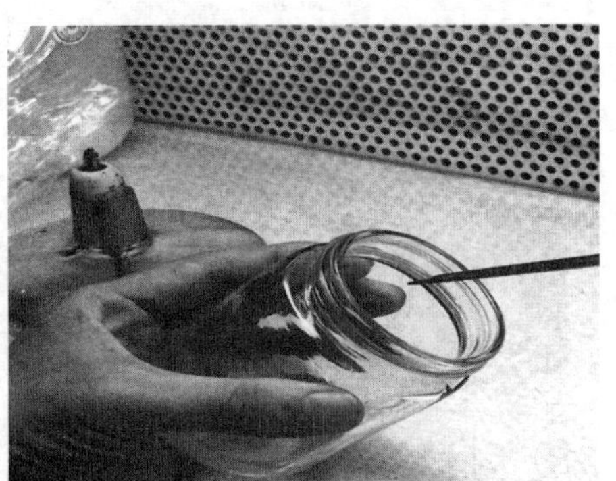

（b）错误

图 7-15 整个接种操作应在近火焰处进行且动作要迅速

（a）正确

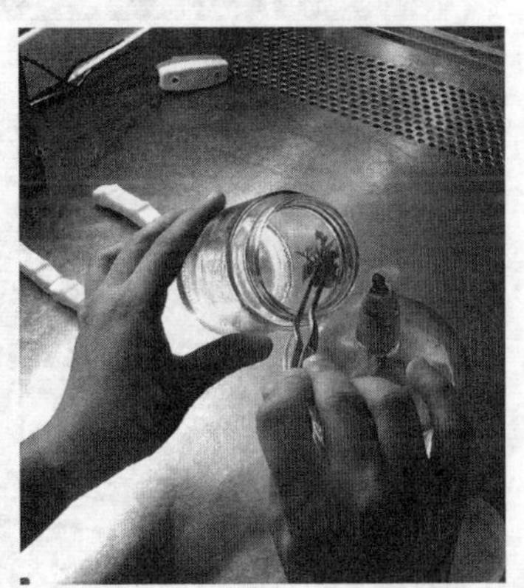

（b）错误

图 7-16 接种过程中尽可能达到悬空要求

（a）正确

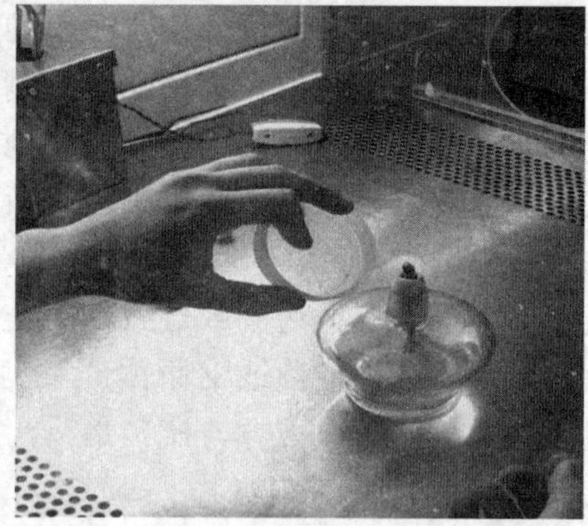
（b）错误

图 7-17　接种时不得用手接触瓶盖内壁或瓶口

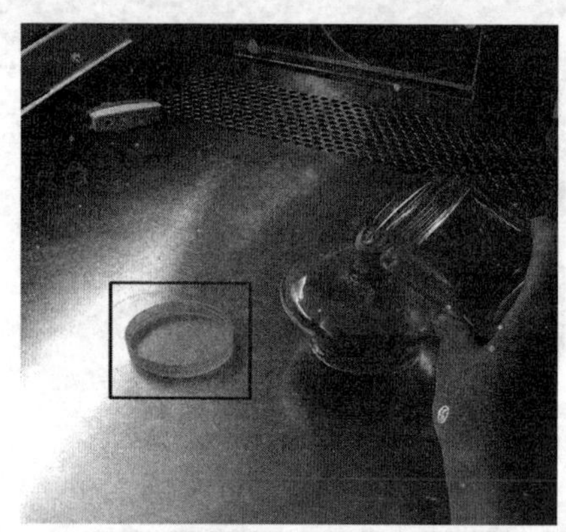
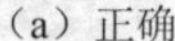
（a）正确

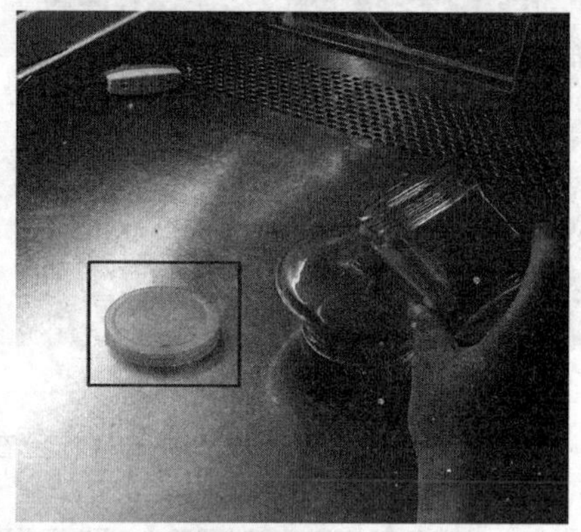
（b）错误

图 7-18　瓶盖朝上放，接种完毕后立即盖好瓶口

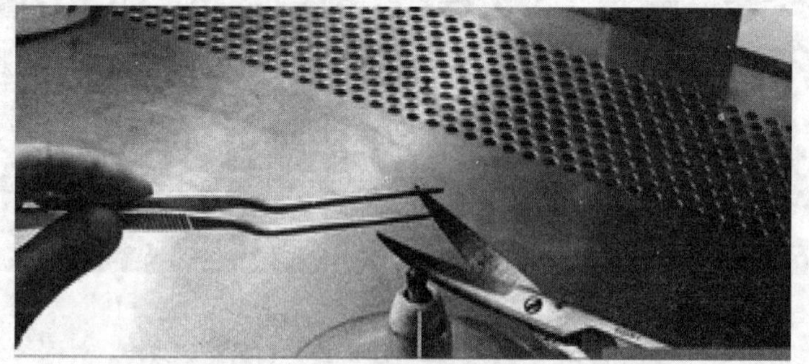

图 7-19　接种完一瓶用火烧用具以防止交叉污染产生

（a）正确

（b）错误

图 7-20 种子和分生组织

（培养时通常将其贴放在培养基表面，而不是插到培养基内部，以免供氧不足）

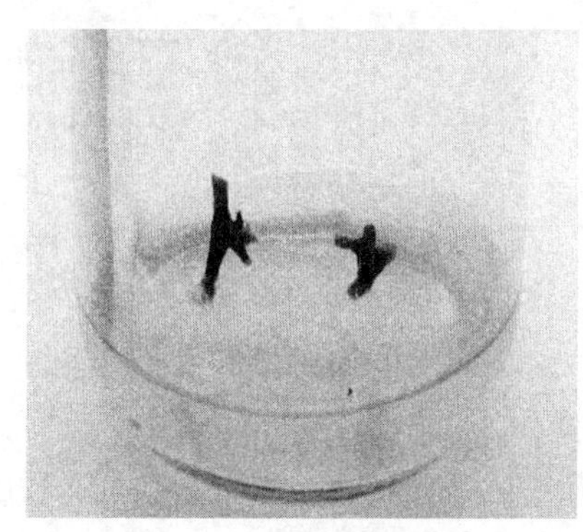

（a）正确

（b）错误

注：形态学下端插入培养基内，而形态学上端露于空气。

图 7-21 接种茎段

四、外植体的选择与处理技术

用于外植体分离的母体植物材料一般有 3 种来源：一是生长在自然环境下的植物；二是在温室控制环境条件下生长的植物；三是无菌环境下已经过离体培养的植物。

（一）外植体的选择

1．选择优良的基因型

试验首先要明确目的。例如，蔬菜、作物等的脱毒快繁，是为了脱去病毒，提高产量和质量，就应选择当地栽培确认的高产优质的品种作为脱毒的材料，并且品种一定要可靠。花卉、观赏植物的快繁，也应选择有价值的植物。

2．取材

从生长旺盛、健壮、无病虫害的植株上取材。母株代谢旺盛期切取的外植体再生能力强，试验容易成功。

选取合适的部位，包括：茎尖、茎段、皮层及维管组织、髓细胞、表皮、块茎的储藏薄壁细胞、花瓣、根、茎、子叶、鳞茎、胚珠和花药等。但是不同种类的植物以及同一植物的不同器官对诱导条件反应是不一致的，有的部位诱导分化率高，有的部位很难分化，或者分化频率很低。

3．外植体大小选择

因外植体不同而不同。如利用茎尖培养，茎尖大小对脱毒效果非常明显。再如幼胚培养，胚龄也非常重要。取材的大小根据不同植物材料而异。材料太大易污染，也不需要；材料太小，多形成愈伤组织，甚至难以成活。一般选取培养材料的大小在 0.5～1.0 cm。如果是胚胎培养或脱毒培养的材料，则应更小。

4．选择外植体的时期

外植体的生长动态往往与该物种的生长规律（生物钟）有关。因此，最好在植物生长的最适宜时期取材培养。会得到较好的结果。对于大多数植物而言，应在其生长的季节开始采样。在生长末期或已进入休眠期时取样，外植体可能对诱导反应迟钝或无反应，较难成活。

5．考虑器官的生理状态和发育年龄

一般认为，沿着植物的主轴，越向上的部分所形成的器官的生长时间越短，其生理年龄也相应越老，越接近发育上的成熟，越易形成花器官。反之，越向基部，其生理年龄越小。

一般情况下，幼年组织比老年组织具有较高的形态发生能力。随着组织年龄的增加，器官的再生能力逐渐减弱甚至完全失去再生能力。

（二）外植体的处理

1．取材母株的预处理

人工管理，促进母株生长旺盛、代谢活跃，从其上取材培养，容易成功。

2．外植体休眠的处理

有些植物的种子、幼胚或芽，存在休眠。为了打破休眠，可利用低温处理，或赤霉素等化学物质处理。因植物不同处理温度和时间有所不同。

3．组织内生菌的处理

（1）加入抗生素，注意抗生素的用量，高浓度容易造成培养物的死亡。

（2）取生长期旺盛的生长点部位作为起始培养的外植体。

（3）取被内生菌污染的培养物的茎尖不停地转接。

五、培养基的成分及其配制

（一）培养基的成分及其作用

1．无机营养物质

除了 C、H、O 之外，需要量比较多的元素叫大量元素，需要量比较少的元素叫微量元素。

（1）大量元素　培养基的大量元素使用量一般在每升几十至几千毫克。大量元素包括 N、P、K、Ca、Mg、S。培养基中加入量最多的是氮，氮一般以硝酸盐或氨盐，或者两者结合的盐提供。

（2）微量元素　微量元素的用量一般每升不高于几十毫克。植物所需的微量元素有 Fe、Cu、Zn、B、Mo、Mn、Co、Cl。其他一些化学药品常带有微量元素杂质，因此要注意微量元素的用量不能过多，多会引起生长抑制等毒害现象。

2．有机化合物

有机物质包括维生素类物质、氨基酸类物质、糖类物质和一些其他的有机添加物。

（1）维生素类物质　维生素类物质在酶系统中有催化功能。

硫胺素（VB_1）与愈伤组织的产生和生活力有关，可能是所有植物组织培养初期需要的维生素，而盐酸吡哆醇（VB_6）促进根的生长，烟酸（VB_3，又称维生素 PP）促进胚的发育。有的配方中还使用了泛酸钙（VB_5）、生物素（VH）、钴胺素（VB_{12}）、叶酸（VBc），VC 等。

（2）AA 类物质　绝大多数 AA 适量时对培养效果都有正象效应。常用的有 Gly、Asn、Gln。在植物组织培养中，有时也用水解乳蛋白和水解酪蛋白。

（3）糖类　为细胞提供合成新物质的碳骨架；为细胞的呼吸代谢提供底物和能量；维持渗透压；蔗糖是广泛应用的一种碳源。葡萄糖和麦芽糖也是常用的碳源。

（4）其他有机物质

①肌醇（环己六醇）。肌醇可以形成果胶物质，是细胞壁的构建物质。另外还可以形成植酸，与阳离子结合或形成磷脂，参与细胞膜的组成，利于胚和芽的形成。

②天然有机物。一些天然的有机物如椰乳、番茄提取物、酵母提取物、马铃薯煮汁，也常用于植物组织培养，并表现出了良好的促进作用。

3．植物生长调节物质

植物激素是在植物体内合成的，是对植物生长发育有显著调节作用的微量有机物，而植物生长调节剂是外源的调节植物生长发育的物质。

无机元素和有机营养构成的培养基仅保证培养物的生存与最低生理活动，只有加入植物生长调节物质，才能诱导细胞分裂、脱分化和再分化。

（1）生长素类

吲哚类：IAA（吲哚乙酸）、IBA（吲哚丁酸）、IPA（吲哚丙酸）。

萘酸类：NAA（萘乙酸）。

苯氧羧酸类：2,4-D（2,4-二氯苯氧乙酸）、2,4,5-T（2,4,5-三氯苯氧乙酸）、2,4,5-T_P（2,4,5-三氯苯氧丙酸）等。

其中吲哚乙酸在植物体内普遍存在，是生理活性最强的生长素。能促进细胞生长和细胞分裂；诱导受伤组织表面细胞恢复分裂能力；形成愈伤组织，促进生根；与一定量的细胞分裂素配合，共同诱导不定芽的分化、侧芽的萌发与生长、胚状体的诱导（图 7-22）。

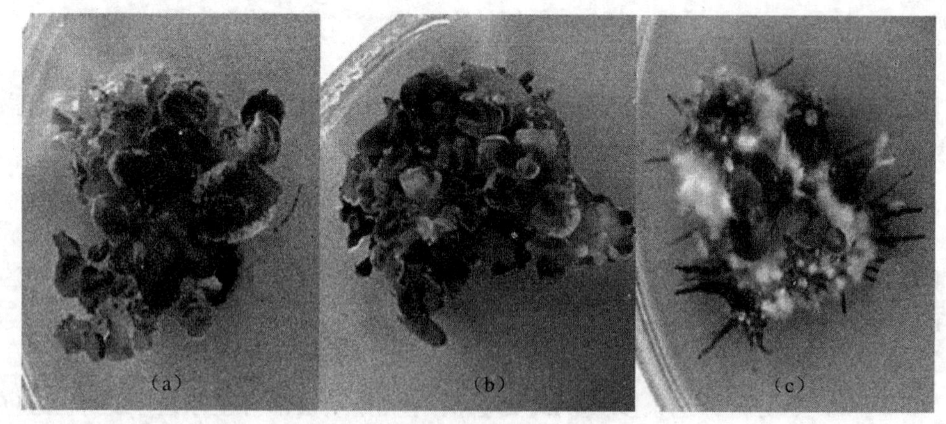

（a）NAA 0 mg/L，芽（少），根（无）

（b）NAA 0.1 mg/L，芽（少），根（无），愈伤组织（少量）

（c）NAA 5.0 mg/L，芽（少），根（多），愈伤组织（一定量）

图 7-22　不同生长素情况

（2）细胞分裂素　是一类腺嘌呤衍生物。主要有激动素（6-糠基氨基嘌呤 KT）、6-苄基氨基嘌呤（6-BA）和玉米素（ZT）等。其中最常用的是 6-苄基氨基嘌呤（图 7-23）。

（a）BA（0 mg/L），芽（减少），根（增多）愈伤组织（一定量）

（b）BA（0.1 mg/L），芽（适量），根（适量）愈伤组织（一定量）

图 7-23　不同细胞分裂素情况下

功能：促进细胞的分裂和分化；诱导芽的分化；促进侧芽的萌发和生长；抑制衰老。

分裂素/生长素的比例是控制芽和根形成的一个重要条件。比例高时——产生芽，比例低时——产生根。

（3）赤霉素（GA_3）　诱导茎的细胞伸长，对矮生型植物恢复成高生型特别有效，对根无效；对形成层的细胞分化有影响，往往同生长素有协同作用。IAA/GA 比值高有利于木质部的分化，比值低有利于韧皮部的分化；破除种子、鳞茎、块茎休眠，使之提前萌发；对生长素和细胞分裂素的活性有增效作用。

注：不耐热，应采用过滤灭菌加入。

（4）脱落酸（ABA）　抑制蛋白质的合成；抵消和抑制生长素、细胞分裂素、GA 的作用；诱导休眠、促进衰老和脱落。

以上四种生长调节物质，前两类用得多，后两类只是补充，对某些植物有利、对某些植物不仅没有利，还有害，实际工作中要具体分析。生长调节物质在生物体内存在甚微，浓度很低，一般用 ppm 表示，1ppm=1 mg/L。

4．固化剂和悬浮剂

（1）固化剂　琼脂、琼脂糖（用于原生质体、细胞培养及某些作物的花药培养）。

琼脂的用量一般在 4～10 g/L，所购回的琼脂要先试一下它的凝固力，一般只要能稳定的凝固就不要多加。琼脂以颜色浅、透明度好、洁净的为上品。

（2）悬浮剂　Ficoll（聚蔗糖）。

（二）培养基的种类

（1）根据无机盐的浓度

①高无机盐含量培养基。钾盐、铵盐及硝酸盐含量较高，微量元素种类齐全，比例适当，离子平衡性好，具有较强的缓冲性，养分数量及比例比较合适，广泛用于植物的器官、花药、细胞及原生质体的培养。主要有 MS、LS、BL、BM、ER 培养基。

②高硝态氮培养基。硝酸钾含量高，氨态氮的含量低，含有较高的 VB_1。主要适合与木本植物、十字花科植物和单子叶植物的组织和花药培养。主要有 B5、N6、SH 培养基。

③中等无机盐含量培养基。大量元素约为 MS 培养基的一半，微量元素种类减少，但含量较 MS 的高，维生素种类比 MS 多，如增加了生物素、叶酸等。适合于花药培养，主要有 Nitch，NT、H、Miller 培养基。

④低无机盐含量培养基。大量元素含量大幅度降低而且种类减少，有机含量相对也很低。多数用于生根培养基，主要有 White、Heller、WS、HE、HB。

（2）根据培养物的培养过程　培养基分为初代培养基（用来第一次接种外植体的培养基）和继代培养基（用来接种初代培养物的培养基）。

（3）根据其作用不同　培养基分为诱导培养基、增殖培养基、生根培养基。

（4）根据其营养水平不同　培养基可分为基本培养基和完全培养基。

基本培养基（就是通常称呼的培养基）主要有 MS、White、N6、B5、改良 MS、Heller、Nitsh、SH、Miller 等。

完全培养基就是在基本培养基的基础上，根据试验的不同需要，附加一些物质，如生长调节物质和其他复杂有机物质等。

（三）培养基的筛选

无机营养成分：一般在现有培养基配方中选择。可以参考前人的经验，例如，MS 是广谱性培养基，N6 用于单子叶植物的培养。豆科多用 B5 培养基。

植物生长调节剂：必须进行筛选试验。总体原则——当诱导愈伤组织形成时，细胞分裂素和生长素相对平衡；诱导芽分化时，细胞分裂素水平应高于生长素，诱导根则要低。

有机成分要根据培养类型考虑，如进行器官和组织培养，一般不加复杂有机成分，而进行细胞和原生质体培养则要加。

（四）培养基的配制

1．储备液（母液）的配制

（1）大量元素母液的配制

各成分按照表 7-4 培养基浓度含量扩大 10 倍，按顺序逐步混合。后用蒸馏水定容到 1 000 mL 的容量瓶中，即为 10 倍的大量元素母液。倒入细口瓶，贴好标签保存于冰箱中。配制培养基时，每配 1L 培养基取此液 100 mL。

表 7-4 MS 培养基大量元素母液制备

序号	药品名称	培养基浓度/（mg/L）	扩大 10 倍称量/mg	
1	NH_4NO_3	1 650	16 500	蒸馏水定容至 100 mL
2	KNO_3	1 900	19 000	
3	$CaCl_2 \cdot 2H_2O$	440	4 400	
4	$MgSO_4 \cdot 7H_2O$	370	3 700	
5	KH_2PO_4	170	1 700	

注意：①某些无机成分如 Ca^{2+}、SO_4^{2-}、Mg^{2+}和 $H_2PO_4^-$等在一起可能发生化学反应，产生沉淀物。为避免此现象发生，母液配制时要用纯度高的重蒸馏水溶解，药品采用等级较高的分析纯，各种化学药品必须先以少量重蒸馏水使其充分溶解后才能混合，混合时应注意先后顺序。特别应将 Ca^{2+}、SO_4^{2-}、Mg^{2+}和 $H_2PO_4^-$等离子错开混合，速度宜慢，边搅拌边混合。②$CaCl_2 \cdot 2H_2O$ 要在最后单独加入，在溶解 $CaCl_2 \cdot 2H_2O$ 时，蒸馏水需加热沸腾，除去水中的 CO_2，以防沉淀。另外，$CaCl_2 \cdot 2H_2O$ 放入沸水中易沸腾，操作时要防止其溢出。

（2）微量元素母液的配制　MS 培养基的微量元素无机盐由 7 种化合物（除 Fe）组成。微量元素用量较少，特别是 $CuSO_4 \cdot 5H_2O$、$CoCl_2 \cdot 6H_2O$，因此在配制中分微量Ⅰ、Ⅱ配制。按照表 7-5 和表 7-6 配方，用感量为 0.000 1 g 的分析天平称量，其他同大量元素。配制培养基时，每配制 1 L 培养基，取微量Ⅰ10 mL，微量Ⅱ1 mL。

表 7-5 MS 培养基微量Ⅰ的配制

序号	药品名称	培养基浓度/（mg/L）	扩大 100 倍称量/mg
1	$MnSO_4 \cdot 4H_2O$	22.3	2 230
2	$ZnSO_4 \cdot 7H_2O$	8.6	860
3	H_3BO_3	6.2	620
4	KI	0.83	83
5	$Na_2MoO_4 \cdot 2H_2O$	0.25	25

表 7-6 MS 培养基微量Ⅱ的配制

序号	药品名称	培养基浓度/（mg/L）	扩大 1 000 倍称量/mg
1	$CuSO_4 \cdot 5H_2O$	0.025	25
2	$CoCl_2 \cdot 6H_2O$	0.025	25

（3）铁盐母液的配制　铁盐不是都需要单独配成母液，如柠檬酸铁，只需和大量元素一起配成母液即可。目前常用的铁盐是硫酸亚铁和乙二胺四乙酸二钠的螯合物，必须单独配成母液。这种螯合物使用起来方便，又比较稳定，不易发生沉淀。配制方法同上，直接用蒸馏水加热搅拌溶解。配制培养基时，配制 1L 取此液 10 mL（表 7-7）。

表 7-7 MS 铁盐母液的配制

序号	化合物名称	培养基浓度/（mg/L）	扩大 100 倍称量/mg
1	Na_2-EDTA	37.3	3 730
2	$FeSO_4 \cdot 7H_2O$	27.8	2 780

在配制铁盐时，如果加热搅拌时间过短，会造成 $FeSO_4$ 和 Na_2EDTA 螯合不彻底，此时若将其冷藏，$FeSO_4$ 会结晶析出。为避免此现象发生，配制铁盐母液时，$FeSO_4$ 和 Na_2EDTA 应分别加热溶解后混合，并置于加热搅拌器上不断搅拌至溶液呈金黄色（加热 20～30 min），调 pH 至 5.5，室温放置冷却后，再冷藏。

（4）有机母液的配制　MS 培养基的有机成分有甘氨酸、肌醇、烟酸、盐酸硫胺素和盐酸吡哆素。培养基中的有机成分原则上应分别单独配制。配制直接用蒸馏水溶解，注意称量时用电子分析天平。并储存在棕色无菌瓶中。配制生物素、叶酸，用稀氨水溶解，然后定容。

（5）植物生长调节剂母液配制　一般植物生长调节剂母液配制的终浓度以0.5 mg/mL为好，需要注意的是：

①配制生长素类，例如IAA、NAA、IBA，应先用少量95%乙醇或无水乙醇充分溶解，或者用1 mol/L的NaOH溶解，然后用蒸馏水定容到一定的浓度。以后者效果好。

②细胞分裂素，例如KT，应先用少量95%乙醇或无水乙醇加3～4滴1 mol/L的盐酸溶解，或直接用1 mol/L HCl溶解，再用蒸馏水定容。

③GA3以95%酒精溶解（不耐高温，过滤灭菌）。

④保存在棕色试剂瓶中。

注意：所有母液都要贴上标签，注明名称、配制倍数、日期，所有的母液都应保存在0～4℃冰箱中，若母液出现沉淀或霉团则不能继续使用。

在培养基的配制过程中，常需要用氢氧化钾或氢氧化钠和盐酸来调整培养基的酸碱度。

1 mol/L KOH液的配制　称取57.1 g KOH，加蒸馏水至1 000 mL。

1 mol/L NaOH液的配制　称取40 g NaOH，加蒸馏水至1 000 mL。

1 mol/L HCl液的配制　取浓盐酸（相对密度1.19）82.5 mL加蒸馏水至1 000 mL。

配制时先将浓盐酸缓缓加入约800 mL的蒸馏水中，然后用蒸馏水补足至1 000 mL。

2．计量

根据配制培养基的量和母液的浓度计算需要吸取母液的量，计算公式：

吸取量（mL）=培养基中物质的含量（mg/L）×1 000 mL/母液浓度（mg/L）

3．移液

取医用瓷缸一只，加入少量的蒸馏水，按照计算吸取母液的量依次吸取各母液置于医用瓷量杯中备用。

注意：①用量筒或移液管量取培养基母液之前，必须用所量取的母液将量筒或移液管润洗两次。②量取母液时，不要漏掉或多加。③移液管不能混用。

4．称取琼脂蔗糖备用

5．融化

用搪瓷量杯量取600～700 mL的蒸馏水放在电炉上，加入琼脂，边加热边用玻璃棒搅拌，直到液体呈半透明状将其取下，加入蔗糖。大烧杯底的外表面不能沾水，否则加热时烧杯容易炸裂，使溶液外溢，造成烫伤。

6．混合

将融化的琼脂和母液充分混合，用蒸馏水定容到 1 000 mL，来回混合几次。

7．调 pH

用滴管吸取物质的量浓度为 1 mol/L 的 NaOH 或 HCl 溶液，逐滴滴入溶化的培养基中，边滴边搅拌，并随时用精密的 pH 试纸（5.4～7.0）测培养基的 pH，一直到培养基的 pH 达到要求为止（在调制时要比目标 pH 偏高 0.2～0.5 个单位，因为培养基在灭菌过程中由于糖等物质的降解，pH 会下降 0.2～0.5 个单位）。

8．分装

溶化的培养基应该趁热分装。注意不要让培养基沾到瓶口和瓶壁上。锥形瓶中培养基的量为锥形瓶容量的 1/5～1/4。每 1 L 培养基，可分装 20～30 瓶。

9．包扎

用封口膜封口，外边可加一层牛皮纸，扎好绳子，用铅笔或碳素墨水笔在牛皮纸上标注培养基的代号。

10．培养基的灭菌

（五）培养条件的选择

培养中温度、光照、湿度等各种环境条件，培养基组成、pH、渗透压等各种化学环境条件都会影响组织。

1．光照的影响

培养中光照也是重要的条件之一，主要表现在光强、光质以及光周期等方面。光周期的需要与否，应根据植物种类、培养的目的来决定。

离体培养中光周期的调节，最常用的周期是 16 h 的光照，8 h 的黑暗。愈伤组织诱导阶段，一般采用三种做法：全暗、周期性光照、散射性光照。依据植物种类不同，做法不同，多数植物适合全暗或周期性光照，器官发生阶段：一般给予周期性光照比较好。

光照强度对培养细胞的增殖和器官的分化有重要影响，从目前的研究情况看，光照强度对外植物体、细胞的最初分裂有明显的影响。

一般来说，光照强度较强，幼苗生长粗壮，而光照强度较弱幼苗容易徒长。

离体培养条件下常用的光量，一般为 1 000～4 000 lx。离体培养中通常难以达到 4 000 lx，一般光量在 2 000～3 000 lx。光照强度的高低直接影响器官分化的频率，高光量可以降低植物体内生长素水平，低光量使植物体内生长素水平较高，容易生根。

光质对愈伤组织诱导，培养组织的增殖以及器官的分化都有明显的影响。如百合珠芽在红光下培养，2 周后，分化出愈伤组织。但在蓝光下培养，几周后才出现愈伤组织，而唐菖蒲子球块接种 15 d 后，在蓝光下培养首先出现芽，形成的幼苗生长旺盛，而白光下幼苗纤细。离体培养条件下，一般用日光灯进行光照，光谱成分主要是蓝紫光，波长为 419～467 nm。对芽分化有效光谱成分为蓝紫光，根分化则受 600～680 nm 所刺激。

2．温度的影响

培养都是在 23～27℃进行，一般采用（25±2）℃。

喜温性植物：茄科、禾本科、兰科等。培养温度一般控制在 26～28℃；冷凉性植物：百合科、十字花科、菊科等。通常培养温度控制在 18～22℃或＜25℃。

3．湿度的影响

组织培养中湿度的影响有两个方面：一是培养容器内的湿度条件，容器内主要受培养基水分含量和封口材料的影响；二是环境的湿度条件。环境的相对湿度一般要求 70%～80%。常用加湿器或经常洒水的方法来调节湿度。

4．pH

不同的植物对培养基最适 pH 的要求也是不同的（表 7-8），大多在 5.5～6.5，一般培养基要求 pH 为 5.8，这基本能适应大多数植物培养的需要。

表 7-8 不同植物对培养基最适 pH 的要求

种类	最适 pH	种类	最适 pH
杜鹃	4.0	月季	5.8
越橘	4.5	胡萝卜、石刁柏	6.0
蚕豆	5.5	桃	7.0
番茄、葡萄	5.7		

一般来说 pH 高于 6.5 时，培养基全变硬；低于 5 时，琼脂不能很好地凝固。因为高温灭菌会降低 pH（0.2～0.3 个 pH），因此在配制时常提高相应的 pH。

5．渗透压

培养基中由于有添加的盐类、蔗糖等化合物，因此影响到渗透压的变化。通常 1～2 个大气压对植物生长有促进作用，2 个大气压以上就对植物生长有阻碍作用，而 5～6 个大气压植物生长就会完全停止，6 个大气压植物细胞就不能生存。

培养基各种物质中，糖对培养基渗透压起决定性作用。因此调节渗透压往往从调节糖浓度着手。糖除了作为渗透压调节物质外，还是培养基重要的碳源和能源。另外，甘露醇、山梨醇等也可以作为调节物质。

6. 气体

氧气是培养中必需的要素，瓶盖封闭时要考虑通气问题，可用附有滤气膜的封口材料。通气最好的是棉塞封闭瓶口，但棉塞易使培养基干燥，夏季易引起污染。固体培养基可加进活性炭来增加通气度，以利于发根。培养室要经常换气，改善室内的通气状况。液体振荡培养时，要考虑振荡的次数、振幅等，同时要考虑容器的类型、培养基等。

六、初代培养

（一）外植体的消毒灭菌

从外界或室内选取的植物材料，都不同程度地带有各种微生物。这些污染源一旦带入培养基，便会造成培养基污染。因此，植物材料必须经严格的表面灭菌处理。一要把材料上的病菌消灭，同时又不损伤或只轻微操作材料而不影响其生长。

1. 流水冲洗

（1）将采来的植物材料就地套袋、修整，除去不用的部分。剪切时，不同材料剪切要求不一样。叶片 0.5 cm×0.5 cm；微茎尖 0.2～0.5 mm；带节茎段 0.5～1.0 cm；芽丛分离（图 7-24）。

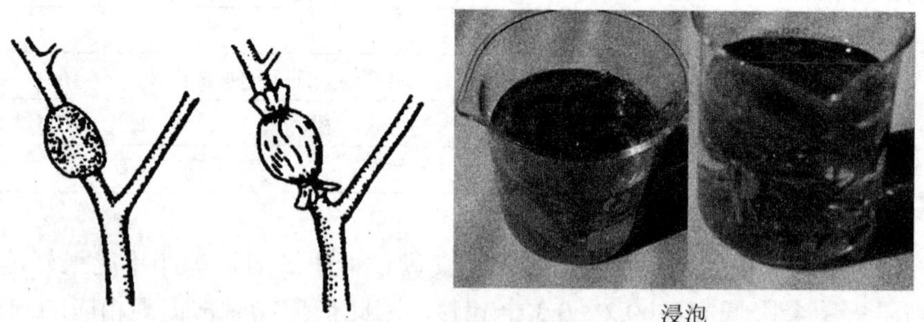

图 7-24 外植体的套袋、修整、浸泡

（2）将需要的部分仔细洗干净，可用适当的刷子刷洗。

（3）把材料切割成适当大小。置自来水龙头下流水冲洗几分钟至数小时。

（4）易漂浮或细小的材料，可装入纱布袋内冲洗。

洗衣粉等可除去轻度附着在植物表面的污物，除去脂质性的物质。

要在超净台或接种箱内完成，准备好消毒的烧杯、玻璃棒、70%酒精、消毒液、无菌水、手表等。

2．常用的消毒剂

外植体消毒剂效果比较见表 7-9。

表 7-9 外植体消毒剂效果比较

消毒剂	使用浓度	难易程度	消毒时间/min	效果
次氯酸钙	9%～10%（有效成分）	易	5～30	很好
次氯酸钠	2%	易	5～30	很好
漂白粉	饱和溶液	易	5～30	很好
溴水	1%～2%	易	2～10	很好
过氧化氢	10%～12%	最易	5～30	好
氯化汞	0.1%～1%	较难	2～10	最好
酒精	70%～75%	易	0.2～2	好
抗生素	4～5 mg/L	中	30～60	较好
硝酸银	1%	较难	5～30	好

3．消毒灭菌

不同器官的灭菌顺序见表 7-10。

表 7-10 不同器官的灭菌顺序

器官	灭菌顺序		
	灭菌前	药剂浓度和时间	灭菌后
茎尖	严格清洗	70%酒精浸 3～5 min 倒出，再用 01%～0.2%升汞加 1～2 滴吐温-20，浸 8～10 min 倒出	用无菌蒸馏水冲洗 3～4 次，接种培养
腑芽	严格清洗	70%酒精浸 3～5 min 倒出，再用 01%～0.2%升汞加 1～2 滴吐温-20，浸 20～30 min 倒出	用无菌蒸馏水冲洗 3～4 次，接种培养
花蕾		70%酒精浸 6～7 min 倒出，再用 0.2%升汞加 1～2 滴吐温-20，浸 8～10 min 倒出	用无菌蒸馏水冲洗 3～4 次，取花药接种培养
种子	在 50～52℃温汤浸种，然后在 28℃下维持一定时间，使种皮软化	70%酒精浸 3～5 min 倒出，再用 0.2%升汞加 1～2 滴吐温-20，浸 20～30 min 倒出	用无菌蒸馏水冲洗 3～4 次后，在培养基上无菌发芽

（二）外植体的接种

已消毒的外植体经无菌操作，接到培养基上，这一过程叫作接种。

（1）接种室的消毒。无菌操作室的地面、墙壁和工作台的灭菌可用 2%的新洁尔敏或 70%的酒精擦洗，然后用紫外灯照射约 20 min。使用前用 70%酒精喷雾，使空间灰尘落下。一年中要定期 1～2 次用甲醛和高锰酸钾熏蒸。

（2）接种人员进入接种室前必须先洗手，在缓冲间换鞋，穿上灭菌的白色工作服，戴上口罩等，进行操作前再用 70%的酒精擦洗双手。

（3）关紫外灯，开日光灯，操作期间经常用 70%的酒精擦拭双手和台面。特别注意防止“双重传递” 污染，如器械被手污染后又污染培养基。

（4）用酒精棉球擦拭接种工具，再将工具从头至尾过火一遍，然后反复过火尖端处，对培养皿要过火烤干。

（5）打开培养瓶或试管等时，打开前用火焰灼烧瓶口，接种后，可用纸包扎瓶口和塞子，以遮盖瓶子颈部和试管口，减少污染机会。

（6）用具每次用都要及时灭菌，避免交叉污染。

（7）操作过程中要避免灰尘落入，尽量把盖子盖好，打开瓶子或试管时，应拿成斜角，以免灰尘落入瓶中。刀、剪、镊子等用具，一般在使用前浸泡在 95%酒精中，用时在火焰上灭菌，待冷却后使用。

（8）接种完毕后清理工作台。

（三）外植体的启动培养

外植体第一次接种所用的培养基，根据外植体诱导何种繁殖类型来决定。不同植物、器官所诱导的繁殖类型，应用的培养基不同，配制与其相适应的培养基，才能获得最理想的结果。

接种后的外植体送到试管无菌培养间培养。外植体的前期培养，温度掌握在 25～27℃，光照为 8～10 h/d，经 7～10 d 观察，没有发现霉菌、细菌生长，则说明无菌培养物建立成功，可进行继代培养、扩大繁殖。

七、继代扩繁

（一）试管苗的增殖培养

试管苗增殖培养也叫继代培养，是实现植物快速繁殖的重要环节。这一阶段的培养目的是在较短的时间内繁殖大量有效的芽和苗。初代培养的结果往往可以得到不定芽、再生芽、原球茎或胚状体等，但数量非常有限，还要进行增殖培养。增殖培养时选用的培养基可以和初代培养的一样，也可以略加调整，调整与否取决于增殖率，如果增殖率高，细胞分裂素的浓度可不作调整，加入适量的生长素类激素，以促进生根和防止玻璃化苗的大量发生。如果增殖率低，要调整细胞分裂素的用量，常常是提高细胞分裂素的含量。继代培养周期由分化和生长速度而定，当不定芽长满瓶时，或者培养基的养分快消耗尽时，要及时继代培养，继代周期一般为4～6周。继代培养的次数和规模要根据生产计划来确定。

（二）试管苗的生产量

由于试管苗在接近理想的条件下生长分化，不受季节的限制，并且有人认为提供的外源植物激素的促进，增殖速度很快。在生长分化过程中，经过几个周期的培养，通常按接种的繁殖体块数或培养瓶数计算，看能得到多少个中间繁殖体，或得到多少瓶繁殖体，这两种方法都比较准确。掌握每一周期（从接种当天到再次可供接种的当天）需要多少天，每一周期每一瓶能接种多少瓶（每周期都能稳定地达到），每瓶有多少苗，根据这几个基本数字即可计算。

八、生根培养与驯化移植

（一）试管苗的壮苗、生根

试管苗的生根培养是使无根苗生根形成完整植株的过程，这个过程的目的就是使试管苗生出浓密而粗壮的不定根，以提高试管苗对外界环境的适应力及驯化移栽的成活率，获得更多高质量的商品苗。试管苗的生根一般需转入生根培养基中或直接栽入基质中促进其生根，并进一步长大成苗。试管苗的生根可分为试管内生根和试管外生根两种方式。

1．试管内生根

诱导生根的基本培养基，一般需要降低无机盐浓度以利于根的分化，常使用低浓度的MS培养基，如使用1/2MS、1/3MS或1/4MS的基本培养基。

矿质元素的种类对生根也有一定的影响。对大多数植物而言，大量元素中NH_4^+多不利于发根；生根培养一般需要磷和钾元素，但不宜太多；Ca^{2+}一般有利于根的形成和生长；微量元素中以硼（B）、铁（Fe）对生根有利。

此外，糖的浓度对试管苗的生根也有一定的影响，一般低浓度的蔗糖对试管苗的生根有利，且有利于提高生根苗的移栽成活率，其使用浓度一般在1%～3%。

在试管苗不定根的形成中，植物生长调节剂起着决定性的作用，一般各种类型的生长素均能促进生根，生根培养中常用的生长素主要为 IBA、NAA、IAA 和 2,4-D 等，其中 IBA、NAA 使用最多。

2．试管外生根

所谓试管外生根，就是将组织培养中茎芽的生根诱导同驯化培养结合在一起，直接将茎芽扦插到试管外的有菌环境中，边诱导生根边驯化培养。

试管外生根将试管苗的生根阶段和驯化阶段结合起来，省去了用来提供营养物质并起支持作用的培养基，以及芽苗试管内生根的传统程序。不仅减少了一次无菌操作的步骤，提高了培养空间的利用率，同时又简化了组培程序，解决了组织培养工厂化育苗生根的难题，可降低生产成本、提高繁殖系数。一般认为诱导试管苗生根过程的费用占总费用的 35%～75%，而采取瓶外生根技术可以减少生根总费用的 70%左右。但是，瓶外生根率比瓶内生根率略低，其主要原因为试管苗从无菌状态的高温、高湿、弱光的环境过渡到有菌状态的自然条件，一些弱苗、小苗因不适应环境条件的变化而导致死亡。常见的情况主要有两种，一种为基部湿度过大导致基部得病腐烂而死，另一种为植株缺水叶片失水萎蔫而死，因此在进行试管外生根时要特别注意水分的控制。一般只要严格控制幼苗质量和环境因素，瓶外生根率与瓶内生根率可以不相上下，甚至可高出瓶内生根率。

不同的植物、不同的基因型、不同的幼化程度对分化不定根均有决定性的影响。一般木本植物比草本植物难，只有多次继代后才能生根，且年龄越小生根越容易，另外生长旺盛健壮的苗也较生长细弱的苗生根力强。

因此，通过多次继代，并采用半木质化、叶片肥厚、茎秆粗壮的无根苗可获得较高的生根率。

（二）试管苗的特点

1．试管苗的特点主要是高温、高湿、弱光、异养和无菌

（1）高温且恒温　在植物试管苗整个生长过程中，通常均采用恒温培养（25℃±2℃）；而外界环境条件、温度处于不断变化之中，温度的调节完全是由自然界太阳辐射的日辐射量决定的，温差很大，而且一般不会达到 25℃±2℃。

（2）高湿　植物组织培养中试管或培养瓶内的水分移动有两条途径：一是试管苗吸收的水分从叶面气孔蒸腾；二是培养基向外蒸发，而后水汽凝结又进入培养基。

这种循环就是培养瓶内的水分循环，其循环的结果造成培养瓶内空气的相对湿度接近于 100%，远远大于培养瓶外的空气湿度，所以试管苗的蒸腾量极小。

可见培养瓶内的水分状态直接影响着试管苗的生长和各种生理活性。

（3）弱光　组织培养中的光强与太阳光相比一般很弱，故幼苗一般生长也较弱，经受不了太阳光的直接照射。

（4）无菌　不仅培养基无菌，而且试管苗也无菌。在移栽过程中试管苗要经历由无菌向有菌的转换。这一点若不注意，也会引起试管苗移栽过程中的死亡。

2．试管苗的缺点

（1）形态解剖方面　①无根毛；根与茎的输导不相连；②叶的角质和蜡质层不发达，容易蒸腾失水；无表皮毛，保水和反光能力差；叶细胞结构疏松；叶气孔突出，张大；叶存在排水孔。

（2）生理功能方面　叶片表面极易散失水分；气孔不能关闭；叶光合能力低，CO_2固定能力差。

另外，试管苗还处在一种特殊的气体环境中。

以上这些特点都决定了试管苗移栽前的环境条件与移栽后的外界环境条件有极大的差异，只有有效地使试管苗适应这种差异，才能使之移栽成活，因而这就需要试管苗有一定的驯化时期。

（三）试管苗的驯化

1．驯化的目的

提高试管苗对外界环境条件的适应性，提高其光合作用的能力，促使试管苗健壮，最终提高试管苗的移栽成活率。

2．驯化的原则

（1）应从温度、湿度、光照及有无菌态等环境要素进行；

（2）驯化开始数天内，应和培养时的环境条件相似；

（3）驯化后期，则要与预计的栽培条件相似，从而达到逐步适应的目的。

3．驯化即炼苗的方法

（1）将长有完整试管苗的容器由培养室转移到半遮阴的自然光下进行锻炼，在自然光下恢复植物体内叶绿体的光合作用能力和健壮度，并打开瓶盖注入少量自来水使幼苗逐渐降低温度，转向有菌，使得幼苗周围的环境逐步与自然环境相似。

（2）取出试管苗，移栽到合适基质中。

（3）一段时间后，移栽到大田土壤中。

（4）驯化一般进行 1～2 周。

（四）试管苗的移植

试管苗的移栽往往和驯化同步。移栽的方法有：常规移栽法、直接移栽法和嫁接移栽法。要求移植基质要疏松透气，有适宜的保水性，易于灭菌处理，不利于杂菌滋生，常用珍珠岩、椰糠、蛭石、细沙、泥炭、锯木屑等。

1．常规移栽法

常规移栽法是指将试管苗在生长素浓度高的培养基上诱导生根，当获得大量的不定根后，打开培养瓶注入少量自来水，在半遮光下驯化 3～5 d，然后取出洗去培养基，移栽到无菌的混合土（如沙子：蛭石=1：1）中，保持一定的温度和水分，当长出 2～3 片新叶时就可将其移栽到田间或盆钵的方法。

2．直接移栽法

直接移栽法是指直接将试管苗移栽到盆钵的方法。

3．嫁接移栽法

嫁接移栽法是指选取生长良好的同一植物的实生苗或幼苗作砧木，用试管苗作接穗进行嫁接的方法。

嫁接移栽法移栽棉花试管苗的效果见表 7-11。

表 7-11　嫁接移栽法移栽棉花试管苗的效果

试管苗种类	移栽方法	移栽植株数	成活植株数	成活率/%
壮苗	嫁接移栽法	35	33	94.29
	常规移栽法	50	24	48.00
	直接移栽法	21	0	0.00
弱苗	嫁接移栽法	30	21	70.00
	常规移栽法	27	2	7.41
	直接移栽法	15	0	0.00

（五）影响试管苗移植成活率的原因

1．试管苗的生理状况（选择壮苗）

试管苗的生理状况是影响移栽成活率的内在因素。

同一种植物的试管苗，其壮苗比弱苗移栽后成活率高。

2．植物生长调节物质

生长素能促进生根，故也能提高试管苗移栽的成活率。但是，不同的植物有其适宜的生长素种类。如在月季的试验中发现，以 NAA 诱导生根和提高移栽成活率效果最好；而 IAA 并不理想，当 IAA 的浓度超过 1 mg/L 时，反而急剧降低移栽成活率。

细胞分裂素一般会抑制根的生长，不利于移栽。如在月季的试验中表明，BA 对生根和移栽有抑制效应，即使在很低的浓度下也可发现。

3．无机盐浓度

试验结果表明，降低无机盐的浓度对植物生根效果较好，有利于移栽成功。

4．活性炭

加入少许活性炭，对某些月季的嫩茎生根有良好作用，尤其是采用酸、碱和有机溶剂洗过的活性炭，效果更佳。但活性炭对有些月季品种的促根生长无反应。

5．环境因子

环境条件也影响试管苗移栽的效果，关键是控制好移栽前 10 d 的光、温、湿。做好适当遮阴工作，避免太阳光直射，造成试管苗迅速失水而死亡。温度一般保持在 25～30℃为好。

开始几天最好用烧杯罩住移栽苗，使其周围的相对湿度保持在 85%以上。

6．移栽过程中让试管苗从无菌向有菌逐渐过渡

试管苗出管后，要将其上面的培养基洗净，以免杂菌滋生。

对于移栽后成活比较困难的植物，第一次移栽时最好选用灭菌过的基质，以提高其移栽成活率。

九、植物组织快繁中的问题及解决措施

（一）污染

植物组织培养过程中易发生培养基和培养材料滋生杂菌，导致培养失败的现象（图 7-25、图 7-26）。

图 7-25　无菌苗

图 7-26　污染苗

1．污染的原因

（1）病原菌污染（细菌、真菌）；

（2）外植体、培养基、培养器皿带菌；

（3）操作人员未遵守操作规程。

2．预防措施

（1）防止材料带菌——选择取材时间、材料与培养、外植体灭菌等措施；

（2）防止用具带菌——器皿与金属器械灭菌；

（3）操作室要处于无菌状态——工作室、培养室灭菌等；

（4）操作人员要按照操作程序进行；

（5）在培养基中加入抗菌素；

（6）分散接种。

（二）外植体的褐变

外植体的褐变是指外植体在培养过程中体内的多酚氧化酶被激活后，使细胞内的酚类物质氧化成棕褐色醌类物质，这种致死性的褐化物不但向外扩散致使培养基逐渐变成褐色，而且还会抑制其他酶的活性，严重影响外植体的脱分化和器官分化，最后变褐而死亡的现象（图 7-27）。

图 7-27　外植体的褐化

1．原因

（1）植物种类：一般木本植物，单宁、色素含量高的植物易发生褐变；

（2）基因型；

（3）外植体生理状态：一般幼龄材料，幼嫩器官和组织，春季取外植体，褐变发生较轻；

（4）培养基的成分：培养基中 6-BA 或 KT 能促进褐变发生，而生长素类如 IAA 可减轻褐变发生；

（5）材料转移时间。

2．预防措施

（1）选择适宜的外植体及最佳培养基：适当降低培养基无机盐浓度，降低 pH，降低细胞分裂素水平等，可显著减轻培养物褐变；

（2）连续转移；

（3）加抗氧化剂：如硫代硫酸钠、抗坏血酸；

（4）加活性炭；

（5）加多胺类物质，如精胺、亚精胺。

（三）培养物的玻璃化现象

1．原因

培养物增殖培养时，若细胞分裂素浓度过高或细胞分裂素与生长素相对含量高，培养基中离子种类比例不适，琼脂浓度低，不良培养环境如温度过低或过高，光照时间过长及通气不良，易造成组培苗含水量高，茎叶透明，出现畸形，发生玻璃化现象（图 7-28）。

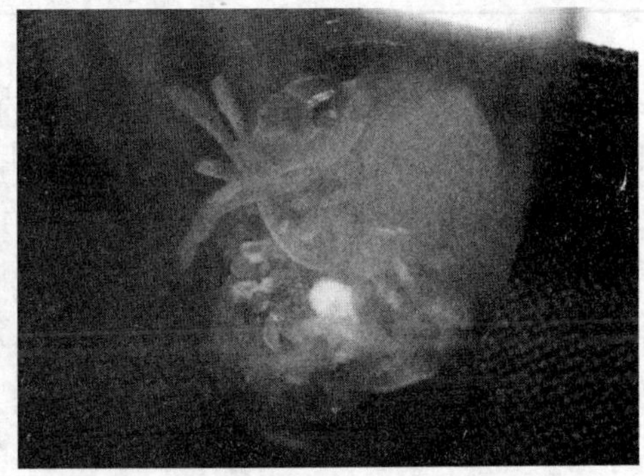

图 7-28 玻璃化现象

2．预防措施

（1）适当控制培养基中无机盐浓度；

（2）适当控制培养基中蔗糖和琼脂浓度；

（3）适当降低细胞分裂素和赤霉素浓度；

（4）增加自然光照，控制光照时间；

（5）控制好温度；

（6）改善培养皿的气体交换状况；

（7）在培养基中添加其他物质。

任务四　植物脱毒

一、植物脱毒的意义

目前，全世界已发现植物病毒约有788种（表7-12）。

表7-12　危害一些植物的病毒数目

物种	感染病毒种类	物种	感染病毒种类	物种	感染病毒种类
菊花	19	矮牵牛	5	苹果	36
康乃馨	11	百合	6	柑橘	23
水仙	4	马铃薯	17	葡萄	26
唐菖蒲	5	大蒜	24	草莓	24
风信子	3	豌豆	15	桃	23
月季	10	樱桃	44	梨	11

病毒的危害：组织和细胞病变；新陈代谢等生理机能受到干扰；外观表现不正常状态。由于危害可通过营养体传给后代，病毒对寄主植物可造成毁灭性危害，导致大幅度减产，甚至全株死亡。世界作物生产中，病毒危害程度仅次于真菌。

（1）能够有效地保持优良品种的特性。任何一种优良品种均需有一个稳定地保存其遗传性状的繁殖方法；离体无性繁殖可以很好地保持品种的优良特性，是无性繁殖品种繁育的理想途径。

（2）快速繁殖品种，使优良品种迅速应用。离体繁殖周期短；不受季节限制；繁殖系数高；繁殖速度是任何其他方法所不能比的，又称之为快繁。

（3）生产无病毒种苗，防止品种退化。

（4）节约耕地，提高农产品的商品率。

（5）便于运输。常规的块根、块茎等，体细胞大、含水量高，包装、运输十分不便；离体繁殖的种苗体积小，易携带，运输十分方便。

二、脱毒方法

（一）茎尖脱毒

所谓脱毒就是采用一定的方法除去植物体内病毒的技术。

无病毒苗：指不含该种植物的主要危害病毒，即经检测主要病毒在植物体内的存在表现阴性反应的幼苗。

1．原理

（1）植物病毒本身不具有主动转移的能力。在一个植物体内，病毒易于通过维管系统而移动，但在分生组织中不存在维管系统。病毒在细胞间移动只能通过胞间连丝，速度很慢，难赶上活跃生长的茎尖。

（2）在旺盛分裂的分生细胞中，代谢活性高，竞争抑制了病毒的复制。

（3）在植物体内，可能存在着病毒钝化系统，它在分生组织中比其他任何区域具有更高的活性。

（4）在茎尖存在高水平内源生长素，也可能抑制病毒的增殖。

2．方法

（1）茎尖的剥离　此步是技术关键，一般在解剖镜下操作。取 2～3 cm 的茎段，剥去大叶，水冲洗 1 h 左右，酒精快速消毒，无菌条件下用 5%漂白粉溶液（或其他消毒剂）消毒 7～10 min，无菌水清洗，解剖镜下剥取茎尖。

（2）切取茎尖的大小　虽然切取茎尖越小，带有病毒的可能性就越小，但组织培养中，切取的茎尖太小，则不易成活。不同种类的植物和不同病毒，切取的最适茎尖大小也不同。

（3）组织培养　常用基本培养基是 MS 培养基或 White 培养基，它有较高浓度的无机盐，对促进组织分化和愈伤组织生长有利；植物生长调节的种类和配比依培养种类和生长时期来调整。

（二）热处理脱毒

1．基本原理

在高于正常的某一温度范围（35～40℃）下，植物组织中的很多病毒可被部分或完全地钝化，但很少伤害甚至不伤害寄主组织。

病毒 DNA 分子进入细胞后随植物细胞 DNA 一起复制。热处理并不能杀死病毒，只能钝化病毒活性，使病毒在植物体内增殖减缓或增殖停止，失去传染能力。作为一种物理效应可以加速植物细胞的分裂，使植物细胞在与病毒繁殖的竞争中取胜（图 7-29）。

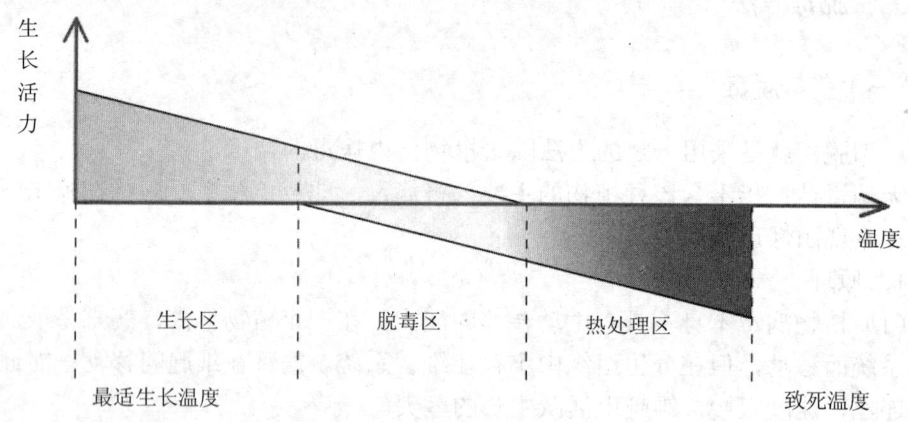

图 7-29　植物生长区与热处理区关系图解

2．方法

（1）热处理，可通过热水或热空气进行。热水对休眠芽效果较好；热空气对活跃生长的茎尖效果较好，既能消除病毒，又能使寄主植物有较高的存活机会。热空气处理比较容易进行：把旺盛生长的植物移入一个热疗室中，在 35～40℃处理一定时间即可。处理时间的长短，可由几分钟到数周不等。

（2）热处理时，最初几天空气温度应逐步增高，直到达到要求为止。若钝化病毒所需的连续高温处理会伤害寄主组织，则应当试验高低温交替的效果。在热处理期间应当保持适当的湿度和光照。要对植物进行修剪，以增加植物忍受热处理的能力。

3．热处理的优缺点

优点：方法简单，效果明显。

缺点：①具有局限性，不能去除所有病毒。只对圆形病毒（苹果花叶病毒）或对线状病毒（马铃薯卷叶病毒）有效；而对杆状病毒（千日红病毒）无效。②热处理后只有小部分植株能够存活。极易使植物材料受热枯死，造成损失。③延长热处理时间，病毒钝化效果好，同时也可能会钝化植物组织中的抗性因子而降低处理效果。

（三）提高植物脱毒培养的方法

几种方法的配合使用是提高植物脱毒效果的关键：

（1）高温热处理与微茎尖脱毒培养技术；

（2）高温热处理与微（体）茎尖嫁接培养技术；

（3）化学处理与茎尖脱毒培养技术；

（4）愈伤组织热处理与化学处理配合。

三、植物脱毒苗的鉴定

（一）指示植物法

利用病毒在其他植物上出现的症状特征，作为鉴定病毒种类的标准，这种专用于产生症状的寄主植物称为指示植物。

1. 指示植物分类

（1）接种后产生系统症状，并扩展到非接种部位；

（2）只在接种部位产生局部病斑、坏死或褪绿环状病斑。

2. 指示植物要求

常年栽培，较长时间内保持对病毒的敏感性，易于接种，常见的指示植物有苋色藜、千日红和多种烟草。

3. 方法

从待测植株上取 1～3 g 幼叶，加入少量 pH=7.0 的 0.1 mol/L 磷酸缓冲液，研成匀浆，吸取少量涂抹在 500～600 目金刚砂擦伤表皮的指示植物叶片上，5 min 后用清水冲洗叶面，将接种植物放在防虫罩内，20～25℃条件下培养数天至数周后观察症状。

（二）电镜显微检测法

直接观察病毒微粒的存在与否，以及病毒的大小、形态结构和种类，可以显示细胞与组织中病毒的精确定位（图 7-30）。

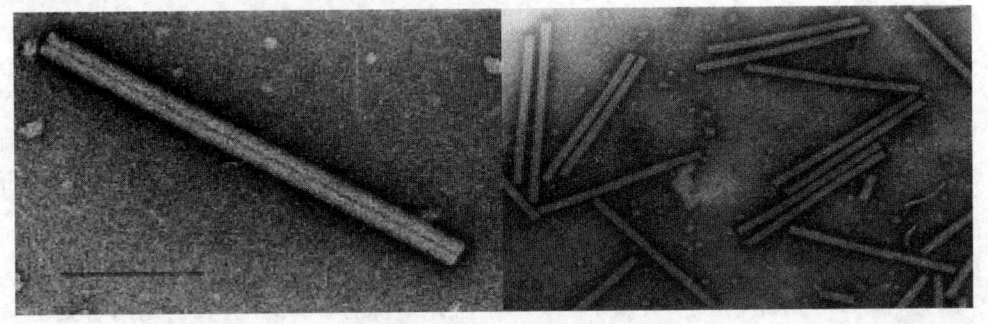

图 7-30　TMV 杆状病毒

（三）抗血清鉴定法

植物病毒也是一种抗原，能引起动物产生抗体，由于不同病毒产生的抗血清（含有抗体的血清）都具有特异性，用特定病毒的抗血清来鉴定病毒具有高度的专一性，但是制备抗原和免疫过程比较复杂。

（四）酶联免疫测定法（ELISA）

将抗原与抗体的免疫反应和酶的高效催化作用结合起来，形成一种酶标记的免疫复合物，结合在该复合物上的酶遇到相应的底物时，催化无色的底物产生水解形成有色产物，从而可以用肉眼观察或用比色定性、定量判断结果。

四、脱毒苗的繁殖与保存

（一）脱毒苗的繁殖

无毒体系的保持有以下两种。

（1）原原种的无毒保持　原原种的保持与扩繁可通过组培方式，也可通过栽培方式进行。通过栽培方式进行应注意：防虫温室、单盆定植、器具消毒、清洁卫生、定期喷药、病毒检测。原种在保持条件上与原原种基本相同，如仍需防虫温室、基质灭菌、器具消毒、清洁卫生、定期药剂防除等，但仍有不同之处，如原种需单系种植、病毒抽测。

注：原种的繁殖不能无限制地进行，否则会造成植株退化，生活力下降。

（2）原种的无毒保持　采穗圃的无毒保持：采穗圃是整个无毒体系的主体之一，也是实现商品价值的重要环节。注意要离地栽培、适当稀植、母本植株更新与基质消毒、定期喷药、病毒抽测。

（二）脱毒苗保存

通过不同脱毒方法处理获得的植株，经过鉴定确定为无特定病毒者，即为脱毒苗原原种，但它只是脱除了原母标上的特定病毒，抗病性并未增加，因而在自然条件下易受到病毒再侵染而丧失其利用价值。同时受到自然条件的影响，脱毒原原种易丢失，因此需将脱毒原原种按照正确的方法进行保存。

1. 隔离保存

应将原原种苗种植于防虫网室或栽在盆钵中保存。栽培基质应先消毒处理。除去网室周围的杂草和易滋生蚜虫等传播媒介的植物，保证环境清洁，并定期喷药剂防虫杀菌。凡接触脱毒苗的工具应消毒并单独保管专用，操作人员也应穿消毒工作服。若有条件，最好将脱毒苗母本园建在相对隔离的地方。定期检测是否有病毒感染，及时将再感染植株淘汰或重新脱毒。若管理得当，材料可保存 5～10 年。

2．离体保存

（1）低温保存　将茎尖或小植株接种到培养基上，置低温（1～9℃）、低光下保存，低温保存材料生长极缓慢，半年或一年更换培养基一次，此技术又叫最小生长技术。

（2）超低温保存　指低于−80℃、主要是液氮（−196℃）及液氮蒸气气相条件。降温冷冻和化冻过程最易引起植物材料的伤害。但植物材料能在超低温下长期保存，主要步骤：材料选取—预处理—添加防护剂—材料冷冻—冷冻储存—保存—材料的解冻—复苏培养。

3．生长抑制保存

在培养基中加入生长抑制剂以减缓培养材料生长，达到长期保存种质材料的方法。常用的生长抑制剂有：ABA、青鲜素、矮壮素（CCC）、多效唑、烯效唑、B_9 等。

任务五　菊花的组织快繁

菊花的组织快繁步骤如图 7-31～图 7-35 所示。

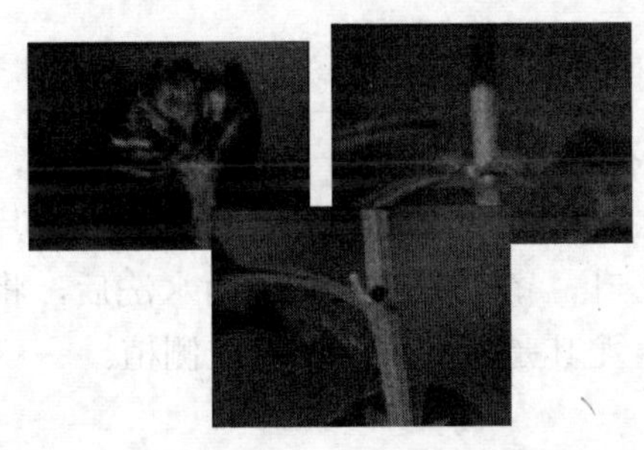

图 7-31　外植体的准备

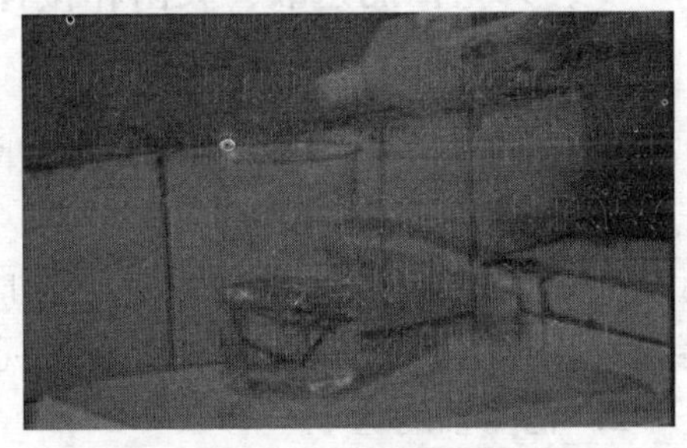

图 7-32　外植体的清洗

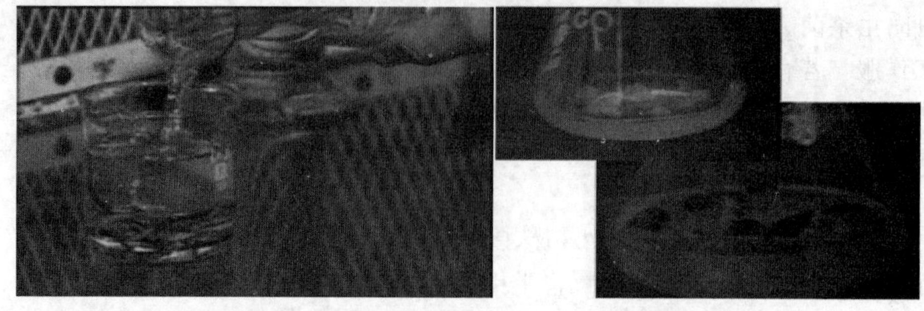

图 7-33 外植体的浸泡　　图 7-34 接种

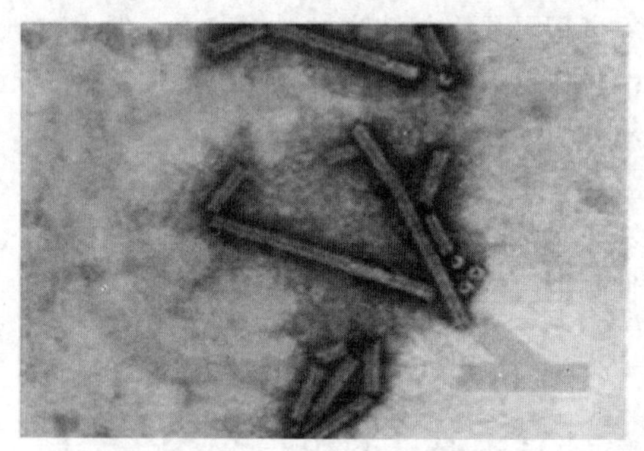

图 7-35 病毒检测

一、外植体的选取、灭菌和接种

1．茎尖和茎段的选取

选取无病虫害、粗壮的茎尖和茎段，要求叶密茎粗，以利于将来分化迅速，无性系后代质量好。选茎尖时嫩叶不要去掉太多，以免伤口面过多，过多的叶片可在灭菌后、接种之前除去。选茎段时先除去叶，留一段叶柄，灭菌水洗后，将茎段面及叶柄再切出新茬。接种时注意极性，尤其是茎尖不可倒置或侧植。

2．花序轴的选取

花序轴应选取具该品种典型特征的、饱满充实的蕾，最好是即将开放的花蕾，这时花瓣外有一层薄膜包围，里面洁净无菌，采后便于表面灭菌。过于幼嫩的花蕾不便灭菌和剥离。

3．花蕾的选取

在取材前 2～3 周，最好把母株置于温室内培养，不浇水，在接种前选择直径 4～6 mm 的花蕾剪下，常规消毒。将已经灭菌的花蕾纵切成大致相等的 4～6 小块，然后接种到芽诱导培养上，MS+BA 0.1 mg/L，经过 10～15 d 的培养，外植体就会形成愈伤组织。再经过 20～30 d 的培养，愈伤组织分化出较多的丛生芽，这时就可将其分割成数块继代培养。

二、培养基及培养条件

菊花大多采用 MS 培养基，添加 6-BA 2～3 mg/L，NAA 0.02～0.2 mg/L。菊花对激素的要求并不是很严格，适用的范围很广。温度范围较宽，22～28℃都可以，以 24～26℃最好。培养室光照时间以每天 12～16 h 为宜，光强 1 000～4 000 lx 较好。

三、继代培养

外植体经培养后，一般经 4～6 周，茎尖直接分化出新芽，或经愈伤组织分化出新芽；茎段、花序轴侧芽萌发，可产生数个芽。最初分化率及分化数量都较少，但随继代次数增加。增殖方式除诱导丛生芽增殖外，也可用茎切段作微型扦插繁殖。从芽增殖时，将芽丛切成小块，转到分化培养基中即可。微型扦插则以嫩茎梢作材料，将嫩梢剪成 1 节带 1 叶的茎段。然后将切段基部插入 MS0 或 MS+NAA 0.1 mg/L 的培养基中培养，4～5 周后，腋芽即生长成小植株，再照上述方法切剪茎段，重复培养。

四、生根和移栽

菊花无根苗生根一般较容易，通常在增殖培养时久不转瓶，即可生根，但这种根的根毛较少或无，不利于将来移栽和生长，所以常用下列方法处理。

1．无根苗的试管生根

切取 3 cm 左右无根嫩茎，转插到 1/2MS+NAA（或 IBA）0.1 mg/L 的培养基中，经两周即可生根。然后再进行移栽驯化，移栽初期保持高湿度条件，营养钵基质浇透水，取出生根的试管苗，洗掉附着在根部的培养基，用竹签在基质上打一小孔，将幼苗插入基质中。然后加设小拱棚以保湿，随着幼苗的生长，逐渐降低空气湿度和基质含水量，转为正常苗的管理阶段。

2．无根嫩茎直接插植到基质中生根

菊花嫩茎易于生根，剪取 2～3 cm 无根苗，插植到珍珠岩或蛭石的基质中，基质事先用生根激素溶液浸透，10 d 后生根率可达 95%～100%。

菊花用组织培养快速繁殖，一般 4～6 周为一个周期，增殖倍率均在 5 倍以上。若以 5 倍计算，平均以 40 d 为一个周期，一年可获得 100 万～900 万株苗，比常规繁殖快数千倍。

任务六　植物组培苗工厂化生产与管理

一、植物组培苗生产工厂的设计

（一）厂址选择

（1）交通便利，既方便各种物资采购，也有利于产品销售，一般选择在城市近郊建厂。

（2）远离各种污染，尤其避免粉尘和有毒气体污染源，要求周边环境清洁，空气清新，以有利于植物生长。

（3）水、电供应系统畅通，排水方便，地下水位在 1.5 m 以下。

（二）厂区规划

厂区规划要体现系统性、适用性，符合生产工艺流程要求，各生产车间流水线式设计布局合理，便于操作，有利于提高生产效益。植物组培工厂化育苗生产车间一般由洗涤车间、培养基制备车间、接种车间、培养车间、组培苗驯化车间、育苗圃等部分组成。另外，还可以根据条件修建办公室、仓库、冷藏室等管理和生产辅助设施。

二、组培苗生产计划的制订与实施

1．生产规模

生产规模的大小也就是生产量的大小。受组织培养试管苗的增殖率和生产种苗所需时间的影响。

试管苗的增殖率是指植物快速繁殖中间繁殖体的繁殖率（$W\%$）。试管苗的估算繁殖量以苗、芽或嫩茎为单位进行计算。

估算繁殖量计算公式：

$$Y=mXn$$

式中，Y—— 年生产量；

m—— 每瓶苗数；

X—— 每周期增殖倍数；

n—— 年增殖周期数。

W%高低有关因素：污染、培养条件、选择材料、消毒等。

2．生产计划

制订生产计划注意要点：①切合实际地估算各种植物的增殖率；②有植物组织培养全过程的技术储备；③熟悉各种组培苗的定植时间和生长环节；④掌握组培苗可能产生的后期效应。

若是制订某种植物组培生产计划，则应考虑市场的需求量以及用苗的时间。考虑生产当地适用、适销的植物苗，而且全年供用。

全年生产量＝全年出瓶苗数×炼苗成活率

三、组培苗的鉴定与运输

（一）植物组培苗的质量鉴定

1．生产性组培瓶苗的质量标准

（1）根系状况　是指种苗在瓶内的生根情况，包括根的有无、多少、长势和色泽。一般通过目测评定，合格的组培瓶苗必须有根、根量适中，长势好、色白健壮。

（2）整体感　是指组培苗在容器内的长势和整体感观，包括长势是否旺盛、种苗是否粗壮挺直等。主要靠目测评定，需熟悉组培生产及各种类组培瓶苗形态特征的人员进行检测。

（3）出瓶苗高　是指出瓶时组培苗的高度。组培苗过矮过小，移栽难以成活。但并不是说苗高度越高越好，多数种类组培苗的高度超过指标后，其质量反而下降，继续生长会变成徒长、瘦弱的超期苗，降低移栽成活率。

（4）叶片数及叶片颜色　叶片数是指进行光合作用的有效叶片数。通常通过目测评定，适当数量和形态正常的叶片表明植株生长健壮。叶片颜色直接表明组培苗的健壮状况，叶色深绿有光泽，表明长势强壮，光合能力强，适宜移栽；叶片发黄、发脆、透明及局部干枯都是组培苗病态的表现，移栽难以成活（表 7-13）。

表 7-13　几种常见花卉组培苗的出瓶质量标准

植物品种		根系状况	整体感和叶片颜色	出瓶苗高/cm	叶片数/片	苗龄/d
非洲菊	1 级	有根	苗直立单生，叶色绿，有心	2～4	≥3	15～20
	2 级	有根	苗略小，部分叶形不周正，有心	1～3	≥3	15～20
勿忘我	1 级	有根或无	苗单生，有心，叶色绿	2～3	≥3	15～20
	2 级	有根	苗单生，有心，叶色绿	2～4	≥3	15～20
满天星	1 级	有根	粗壮硬直，叶色深绿	2～3	4～8	10～13
	2 级	根原基	粗壮硬直，叶色深绿	1.5～3	4～8	10～13
菊花	1 级	有根	苗粗壮硬直，叶色灰绿	2～4	≥4	15～25
	2 级	有根	苗粗壮硬直，叶色灰绿	1～2	≥4	15～25
马蹄莲	1 级	有根	苗单生，叶色绿	3～5	≥3	15～25
	2 级	根少或无	苗单生，苗色稍浅	2～4	≥3	15～25
龙胆草	1 级	有根	苗单生，叶色绿	3～4	≥6	15～25
	2 级	有根	苗单生，叶色绿	1.5～3	4～6	15～25
百合	1 级	有根	叶色不定，基部有小球	不定	有叶	15～25
	2 级	有根	叶色不定，基部有小球	不定	2～5	15～25

2．原种组培苗的质量标准

（1）品种纯度　是指原种组培苗是否具备品种的典型性状。品种纯度是非常重要的一个质量指标。因为一旦原种苗发生混杂，则用其生产的种苗也会发生大规模的混杂。在生产过程中应对品种纯度进行严格的检测和监控。外植体进入组培室后，在扩大繁殖前须对每个外植体材料进行编号；生产过程中所有的材料在转接后要及时做好标记，分类存放；若发现可能有材料混杂，须全部丢弃。品种纯度鉴定可根据外观性状判断，有条件的可利用分子检测技术进行鉴定。

（2）健康状况　是指原种组培苗是否携带病菌，包括真菌、细菌、病毒等。在生产过程中，首先对需繁殖的外植体材料进行病毒和病原菌检测，若为带毒植株，可通过微茎尖离体培养、热处理等方法脱除病毒，并经鉴定脱毒后再大量扩繁。检测出感染有病原菌的植株时，需连同其室内扩繁的无性系同时销毁，以保证原种组培苗处于安全的健康状况。

3．出圃苗的质量标准

（1）商品特性　苗高、冠幅、地径、叶片数、芽数、叶片颜色、根的数量、长度等；

（2）健壮情况　抗病性、抗虫性、抗逆性；

（3）遗传稳定性　品种典型性状、是否整齐一致。

（二）植物组培苗的包装运输

近年来推广的穴盘育苗，适合幼苗长途运输。一般远距离运输以小苗为宜，尤其是带土的秧苗。

1．组培苗的包装

注意对根系的保护处理。穴盘育苗带基质摆放于箱内，水培苗或基质育苗，取苗后基本不带基质，用水苔或其他保温包装材料将根部裹好再装箱。包装箱的质量可因苗木种类、运输距离不同而异。近距离运输可选用简单纸箱或木条箱，远距离运输需多层摆放，应考虑箱体容量和强度，保证能经受压力的颠簸。

2．对运输工具及运输适温的要求

根据运输距离选择运输工具。近距离可选用小型运输车；远距离则应选用火车、大吨位汽车、空运等。种苗企业可直接将种苗运送到异地定植场所，减少搬动次数，提高成活率。

运输过程中，适宜的温度为 9～18℃；果蔬秧苗的运输适温为 10～21℃，低于 4℃或高于 25℃均不宜；但一些耐寒叶菜运输适温是 5～6℃。

四、植物组培苗生产工厂成本核算与效益分析

1．成本核算的方法

以北京某种苗公司年产 130 万株商品组培苗的成本核算（表 7-14）。

表 7-14　商品组培苗的成本核算

月份	株数	培养基费用/元	人工费用/元	水电费与取暖费/元	设备折旧费/元	合计/元	单价/元
3	5	0.9	600	1 350	0	1 951	
4	20	0.9	600	600	0	1 201	
5	80	4	600	600	0	1 204	15.05
6	320	15	600	600	5	1 220	3.81
7	1 280	55	600	1 170	20	1 845	1.44
8	5 120	221	1 200	1 360	80	2 861	0.56
9	20 480	887	1 800	2 110	320	5 117	0.25
10	81 920	3 538	6 750	5 200	1 278	16 766	0.20
11	327 680	14 155	27 000	17 680	5 119	63 951	0.20
12	1 310 720	56 622	108 000	67 500	20 880	253 002	0.19

2．效益分析

（1）成本核算。从表 7-13 中可以看出，生产规模越大，产量越高，单株成本越低；

（2）产销对路。以市场为向导，以销定产；引进畅销的名、特、新优植物品种；

（3）规模生产，提高利润。

3．降低成本措施

（1）人员方面　提高技术人员操作技能，能够在操作过程中减少污染，提高成品率和生产效率；

（2）生产工艺流程　制订有效的工艺流程，提高生产效率；

（3）生产条件　减少设备投资，延长使用寿命，节约水电，降低器皿消耗，使用廉价的代用品；

（4）经营与管理　发展多种经营，开展横向联合；产销对路，以销定产；保证产品质量；对技术人员进行定期培训。

技能训练

实训 7-1　植物组织培养室参观与设计

一、实训目的

通过参观，使学生掌握如何组建植物组织培养实验室；同时，熟悉组培中涉及的各种仪器设备和器皿用具。

二、实训仪器与用具

（1）仪器：超净工作台，空调机，蒸馏水发生器或纯水发生器，高压灭菌锅，低温冰箱、普通冰箱，电炉，显微镜，天平，恒温培养箱，烘箱等设备。

（2）用具：各种培养皿，分注器，各种实验器皿和各种器械用具。

三、实训内容与方法

（1）指导老师集中介绍组织培养实验室守则及有关注意事项。

（2）指导老师讲解本次实验的目的、仪器设备和器皿用具的名称及实验步骤。

（3）指导老师逐一讲解组培实验室的构建情况，包括准备室（又称化学实验室）、缓冲室、无菌操作室、培养室、驯化室、温室等使用的各种仪器设备和器皿用具的名称用途。

（4）自行进行实验室的参观与调查。

四、作业

（1）将本次实训内容整理成实训报告。

（2）每人设计一个植物组织培养实验室的组建方案。

实训 7-2　MS 培养基的配制与灭菌

一、实训目的

通过 MS 固体培养基的配制，掌握配制培养基的基本技能。

二、实训仪器与用具

（1）仪器：酸度计或 pH 试纸、电磁搅拌器、电炉；

（2）用具：高压灭菌锅、微量移液器、移液管、量筒、容量瓶、培养瓶（三角瓶）、烧杯、标签；

（3）试剂：配制 MS 培养基的各种母液、生长调节剂、琼脂、蔗糖、蒸馏水，0.1 mol/L、0.5 mol/L NaOH，0.1 mol/L、0.5 mol/L HCl。

三、实训内容与方法

1．MS 固体培养基的配制

（1）将配制好的 MS 培养基母液从冰箱中取出，按顺序排列，并逐一检查是否沉淀或变色，避免使用已失效的母液。

（2）取少量的蒸馏水（约为配制培养基量的 2/3）加入烧杯中。

注意：配 500 mL 培养基用 1 000 mL 烧杯。

（3）按母液顺序和规定量，用量筒、移液管或微量移液器取母液，依次放入烧杯中。

如配制 1 000 mL 培养基，需要准备：

MS 大量元素母液 100 mL；

MS 微量元素母液 10 mL；

MS 铁盐母液 10 mL；

MS 有机物母液 10 mL。

（4）通过计算，用微量移液器取所需的各种生长调节剂母液。

（5）加入蔗糖（30 g/L），溶解。

（6）定容：用容量瓶。

（7）调 pH：一般 pH=5.8。

用 0.1 mol/L 和 0.5 mol/L 的 NaOH 和 HCl 将 pH 调至所需的数值。

注意：①经高温高压灭菌后，培养基的 pH 会下降 0.2～0.8，故调整后的 pH 应高于目标 pH 0.5 个单位。

②pH 的大小会影响琼脂的凝固能力，一般当 pH 大于 6.0 时，培养基将会变硬；低于 5.0 时，琼脂就不能很好地凝固。

③如果 pH 与所需的数值相差很大，可先用 0.5 mol/L 的 NaOH 或 HCl 调节，至接近时，再用 0.1 mol/L 的酸、碱调节。以免加入过量的水溶液，导致溶液体积增大，培养基不能很好地凝固（因加入的琼脂量一定）。

（8）分装到大三角瓶中（500 mL、1 000 mL）。

（9）加琼脂（6～10 g/L）。常用 6.6～7 g/L。

（10）封口：用棉塞或锡箔纸、牛皮纸。注明培养基名称、配制时间。

2．MS 固体培养基的灭菌——高压蒸汽灭菌（湿热灭菌法）

（1）洗涤：把组织培养基用的培养皿、三角瓶、试管等玻璃器皿进行彻底清洗。自然晾干或烘箱干燥。

（2）包扎：用牛皮纸、报纸、纱布或锡箔纸把玻璃器皿和金属器械分别包扎好。

（3）装水：在高压灭菌锅内装入一定量的水（水要淹没电热丝，切忌干烧）。

（4）装物品：在灭菌锅内放入含培养基的培养瓶或三角瓶、装蒸馏水的玻璃瓶，以及包扎好的玻璃器皿和金属器械等。

（5）灭菌：将排气阀开着，加热，直至锅内释放出大量水蒸气（此时水蒸气横向喷出），再关闭阀门；或者当锅内压力升至 49.0 kPa 时，开启排气阀，将锅内的冷空气全部排出。当锅内压力达到 108 kPa 时，温度为 121℃时，维持 15～20 min，即可达到灭菌的目的（若灭菌时间过长，会使培养基中的某些成分变性失效）。切断电源，让灭菌锅自然冷却。

注意：①先打开放气阀，再打开锅盖（以免锅内压力大而爆炸）。②开盖后应尽快转移培养瓶，使培养瓶冷却、凝固。一般应将灭菌后的培养瓶储藏于 30℃以下的室内，最好储藏在 4～10℃的条件下。③某些生长调节剂如 IAA、ZT、ABA 等以及某些维生素遇热是不稳定的，不能同培养基一起高压灭菌，而需要进行过滤灭菌。

四、作业

（1）将本次实训内容写成实训报告。

（2）高压灭菌时应注意哪些问题？

（3）配制培养基时应注意哪些问题？

实训 7-3　百合鳞茎培养

一、实训目的

（1）学习和掌握百合鳞茎培养的基本方法和技术。

（2）掌握外植体由器官发生途径形成不定芽的基本操作技术。

二、实训材料、仪器与试剂

（1）材料：百合；

（2）仪器：超净工作台、灭菌锅、接种器械、烧杯、培养皿、移液管、酒精灯等；

（3）试剂：

①MS 培养基 + NAA 1.0 mg/L + 6-BA 0.5 mg/L（或者：MS 培养基 + NAA 0.5 mg/L + 6-BA 1.0 mg/L）；②70%乙醇；③0.1% 升汞。

三、实训内容与方法

（1）外植体消毒

取健康的百合鳞茎片，先用洗涤剂清洗干净。再用 70%酒精消毒 30～60s，0.1% 升汞消毒 20 mim，再用无菌水冲洗 3～5 次。

（2）外植体的接种和培养

较大鳞片可切成小块，在无菌条件下直接接种于固体培养基中培养，每瓶 6～10 块。培养温度一般为 25℃±1℃，每次用日光灯照射 10 h 左右。光照度为 1 000～1 500 lx。

（3）培养基的选用

一般以 MS 培养基为主，只要附加适当的植物生长剂即可。

生长素一般用 NAA（或 2,4-D 及 IBA）0.5 mg/L。细胞分裂素一般用 BA（或 KT）0.1～1.0 mg/L。为了促进根系和增加鳞茎重量，可考虑光暗交替培养和适当增加生长素的浓度。

（4）试管苗的诱导

①由鳞片小切块诱导成苗　鳞片小切苗丛、块接种后，一般先分化出黄绿色或绿色的球形突起的小芽点，继而芽点逐渐增大长成小鳞茎，并可生长出叶片，生根后移栽于盆中。

②由叶片诱导成苗　用鳞片小切块诱导分化出的苗丛，在超净工作台上取其无菌叶片，接种于培养基上，培养半个月后可分化出带根的小鳞茎。培养 2 个月后，每个单叶片形成的小鳞茎一般又可分化出带有根系的丛生小鳞茎 4～6 个。

叶片培养可直接插入培养基中，但要注意极性，不可倒置。叶片也可平放于培养基中培养。

③由无菌小鳞片诱导成苗　利用试管中的无菌小鳞茎，在超净工作台上将小鳞片逐片接种于培养基中（鳞片基部向下或内侧面向上）。

④由愈伤组织诱导成苗　各种百合外植体在分化成苗的过程中，常常也可伴随着增殖具有颗粒状似胚性细胞团的愈伤组织。该愈伤组织在连续不断的继代培养中，一方面继续不断地增殖相似的愈伤组织，另一方面又不断地分化成苗。一般每个试管里的愈伤组织可分化成苗 20～40 个，这样即可周而复始地分化出大量的试管苗。

四、作业

完成实训报告。

实训 7-4　大蒜叶片培养

一、实训目的

学习和掌握大蒜叶片培养的基本方法和技术，为大蒜茎尖培养奠定基础。

目前，大蒜生产上存在的主要问题是病毒造成的品种退化，使产量降低。为了克服病毒的侵染，采用茎尖培养进行脱毒和快繁。

二、实训材料、仪器与试剂

（1）材料：实用大蒜；

（2）仪器：超净工作台、灭菌锅、电子天平、接种器械、烧杯、培养皿、培养瓶等；

（3）试剂：

①MS1 诱导培养基。MS + 500 mg/L 水解乳蛋白+1 000 mg/L 酵母提取物+2 mg/L 2,4-D；②分化培养基。MS2：MS + 6-BA 2 mg/L + NAA 0.01 mg/L；MS3：MS + 6-BA 2 mg/L + NAA 0.05 mg/L；MS4：MS + 6-BA 0.05 mg/L + NAA 5 mg/L + 酵母提取物 800 mg/L。

三、实训内容与方法

（1）以食用大蒜的未经萌动的肉质瓣状小鳞茎为材料，在无菌条件下去掉保护叶，用刀片将储藏叶切成长、宽和深度各为 3 mm 的小块；然后接种于 MS1 培养基上，诱导愈伤组织。

（2）培养 3 d 后，就有少数外植体开始膨大，10 d 有愈伤组织出现。其后，在愈伤组织表面产生大量光滑的小球体。

（3）将愈伤组织转移到去掉 2,4-D 的分化培养基上，经一个月左右可分化出苗，以 MS1 及 MS3 培养基配方最好，苗的分化率可达 80%以上。在生长素较高的 MS4 培养基上，一个月后不仅有苗分化，而且还可分化出根。

四、作业

写出该实训的报告，并比较 3 种分化培养基的培养效果。

实训 7-5 菊花的茎尖培养

一、实训目的

（1）学习和掌握菊花外植体表面消毒技术。

（2）熟练掌握菊花茎尖切割及培养的操作基本技术。

二、实训材料、仪器与试剂

（1）材料　菊花嫩茎；

（2）仪器　超净工作台、灭菌锅、接种器械、烧杯、培养皿、显微镜、酒精灯等；

（3）试剂　①MS 培养基；②洗涤液或洗衣粉水溶液；③0.1% 升汞。

三、实训内容与方法

（1）剥取茎尖和腋芽

切取植株的顶芽或腋芽 3～5 cm，去除叶片，保留互芽的嫩叶柄。

（2）洗涤和消毒

用洗涤液或洗衣粉水洗涤，尤其是腋芽的叶柄处用软刷毛刷刷擦，再用清水反复冲洗干净。置于超净无菌条件下，将材料用 0.1% 升汞溶液进行表面消毒，轻轻地摇动，消毒彻底，再用无菌水冲洗数次，放到无菌的吸水纸吸干水分。

（3）茎尖剥离

在解剖镜下，将材料置于无菌的盘子内，剥去端部的嫩苞叶，露出锥形体，切取 0.3 mm 和 0.5 mm 两个不同长度的茎尖，带两个叶原基。

（4）接种

将切取的茎尖迅速接种到培养基上，防止茎尖脱水。接种时注意茎尖向上，不能倒置。

四、撰写实训报告

（1）调查外植体表面消毒接种成功率。

（2）分析接种不成功的原因。

（3）调查 0.3 mm 和 0.5 mm 两个不同长度的茎尖接种成功率。

实训 7-6　甘薯的脱毒与快繁

一、实训目的

学习和掌握甘薯的脱毒与快繁技术。

二、实训材料、仪器与试剂

（1）材料　甘薯（*Ipomoea batatas* L. Lam）；

（2）仪器　超净工作台、灭菌锅、接种器械、烧杯、培养皿、显微镜、酒精灯等；

（3）试剂　①MS 培养基+0.1～0.2 mg/L IAA + 0.1～0.2 mg/L 6-BA + 3%蔗糖+ 0.05 mg/L GA_3；②70%乙醇，0.1% 多菌灵，0.1%升汞，10%次氯酸钠等。

三、实训内容与方法

（1）优良母株选择

选择适宜当地栽培的高产优质或特殊用途的、生长健壮的甘薯品种植株作为母株，取枝条，剪去叶片后切成数段。每段带有一个腋芽，含顶芽 2～3 节。

（2）材料消毒

剪好的茎段经流水冲洗数分钟，用滤纸吸干表面水分后于 70%乙醇中浸泡 10s，再用 0.1% 多菌灵浸泡 10 min，再用 0.1% 升汞溶液消毒 10 min，无菌水冲洗 5 次；或用 10%次氯酸钠溶液消毒 15 min，无菌水冲洗 3 次。

（3）茎尖切割

将消毒好的茎放在解剖镜下，无菌剥去顶芽和腋芽上较大的幼叶，切取 0.3～0.5 mm 含 1～2 个叶原基的茎尖组织，接种在培养基上。

（4）茎尖培养

培养基：MS 培养基+0.1～0.2 mg/L IAA + 0.1～0.2 mg/L 6-BA + 3%蔗糖+ 0.05 mg/LGA_3，pH 在 5.6～6.0。

培养条件：温度 25～28℃，光照度 1 500～2 000 lx，光照 14 h/d。

（5）茎尖苗的初级快繁

当薯苗长至 3～6 cm 时，将小植株切段进行短枝扦插，除顶芽一般带 1～2 片展开叶片外，其余的切段都是具一节一叶的短枝。切段直插于三角瓶内无植物生长物质的 MS 培养基中（注意腋芽勿埋入培养基内），条件同茎尖培养。2～3 d 内，切段基部即产生不定根，30 d 左右长成具有 6～8 片展开叶试管苗。

（6）脱毒鉴定

茎尖培养产生的试管苗，经严格检测后，才能确认为脱毒苗。

确认脱毒种薯及幼苗是否带毒及其种类常用的鉴定方法有：甘薯病毒病症状学诊断法、指示植物检定法、电子显微镜检定法、血清学检测法等。

四、作业

撰写实训报告。

实训 7-7 草莓花药培养

一、实训目的

草莓花药培养是将草莓发育到一定阶段的花药接种到培养基上进行离体培养，以改变花药中花粉细胞（粒）的发育阶段而获得花粉植株的技术。草莓花药培养可应用于品种培育，并成功地用于培养无病毒草莓苗。本次实训学习草莓花药接种培养技术，熟悉所需设备和实验条件。

二、实训材料、仪器与试剂

（1）材料：草莓花蕾。

（2）仪器与用具：光学显微镜、盖玻片、载玻片、超净工作台、手术剪、接种环、枪状镊子（长 15～20 cm）、酒精灯、培养皿、广口瓶、滤纸、纱布、脱脂棉、刻度搪瓷缸、高压灭菌锅、电炉等。

（3）试剂：70%乙醇、0.1%升汞、1% I_2-KI 液、无菌水、醋酸洋红。

三、实训内容与方法

1．培养基配制

草莓花药培养基见表 7-15。

表 7-15 草莓花药培养基

培养目的	培养基	附加成分	蔗糖	pH
诱导愈伤组织	MS+6-BA 0.5+ NAA 0.2	LH100	3%	5.8
芽分化	MS+6-BA 0.5+ Kt 0.5	LH100	2%	5.8
芽增殖（继代）	MS+6-BA 0.5+GA 0.1	LH100	2%	5.8
生根	1/2MS+BA 0.1～ 0.2	—	2%	5.8

2．材料的选择

草莓花药培养，宜采用花药发育至单核靠边期的花药。

3．材料预处理

将田间采集的草莓花蕾，用湿润纱布包好入放塑料袋中，扎好袋口，置 4℃左右冷藏箱中放置 1～2 d。

4．材料消毒

花蕾用 70%的酒精浸泡 30 s，无菌水清洗，无菌吸水纸吸干花蕾表面的水分。放入质量分数为 0.1%的氯化汞溶液中 2～4 min，无菌水冲洗 3～5 次。

5．接种培养

灭菌后花蕾，要在无菌条件下除去萼片和花瓣，并立即将花药接种到培养基上。在剥离花药时，要尽量不损伤花药，否则接种后容易从受伤部位产生二倍体的愈伤组织，同时还要彻底去除花丝，因为与花丝相连的花药不利于愈伤组织或胚状体的形成。通常每瓶接种花药 7～10 个，温度控制在 25℃左右，不需要光照。幼小植株形成后才需要光照。一般经过 20～30 d 培养后，会发现花药开裂，长出愈伤组织或释放出胚状体。将愈伤组织及时转移到分化培养基上，以便进一步分化出再生植株。

6．培养接种结束

将材料置于培养室内培养。培养过程中注意观察，记录材料生长、分化及污染情况等。

四、实训报告

（1）资料整理。按下列公式计算出愈率、花粉胚发生率、污染率。

出愈率=发生愈伤组织的花药总数 / 接种花药总数×100%

花粉胚发生率=形成花粉胚的花药总数 / 接种花药总数×100%

污染率=污染管（瓶）数 / 接种总管（瓶）数×100%

（2）报告撰写。将草莓花药培养结果填入表 7-16 中。

表 7-16 草莓花药培养结果统计

接种管数	接种花药数	愈伤组织发生		花药胚发生		污染	
		发生花药数	出愈率/%	发生花药数	发生率/%	管数	污染率/%

复习思考题

1. 简述植物组织培养的概念和培养类型。
2. 简述植物细胞的全能性。
3. 植物组织培养的意义何在？
4. 植物组织培养有哪些特点？
5. 植物组织培养已取得哪些成就？
6. 植物组织培养的发展前景如何？
7. 通过学习，你对植物组织培养是怎样理解的？你将来能否在这方面发展？

项目八　工厂化育苗

学习目标

知识目标　了解工厂化育苗的概念与特点；掌握工厂化穴盘育苗设施和设备的类型和使用方法；掌握蔬菜和花卉工厂化育苗技术。

能力目标　能够掌握工厂化育苗的设备使用；能进行工厂化育苗设施、设备的维护等技能操作；掌握蔬菜和花卉工厂化育苗技术。

学习任务描述

本项目的主要任务有四项：工厂化育苗的基础理论；工厂化育苗的设施和设备；蔬菜穴盘育苗技术；花卉穴盘育苗技术。

学习环境

要完成本项目学习任务，必须具备以下条件：

教学环境　多媒体教室、校企合作单位育苗场等。

教学工具　多媒体资料、影像资料、工厂化育苗生产基地企业网站等。

师资要求　专职教师、种苗生产基地技术人员。

任务一　工厂化育苗的基础理论

一、工厂化育苗概念与特点

工厂化育苗是以先进的育苗设施和设备装备种苗生产车间，将现代生物技术、环境调控技术、施肥灌溉技术、信息管理技术贯穿种苗生产过程，以现代化、企业化的模式组织种苗生产和经营，从而实现种苗的规模化、专业化、机械化，供苗实现了商品化生产。它省工、省力、节能，提高了秧苗质量，便于规范化管理，适宜远距离运输。

（一）穴盘育苗的概念

穴盘育苗是以不同规格的专用穴盘作容器，是以草炭、蛭石等轻质材料作育苗基质，通过精量播种（一穴一粒）一次成苗的现代化育苗技术体系。

（二）工厂化育苗的特点

一是采用专用穴盘为容器进行育苗；二是采用轻质材料如草炭、蛭石等替代土壤作为育苗基质；三是采用精量播种技术（自动化或手动精量播种机）一穴一粒播种；四是采用一次成苗技术，小苗定植（表 8-1）。

表 8-1　工厂化育苗与常规育苗的区别

特点	常规育苗	工厂化育苗
容器	苗床或营养钵	穴盘
体积	用土多、体积较大	小
栽培用料	土、质量大	轻质材料、质量较轻
播种方式	撒播	精量播种
成苗性	要分苗、用工大	一次成苗、节约用工
育苗时间	大苗定植	小苗定植

（三）工厂化育苗的优点

1．省工、省力、机械化程度高

穴盘育苗采用精量播种，一次成苗，从基质混拌、装盘至播种、覆盖等一系列作业实现了自动化控制，常规育苗人均管理 2.5 万株，穴盘育苗人均管理 20 万～40 万株，劳动效率提高了 57 倍。由于机械化作业管理程度高，减轻了作业强度，减少了工作量；常规育苗每个土坨平均为 0.5～0.75 kg，每公顷定植蔬菜（按平均 60 000 株）相当于搬走 30～45t 土，而穴盘育苗采用轻基质，定植时每株苗只有 35～50 g，定植 1 亩只相当于常规育苗工作量的 1/10。

2．节省能源、种子和育苗场地

穴盘育苗用干种直播，一穴一粒并且集中育苗，每万株苗耗煤量是常规育苗的 25%～50%，单位面积上的育苗量比常规育苗高，根据穴盘每盘的孔数不同，每公顷地可育苗 315 万～1 260 万株，大大提高了土地利用率。

3．便于标准化、规范化管理

在新菜区，菜农自己育苗缺乏专业培训，育出的苗子质量较差，直接影响定植以后的栽培管理。目前有不少热衷于投资农业的经营者，但是他们缺乏栽培管理技术，穴盘育苗对于他们更为适合。穴盘育苗的发展使他们可以通过集中育苗或购买商品苗来解决育苗技术难关。

4．缓苗期缩短

采用穴盘方法育苗，苗龄比常规苗缩短 10～20 d，同时，由于幼苗的抗逆性增强，并且定植不伤根，没有缓苗期。如果是裸根苗，成活率常常受到影响，而穴盘育苗属于带坨移栽，所以定植到田间后，缓苗快，成活率高。

5．适宜远距离运输

穴盘育苗是以轻基质无土材料作育苗基质，这些育苗基质具有密度小、保水能力强、根坨不易散等特点，适合远距离运输。穴盘苗重量轻，每株重量仅为 30～50 g，是常规苗的 6%～10%，而且保水能力强、根坨不易散，可以保证运输当中不死苗。

6．适合机械化移栽

移栽效率提高 45 倍，它为蔬菜生产机械化开辟了广阔前景。

当然，工厂化育苗也存在一些缺点，如投入资金较大，一个占地 1 亩的高标准工厂化育苗温室，需投入资金 100 万元左右；对种子质量要求较高；种苗生产者育苗技术要求较高等。

二、工厂化育苗的意义

中国是世界上最大的蔬菜生产国和消费国，蔬菜产业在我国农业和农村经济中占有重要位置。20 世纪 90 年代以来，中国的蔬菜生产逐年稳步增加，蔬菜产量占世界产量的比重也不断增加，1995—2005 年中国蔬菜产量一直占据世界首位，是我国仅次于粮食的第二大作物。蔬菜产业的不断发展，对保障市场供给、增加农民收入、扩大劳动就业、拓展出口贸易等方面均具有显著的积极作用。秧苗是蔬菜生产的基本条件，育苗始终是蔬菜栽培的重要环节。培育壮苗更是蔬菜早熟、高产的基础，一方面，“苗好三成收”，优质壮苗为蔬菜丰产优质栽培提供良好基础；另一方面，蔬菜育苗对于节种节能、省工省力、增加茬口、抗灾减灾、提高土地利用率意义重大。蔬菜工厂化育苗是在人工控制的最佳环境条件下，充分利用自然资源，采用科学化、标准化的技术措施，运用机械化、自动化手段，使蔬菜秧苗生产达到快速、优质、高效、成批而又稳定的一种育苗方式。其意义主要是有利于优良品种推广，提高蔬菜产品质量和产量；有利于实现蔬菜的规模化、集约化、商品化生产；节省劳力，减轻劳动强度等。因此，工厂化育苗对推动我国育苗技术与育苗方式的革新、实现由传统农业向现代农业的转变起着重要作用。

三、工厂化育苗的历史与发展现状

（一）国外工厂化育苗的历史与现状

穴盘育苗技术源于美国，是 20 世纪 20 年代发展起来的一项新的育苗技术。播种是一穴一粒，成苗时是一穴一株并且成株苗的根系与基质能够相互缠绕在一起，根坨呈上大底小的塞子形，故美国称塞子苗，日本称框穴成型苗。我国 20 世纪 80 年代中期从美国引进后多称为穴盘育苗、工厂化育苗。

从 20 世纪 60 年代开始，发达国家的农业已经大规模实现机械化生产，美国 Speeding 公司的创始人首先推出了使用发泡聚苯材料制作的穴盘，并将其应用到花椰菜的育苗上。与此同时，美国康奈尔大学首次提出用泥炭、蛭石作为育苗基质，为穴盘育苗的大规模工厂化生产进一步拓宽了思路，并提供了优良、稳定的育苗基质，其后成功将其应用于蔬菜、花卉的种苗生产，目前穴盘育苗技术已经普及世界各地。这种育苗技术的核心是以泥炭、蛭石、椰子皮、珍珠岩等轻基质作育苗基质，用穴盘作育苗容器，采用机械化精量播种，实现一次成苗的育苗方式。由于在育苗过程中每一株幼苗根系都各自分离，移栽时只要将种苗穴盘脱出即可达到分离的目的。幼苗的根系完整，提高了移栽后的成活率，而且将育苗过程进行程序化设计，将其分为基质混合和填充，播种，基质覆盖，洒水和移栽等若干工序，为机械化流水作业提供了可能，提高了种苗生产率。

穴盘育苗在美国等发达国家已经形成一个新的种苗生产行业，在荷兰、以色列、美国等发达国家，工厂化育苗覆盖率很高，韩国设施种苗覆盖率也达到 80%。这些国家的工厂化育苗已从农业产业化体系中分离出来，成为一个独立的大产业，它的出现带动了温室制造业、穴盘制造业、基质加工业、精密播种设备等一批相关产业的技术进步。

（二）中国工厂化育苗的历史与现状

中国从 1976 年开始发展推广工厂化育苗技术，1979 年 11 月在重庆市召开的全国科研规划会议上确定蔬菜育苗工厂化的研究为全国攻关协作项目之一，1980 年全国成立了蔬菜工厂化育苗协作组，开展了引进消化国外工厂化育苗技术的科技攻关。20 世纪 80 年代中期将穴盘育苗技术正式引进，北京蔬菜研究中心陈殿奎研究员等承担技术设备引进和消化吸收的研究工作，并在京郊花乡建起了我国第一座穴盘育苗生产场，于1987年正式投产。该育苗场从美国引进的设备主要是穴盘育苗的精量播种生产线、种子丸粒化加工设备以及72孔和128孔的PS吸塑苗盘。育苗的主要基质是从吉林省舒兰县调入，蛭石是河北省灵寿县加工生产，育苗所用N、P、K肥料是市场上商品肥复配，育苗温室则是自行设计的四周有围墙的塑料大棚，采用暖气加温，育苗温室内配有育苗床架和行走式喷水车。

“九五”期间，工厂化育苗成为“工厂化农业示范工程”项目的重要组成部分。全国有一大批科研院所的相关技术人员从事工厂化育苗的技术研究和推广应用，各地也相继建立起工厂化育苗生产线，促进了中国工厂化育苗的进一步发展。山东寿光从2000年起开始推广工厂化育苗，现有大大小小的育苗工厂百余家，世界种子种苗业巨头美国“维生”、荷兰“瑞克斯旺”等纷纷在寿光设立育苗基地。2008年，宁夏回族自治区已建立蔬菜育苗中心83个，育苗面积达到213.3万m^2，年育苗量达到6.4亿株。2009年，山东省从事蔬菜规模化育苗的企业227个，其中，年育苗量超过1 000万株的企业10个，单个企业年育苗量最大超过350万株。蔬菜育苗产业已从蔬菜栽培中逐渐分化出来，成为一个新型的、极具活力的产业。

任务二　工厂化育苗的设施与设备

进入21世纪以来，以企业为经营主体，以穴盘为育苗容器，以草炭、珍珠岩、蛭石等为育苗基质，在温室等可控环境条件下，采用精量播种机、行走式灌溉施肥机、嫁接机等工业化操作设备，规模化、商业化快速育苗技术得到了普遍认可，与此同时，蔬菜育苗产业从蔬菜栽培中逐渐分化出来，成为一个新型的、极具活力的产业。

一、育苗场的规划与设计

（一）育苗场的规划

在育苗场建设之前，做好育苗场的总体规划设计十分重要，应本着实事求是、因地制宜的原则做好育苗场的规划设计。在规划设计时应注意以下几点。

1. 市场需求

在设计育苗场之前考察和了解农民的种植结构、种植习惯、种植品种、茬口安排、销售情况、市场范围，按照市场需求设计生产能力，减少和避免盲目性。

2．自然条件

在建立育苗场之前要对育苗场的水源、水质、土地和农业气象条件进行调查研究，以确定是否适合于建立育苗场。

3．育苗场的面积

第一期育苗温室有效面积要在 8 000～10 000 m^2 为宜。

4．产品种类

育苗场要根据当地农业种植结构、种植习惯和生产的季节性确定商品苗种类，以向用户提供成株苗为主，开始起步阶段商品苗的生产量要在 300 万～400 万株，根据经验利润的平衡点大约在 300 万株。

（二）规划设计的准备工作

准备工作有：一是踏勘，了解现状、地权地界、历史、地势、土壤、植被、水源、交通及周围环境等；二是测绘地形图；三是进行调查，内容包括土壤、气象资料的收集、病虫害和植被状况等。

（三）育苗场的设计

总体规划内容应考虑以下几个方面：一是土建工程，主要包括育苗温室、催芽室、库房、办公室等基础配套设施的建设；二是育苗配套设施，包括精量播种机、穴盘、水肥供给系统、活动式育苗床架等；三是温度调节系统，需配备加温和降温设备；四是供电系统，应考虑双路供电。

1．生产区（育苗区）规划

生产用地一般占总面积的 75%～85%，包括种子处理区、播种催芽区、育苗区、种苗处理区等。其中，育苗区以设施为主，主要包括以下 4 个区域。

播种繁殖区：培育播种苗；

营养繁殖区：培育扦插、嫁接、压条、分株等营养繁殖苗；

苗木移植区：培育移植苗；

引种驯化区（试验区）：培育、驯化由外地引入的树种或品种。

2．辅助用地（非生产区）设计

辅助用地面积一般不超过总面积的 20%～25%。主要包括：辅助建筑物（管理用房、农具室、仓库、催芽室、冷库、水泵房、配电间等）、道路设计、灌溉系统、排水系统、防护林带的设计等。

二、工厂化育苗设施

工厂化育苗的生产过程，要求具有完善的育苗设施、设备和仪器，以及现代化水平的测控技术和科学的管理。蔬菜工厂化育苗的设施，根据育苗流程的要求和作业性质可分为：基质处理车间、播种车间、催芽室、育苗温室和嫁接车间。组织培养育苗还需要植物组织培养（室）设施。

（一）基质处理车间

蔬菜工厂化育苗，一般为批量生产，基质用量较大，而且一般是使用复合基质，有时还需基质混合、搅拌机或消毒机等，所以，基质处理车间不但要存放一定量的育苗基质，而且还要能容纳以上所说的机械，并留有作业空间。基质的存放，一般可搭天棚，周围既能通风，又利于搬运还不易受雨淋等。最好不要露天存放，风吹日晒，包装袋易破碎，不利搬运。雨淋易使营养成分损失，而且容易被污染等。基质混合或消毒，视情况可在天棚内或通风良好的车间，尤其是经消毒后的基质存放要避免与未消过毒的基质接触，保证不再被污染。

（二）播种车间

混合、消毒后的基质，即可运到播种车间。播种车间是进行播种的主要场所，而且也是种苗处理、包装的场所。很多育苗工厂将温室的灌溉设备和储水罐也安排在播种车间内。在工厂化育苗中，基质混合搅拌机、装盘装钵机（或制块机）一般是与播种流水线相连接在一起的。在播种车间内完成基质搅拌、填盘装钵、播种、覆土、洒水等全过程。播种车间的设计要根据育苗工厂的生产规模、播种流水线规格等合理确定面积和高度，作业场所要宽敞，至少要有（14～18）m ×（6～8）m 的作业面积。还要求本车间的设施要通风良好，有供水来源。播种车间一般与育苗温室相连，多为轻型钢结构建造，可实现大跨度结构，大门高度在 2.5 m 以上，便于运输车辆进出。

（三）催芽室

催芽室是一个环境可控制的种子萌发室。蔬菜工厂化育苗一次播种的量较大，因此需要的催芽室室内空间要有一定大小，而且室内的温度和湿度条件要能调控，根据各种作物发芽的最适的温、湿度条件以便调节。

恒温催芽室是一种能自动控制温度的育苗催芽设施。利用恒温催芽室催芽，温度易于调节，催芽数量大，出芽整齐一致。标准的恒温催芽室是具有良好隔热保温性能的箱体，内设加温装置和摆放育苗穴盘的层架。

催芽室也可自行设计，新建或用现有房屋进行改造。催芽室设计的主要技术指标：温度和相对湿度可控制和调节，相对湿度在70%～90%，温度在20～35℃，气流均匀度95%以上。建造催芽室应考虑以下几个问题。

1．育苗规模要与催芽室相匹配

用每平方米可摆放的育苗盘架×每个架子放穴盘数以及每张穴盘的可育苗数和每一批需要育苗的总数，可计算出所需的催芽室的体积。

2．催芽室与育苗温室的距离

要尽可能的近些，催芽室的设计应便于穴盘码放在可移动的架子上，方便穴盘推出观察，或送到温室。

3．具有较好的保温性并配备水源

最好使用微雾设施以保证雾滴在室内漂移，以保持较高的空气湿度。催芽室内的温度由冷热系统控制，湿度主要靠弥雾加湿系统，光照可以配置，也可以不配置。注意控制基质湿度，以保证足够的氧气供种子萌发所需。可以用简单的恒温控制器或定时器控制环境，也可以用电脑控制。

4．催芽室内应设置育苗盘架

育苗盘架用角铁或不锈钢焊成，架高 1.8 m，长 2.2 m，宽 1.1 m，每层间距 20 cm。层架下面应装设方向轮，以便于推运。具体设计要根据育苗量的大小、规格与建造的催芽室相匹配。

（四）育苗温室

蔬菜工厂化育苗种子是在催芽室内催芽，60%种子萌芽出土后就要立即移到温室内使其见光。一般要求性能良好，而且环境条件能够调控的玻璃温室或塑料大棚等设施内。

1．现代温室

指设施园艺中的高级类型，设施内的环境实现了计算机自动控制，基本上不受自然气候条件下灾害性天气和不良环境条件的影响，能周年全天候进行设施园艺作物生产的大型温室。常见的现代温室有玻璃温室、连栋薄膜温室、PC 板温室、双层充气薄膜温室等。

（1）玻璃温室　玻璃温室是一种比较完善的保护设施，它具有透光率高、使用寿命长、保温性能好、坚固耐用等特点，不足之处是一次性投资较大。玻璃温室根据结构类型可分为单坡面、等屋面单栋、等屋面连栋温室等。国内常用的为文洛型玻璃温室（Venlo type），是我国引进的玻璃温室的主要形式，为荷兰研究开发而后流行全世界的一种多脊连栋小屋面玻璃温室。结构为钢架结构，铝合金窗框，屋面和侧窗全部用玻璃覆盖。侧面和顶部均设有通风窗，换气方便。室内还可配备调温设备，遮阳、保温装置，人工或自动灌溉装置，二氧化碳发生器或补充装置，自动或手动开关通风窗装置以及必要时的补光装置等。

（2）连栋薄膜温室　又叫连栋大棚，顶侧屋面均通过手动或电动卷膜机将覆盖薄膜由下而上卷起通风透气的一种拱圆形连栋塑料温室。目前较为常用的有上海农机研究所研发的 GSW7430 型。主要技术参数为：跨度 7 m，间距 4 m，肩高 3 m，顶高 5 m，3～6 连栋，每栋长度为 30～60 m。

2．塑料大棚

虽然我国有多种系列型号的镀锌薄壁钢管装配式拱圆棚，但它们的基本构造差不多，都是由棚头、拱杆、纵向拉杆、卡槽、门及卷膜机构等构成。组装时由卡槽、连接片、卡槽固定卡与楔形卡、夹箍与碟形螺丝、拱连杆与钢丝夹、缩管与拉杆护套、U 形卡及压板等连接而成。覆棚膜时用Ω形压膜卡、卡簧、压膜线等固定。最后安装卷膜机构，用Ω形压膜卡固定塑料膜于卷膜连杆上。

塑料拱圆大棚一般为定型产品，跨度和高度依使用目的而不同。蔬菜工厂化育苗用棚一般为跨度 6～8 m，高度 2.5～3.0 m。塑料拱圆棚的特点是有光照时升温快，无光照时降温也快。冬季育苗时必须采取多层覆盖并备有加温设备。夏季育苗时，将大棚两侧的薄膜高高卷起，通风处设防虫网，加盖遮阳网即可。

3．日光温室

北方地区在规模化育苗时用日光温室作育苗的设施。建造成本低，保温效果好，节省能源。缺点是保温覆盖草苫的揭盖费工费时。日光温室主要由较厚的后墙、两侧墙、不透明后屋面和透明的前屋面构成。

4．电热温床

电热温床是规模化育苗或工厂化育苗的辅助补温设施。电热温床的设备主要是电热线和控温仪，附属设备还有开关和导线（功率大时应加交流接触器）。

（1）电热线　电加温线的绝缘材料用聚氯乙烯或聚乙烯注塑聚成，绝缘厚度在 0.7～0.95 mm，比普通导线厚 2～3 倍。电热丝采用低电阻系数的合金材料，为防止折断，除 400 W 以下电加温线外，其他产品都用多股电热丝。电热丝与导线的接头采用高频热压工艺，电加温线两头一般有 2 m 长导线，并与电加温线颜色不同以示区别。电加温线的型号较多，见表 8-2。

表 8-2 不同型号电热线的主要参数

型号	用途	工作电压/V	功率/W	长度/m
DR208	土壤加温	220	800	100
DV20406	土壤加温	220	400	60
DV20608	土壤加温	220	600	80
DV20810	土壤加温	220	800	100
DV21012	土壤加温	220	1 000	120
DP22530	土壤加温	220	250	30
DP20810	土壤加温	220	800	100
DP21012	土壤加温	220	1 000	120
$F_4$21022	空气加温	220	1 000	22
KDV	空气加温	220	1 000	60

使用电加温线应注意以下事项：

①严禁成圈在空气中通电使用；②电加温线不许剪短或加长；③布线时不许将电加温线交叉、重叠、扎结，两根以上不能串联；④给土壤加温时应把整根线，包括接头部分全部均匀地埋入土中；⑤从土中取出电加温线时，禁止硬拔硬拉或用铁锹横向挖掘，以免损坏电加温线绝缘层；⑥电加温线不用时要妥善保管，放置阴凉处，旧电加温线每年应做一次绝缘检查。

（2）控温仪　控温仪是电热温床用以自动控制温度的仪器，它能自动控制电源的通断以达到控制温度的目的。控温仪在使用时应放在干燥通风的地方，不要反复旋转控温旋钮以免电位器损坏。感温头的金属头部应插在温床土壤里，假如线不够长，可以居中剪断加长，但最长不许超过 100 m。每台控温仪内用以控制电源的继电器负载都是额定的，如果使用电加温线的功率大于额定负载，应外加交流接触器，以免烧毁控温仪。

（3）交流接触器　如果电加温线功率大于控温仪的允许负载时，应外加交流接触器。交流接触器的线圈电压有 220 V 和 380 V 两种，用 220 V 的较适宜。安装交流接触器时应注意安全，由于它的触点裸露，通断时打火花，既要防触电，又要防火。

（4）功率计算和布线　电加温线加温所需的功率，取决于当地的气候条件、育苗季节、设施的保温性能、蔬菜种类等。可按下列公式计算出所选电加温线的根数及布线间距：

所需总功率（W）=总加温面积（m^2）×单位面积功率（W/m^2）

需电加温线根数=总功率（W）/电加温线的额定功率（W）

电加温线布线条数（取偶数）=[电加温线总长（m）−加温田块的宽度（m）]/实际加温田块的长度（m）

布线的平均距离（m）=加温面积的宽度（m）/（布线条数−1）

布线时，先在加温面积的长边上，用竹棒按计算的平均布线距离插好，然后将电加温线来回扣好，并适当接紧。如发现电加温线过长或过短的情况，可灵活拨动竹棒调整。过长的电加温线切勿剪断，要尽量设法埋入土中，严禁圈团、交叉、重叠通电使用。

三、工厂化育苗设备

蔬菜工厂化育苗的关键设备主要包括育苗温室环境控制系统和育苗生产设备两部分。环境控制系统为种苗提供适宜的生长环境，由加温系统、降温系统、幕帘系统、补光系统、二氧化碳增施和计算机控制系统等组成。育苗生产设备主要包括基质消毒装置、基质搅拌机、精量播种系统、灌溉和施肥系统、种苗储运设备等。以上设备是目前标准化的育苗工厂所必备的，在建立蔬菜育苗工厂时，根据所具备的条件和财力，可先选用其中一部分设备。

（一）环境控制系统

1. 加温系统

主要有热水管道加热和热风加热两种系统。

（1）热水管道加热系统　由锅炉、锅炉房、调节组、连接附件及传感器、进水及回水主管、温室内的散热管等组成。温室散热管道有圆翼型和光管型两种；设置方式有升降式和固定式之分，按排列位置可分垂直和水平排列两种方式。

（2）热风加热系统　利用热风炉通过风机把热风送入温室各部分加热的方式。该系统由热风炉、送气管道（一般用 PE 膜做成）、附件及传感器等组成。

此外，温室的加温还可利用工厂余热，太阳能集热加温器、地下热交换等节能技术。

2. 降温系统

（1）微雾降温系统　使用普通水，经过微雾系统自身配备的两级微米级的过滤系统过滤后进入高压泵，经加压后的水通过管路输送到雾嘴，高压水流以高速撞击针式雾嘴的针，从而形成微米级的雾粒，喷入温室，使其迅速蒸发以大量吸收空气中的热量，然后将潮湿空气排出室外而达到降温目的，其降温能力在 3～10℃，是一种最新降温技术，一般适于长度超过 40 m 的温室采用。

（2）湿帘降温系统　利用水的蒸发降温原理实现降温的系统。以水泵将水打至温室帘墙上，使特制的疏水湿帘能确保水分均匀淋湿整个降温湿帘墙，湿帘通常安装在温室北墙上，以避免遮光影响作物生长，风扇则安装在南墙上，当需要降温时启动风扇将温室内的空气强制抽出，形成负压；室外空气因负压被吸入室内的过程中以一定速度从湿帘缝隙穿过，与潮湿介质表面的水汽进行热交换，导致水分蒸发和冷却，冷空气流经温室吸热后经风扇排出而达降温目的。在炎夏晴天，尤其中午温度最高、相对湿度最低时，降温效果最好，是一种简易有效的降温系统，但在高湿季节或地区，降温效果会受影响。

3．幕帘系统

包括帘幕系统和传动系统。

帘幕依安装位置可分为内遮阳保温幕和外遮阳幕两种。

（1）内遮阳保温幕 采用铝箔条或镀铝膜与聚酯线条间隔经特殊工艺编织而成的缀铝膜。按保温和遮阳不同要求，嵌入不同比例的铝箔条，具有保温节能、遮阳降温，防水滴，减少土壤蒸发和作物蒸腾从而节约灌溉用水的功效。这种密闭型的膜，可用于白天温室遮阳降温和夜间保温。夜间因其隔断红外长光波阻止热量散失，故具有保湿的效果，在晴朗冬夜盖膜的不加温温室比不盖膜的平均增温 3～4℃，最大高达 7℃，可节能耗 20%～40%。而用于白天覆盖铝箔可反射掉光能 95%以上，因而具有良好的降温作用。

（2）外遮阳系统 利用遮光率为 70%或 50%的透气遮阳网或缀铝膜（铝箔条比例较少）覆盖于距离顶通风温室顶上 30～50 cm 处，比不覆盖的可降低室温 4～7℃，最多时可降 10℃，同时也可防止作物日灼伤，提高作物质量。

幕帘的传动系统有钢索轴拉幕系统和齿轮齿条拉幕系统两种，前者传动速度快，成本低；后者传动平稳，可靠性高，但造价略高。都可自动控制或手动控制。

4．补光系统

主要是弥补冬季或阴雨天的光照不足对育苗质量的影响。所采用的光源灯具要求有防潮专业设计、使用寿命长、发光效率高、光输出量比普通钠灯高 10%以上。有国产的南京灯泡厂生产的生物效应灯和荷兰飞利浦的农用钠灯（400W），其光谱都近似日光光谱，可作为补充光源，要求光强在 1 万 lx 以上。悬挂的位置宜与植物行向垂直。

5．二氧化碳施肥系统

增施二氧化碳可以促苗壮。特别是在寒冷的季节，保护设施无法通风的情况下，培育果菜类幼苗增施二氧化碳对果穗的花芽分化，以及对定植后的产量都有较大的影响。用二氧化碳气肥发生装置能产生大量的二氧化碳。

6．计算机控制系统

通过计算机控制系统可自动测量温室的气候和土壤参数，并对温室内配置的所有设备都能实现优化运行而实行自动控制，如开窗、加温、降温、加湿、光照和 CO_2 补气，灌溉施肥和环流通气等。一个完整的自动控制系统包括气象监测站、微机、打印机、主控制器、温湿度传感器、控制软件等。

（二）生产设备

1．基质消毒机

为防止育苗基质中带有致病微生物或线虫等，最好将基质消毒后再用。基质消毒机实际上就是一台小型蒸汽锅炉，根据锅炉的产汽压力及产汽量，筑制一定体积的基质消毒池。池内连通带有出气孔的蒸汽管，设计好进、出基质方便的进、出料口，并使其密封。留有一小孔插入耐高温温度计，以观察基质内温度。

2．基质搅拌机

购买的育苗基质或自配的育苗基质在被送往送料机、装盘机之前，一般要用搅拌机重新搅拌。

3．精量播种系统

蔬菜育苗穴盘自动精播生产线装置是工厂化育苗的一组核心设备，它是由育苗穴盘（钵）摆放机、送料及基质装盘（钵）机、压穴机、精插机、覆土和喷淋机六大部分组成。这六大部分连在一起是自动生产线，拆开后每一部分又可独立作业。

（1）育苗穴盘摆放机　将育苗穴盘成摞装载到机器上，机器将自动按照设定的速度把育苗穴盘一张一张地放到传送带上，传送带将穴盘带入下一步的装基质作业处。

（2）基质装盘机　育苗穴盘传送到基质装盘机下，育苗基质由送料装置从下面的基质槽中运送到育苗穴盘上方的储基质箱中，由控制机关自动把基质颠撒下来，穴盘下面的传送带也有一定的振动，使基质均匀地充满每个小穴。在传送过程中，有一装置将多余的基质从穴盘上面刮去。

（3）压穴机　装满基质的育苗穴盘在送往精播机下方前，中间有一装置将每一个填满基质的小穴中间压一播种穴，以保证每粒种子能均匀地播在小穴的中间，并能保持一致的深度，以利于覆土厚度一致，出苗整齐。

（4）精播播种机　压好播种穴的育苗穴盘被送到精量播种机下，精量播种机利用真空吸、放气原理，由根据不同育苗穴盘每行穴数设计的种子吸管的管喙，把种子从种子盒中吸起，然后移动到育苗穴盘上方，由减压阀自动放气，种子自然落进播种穴，每动作一次，播种一纵行，然后由传送系统继续向前运送。

精播机的生产厂家或型号的不同，其播种方式也不同。自动精播生产线装置一般是在育苗盘行进中一行一行地播，而独立使用的自动或半自动的精播机，有的是一次播种一张穴盘。

（5）覆土机　播完种的育苗穴盘被运送到覆土机的下方。覆土机将储存在基质箱内的基质，均匀地覆盖在播过种子的小穴上面，并保持一定的厚度。

（6）喷淋机　覆盖好基质的育苗穴盘被运送到喷淋机下，喷淋机将按照设计的水量，在穴盘的行走过程中把水均匀地喷淋到穴盘上。有些厂家的喷淋机原理是育苗穴盘行至喷淋机下时稍作停留，然后将整个穴盘一次性淋足水。完成整个播种过程的育苗穴盘被运送到催芽室催芽。

4．灌溉与施肥系统

包括水处理设备、灌溉管道、储水及供给系统、灌溉与施肥设备、灌水器（如滴头、喷头）等。工厂化育苗温室或大棚内的喷水系统一般采用行走式喷淋装置，既可喷水、施肥，又可喷洒农药。在寒冷的冬季喷水时应注意水温不应太低，以免对幼苗造成冷害。也可采用人工喷洒，喷肥时在水管中配好所需肥料的浓度，进行养分供给，但应注意喷水的均匀度，往往育苗盘周边部分喷水不匀，影响幼苗的整齐度。

5．苗床架

育苗床架的设置，一是为育苗作业者操作方便，二是可以提高育苗盘的温度，三是可防止幼苗的根扎入地下，有利于根坨的形成。育苗床架一般是制作成移动式、拆装式还是固定式，要因地制宜、因财制宜，本着实用、省钱、方便，利于育苗的原则就可以了。

6．种苗储运设备

种苗的包装设计应根据种苗的大小、育苗盘规格、运输距离的长短、运输条件等确定。注明种苗的种类、品种、数量、规格、装箱容量、生产单位等。包装箱多为多层包装纸箱，一般放置4～6个穴盘，采用纸板分层叠加。运输设备包括封闭式保温车、厢式货车、运输架等。根据运输距离选择不同的包装容器（纸箱、木条箱、木箱、塑料箱），远距离运输时，每箱装苗量不宜过大。运输过程中注意防风遮阳，并保持一定的湿度。

任务三　蔬菜穴盘育苗技术

蔬菜穴盘育苗技术是我国20世纪80年代中期从美国引进的一项新的育苗技

术，穴盘育苗是以草炭、蛭石等轻基质材料做育苗基质，采用机械化精量播种，一次成苗的现代化育苗体系，蔬菜穴盘育苗是蔬菜产业适应工业化社会生产水平的产物，是规模化蔬菜基地和出口蔬菜基地生产的最佳选择，也是现代高效农业的标志之一。

一、育苗前的准备工作

（一）穴盘的准备

1．穴盘的选择

育苗穴盘按材质不同可分为聚苯泡沫穴盘和塑料穴盘，其中塑料穴盘的应用更为广泛。塑料穴盘一般有黑色、灰色和白色，多数种植者选择使用黑色盘，吸光性好，更有利于种苗根部发育。穴盘的尺寸一般为 54 cm×28 cm，规格有 50 孔、72 孔、128 孔、200 孔、288 孔、392 孔等几种（图 8-1）。在育苗之前，要按照育苗种类、计划苗龄确定育苗盘的种类。

图 8-1　不同规格的穴盘

大孔穴的体积大，每孔装的基质多，水分、养分蓄积量大，水分调节能力强，通透性好，有利于幼苗根系发育，管理较为容易，但同时可能育苗数量少，而且成本会增加；小孔穴的苗盘因基质水分变化较快，管理技术水平要求较高。穴盘的深度对幼苗的生长也有很大的影响，深盘较浅盘为幼苗提供了较多的氧气，促进了根系的生长发育。但是，选用深孔穴盘育苗应当适当延长育苗期，以利于提苗。

夏季育苗要使用孔数少的苗盘，冬季育苗要使用孔数多的苗盘，因为夏季苗生长较快，冬季苗生长较慢些。夏季甜椒、甜瓜育苗以 72 孔盘为宜，芹菜、甘蓝等多以128孔和288孔的为好。穴盘的选择和穴盘育苗期及成苗标准详见表8-3、表 8-4。

表 8-3 适宜穴盘的选择

蔬菜种类	288 孔	128 孔	72 孔
冬春季茄子	2 叶 1 心	4～5 片叶	6～7 片叶
冬春季甜椒	2 叶 1 心	8～10 片叶	
冬春季番茄	2 叶 1 心	4～5 片叶	6～7 片叶
夏秋季番茄	3 叶 1 心	4～5 片叶	
黄瓜			3～4 片叶
夏播芹菜	4～5 片叶	5～6 片叶	
生菜	3～4 片叶	4～5 片叶	
大白菜	3～4 片叶	4～5 片叶	
甘蓝	2 叶 1 心	5～6 片叶	
菜花	2 叶 1 心	5～6 片叶	
抱子甘蓝	2 叶 1 心	5～6 片叶	
羽衣甘蓝	3 叶 1 心	5～6 片叶	
木耳菜	2～3 片叶	4～5 片叶	
菜豆		2 叶 1 心	
球茎茴香	2～3 片叶		
菊苣	2～3 片叶		

表 8-4 不同穴盘育苗期及成苗标准

蔬菜种类	穴盘选择	育苗期/d	成苗标准（叶片数）
冬春季茄子	288	30～35	2 叶 1 心
	128	70～75	4～5
	72	80～85	6～7
冬春季甜椒	288	28～30	2 叶 1 心
	128	75～80	8-10
冬春季番茄	288	22～25	2 叶 1 心
	128	45～50	4～5
	72	60～65	6～7
夏秋季番茄	200 或 288	18～22	3 叶 1 心
黄瓜	72	25～35	3～4

蔬菜种类	穴盘选择	育苗期/d	成苗标准（叶片数）
夏播芹菜	288 128	50 左右 60 左右	4～5 5～6
生菜	288 128	25～30 35～40	3～4 4～5
大白菜	288 128	15～18 18～20	3～4 4～5
结球甘蓝	288 128	20 左右 75～80	2 叶 1 心 5～6
花椰菜	288 128	20 左右 75～80	2 叶 1 心 5～6
抱子甘蓝	288 128	20～25 65～70	2 叶 1 心 5～6
羽衣甘蓝	288 128	30～35 60～65	3 叶 1 心 5～6
木耳菜	288	30～35	2～3
菜豆	128	15～18	2 叶 1 心

2．穴盘的消毒

此外，使用过的穴盘可能会感染、残留一些病原菌、虫卵，所以一定要进行清洗、消毒。方法是先清除苗盘中的残留基质，用清水冲洗干净（比较顽固的附着物用刷子刷净），冲洗干净的苗盘可以扣着散放在苗架上，以利于尽快将水控干，然后进行消毒。穴盘消毒的方法详见表 8-5。

表 8-5 穴盘消毒的几种方法

药品名称	药品浓度	消毒方法	消毒时间
40%甲醛	100 倍液	浸泡穴盘	30 min
漂白粉	100 倍液	浸泡穴盘	8～10 h
甲醛+高锰酸钾	每平方米用 40%甲醛 30 mL，高锰酸钾 15 g	气体熏蒸	密闭房间
硫黄粉+锯末	硫黄粉 4 g，锯末 8 g	点燃熏烟	24 h

（二）育苗基质的选择

育苗基质的选择是穴盘育苗成功与否的关键因素之一，目前用于穴盘育苗的基质材料，主要是草炭、蛭石、珍珠岩、炭化稻壳、锯末、炉渣灰、菇渣等。

1．常用基质的种类及性能

（1）草炭　世界上的草炭主要分布在北方和近北极地区，热带和亚热带的草炭尚未探明。草炭分为水鲜草炭和灰鲜草炭两种，水鲜草炭多为深位草炭，pH=3.0～4.0，营养成分较低，其氮含量为 0.6%～1.4%，表面有蜡质层，因此亲水性较差；灰鲜草炭为浅位草炭，pH=5.0～5.5，含养分量较高，因为表层蜡质较少，故亲水性较好。到目前为止，西欧许多国家仍然认为草炭是园艺作物最好的基质，尤其是现代大规模机械化育苗，大多数都是以草炭为主，并配以蛭石、珍珠岩等基质。无论是用育苗盘，还是直接压制成各种大小的营养土块，其效果都很好。

（2）蛭石　蛭石是由云母片在 850℃以上的炉内燃烧膨胀而成，在建筑上作保温材料使用，在农业上可作为基质使用。蛭石密度小，透气性好，具有很强的保水能力，含有较高的盐基代换量，钾的含量相当高。无土育苗时，草炭与蛭石的配比为 2∶1 或 3∶1，播种之后覆盖料全部为蛭石。根据蛭石粒径大小分为很多类型，蔬菜无土育苗多选用粒径为 2～3 mm 的蛭石。

（3）珍珠岩　珍珠岩是火山灰岩高温发泡制成，pH 在 7.0～7.5，珍珠岩不具有保水能力和盐基代换能力，加入基质后能增加其透气性，可减少基质水分含量，有些花卉育苗中常加入 30%，蔬菜育苗中珍珠岩用量不多，一般只加入 10%左右，夏季育苗中不加珍珠岩。珍珠岩作为育苗基质使用以粒径 1.5～6 mm 为宜，用量不宜过大，一是因其含有氧化钠，二是因其浇水时易浮起。

（4）炭化稻壳　炭化稻壳又称砻糠，是将稻壳加温炭化而成。炭化稻壳的特点是容重小，质量轻，孔隙度高，通气性好，保水力较强，不易发生过干过湿现象。炭化稻壳含有多种营养成分，一般含氮 0.54%、磷 0.049%、速效钾 0.6%、钙 0.08%。炭化稻壳为碱性，使用前应进行预处理。即使如此，使用后有时也会使 pH 升高，因此，在使用过程中应随时注意基质 pH 的变化，防止因 pH 升高而影响蔬菜幼苗的生长。

（5）锯末　锯末是森林和木材加工业的副产品，如加拿大西海岸地区、美国西北沿海森林发达地区，锯末资源非常丰富，多被用作育苗基质，其中以黄杉、铁杉锯末最好。但有些树种有毒，其锯末不宜作育苗基质。锯末质轻，具有较强的吸水和保水能力。但应注意，用锯末作育苗基质时，要充分堆沤腐熟后，再与其他基质配合使用。

（6）菇渣　棉籽壳是食用菌生产的重要培养料，一般种过蘑菇后就不再用了，但它可以作为育苗基质使用。种过蘑菇的棉籽壳掺有少量石灰，使用前必须先将石灰块拣出，破碎过筛，然后喷少量水起堆，覆盖薄膜堆腐（夏季高温季节 1 个月），以便腐熟和杀灭病菌。棉籽壳 pH 较高（7.67），容重较小，持水量较大，通气孔隙度较高，富含有机质和速效养分，是一种较好的育苗基质。

（7）糠醛渣　糠醛渣是生产糠醛的废料，糠醛渣 pH 较低（2.28），容重较小，持水量较高，通气孔度和毛管孔度都较高，阳离子代换量较大，富含有机质和速效养分，尤其是速效钾含量高达 1.35%，是良好的供钾基质。糠醛不能单独使用，必须与其他基质配合使用，且用量要严格掌握。

（8）炉渣灰　炉渣灰为工业、民用燃煤废弃物，各地均有，数量较大。炉渣灰的 pH 约 7.76，微碱性，容重相对较大（0.98 g/m^3），持水量较低，总孔度较小，含有镉、铅、镍、铜、锌、铁等重金属元素。用炉渣灰作育苗基质使用，最好是粉碎过筛，必要时可经过水洗后再用。

常用基质的物理特性见表 8-6。常用基质的化学特性见表 8-7。

表 8-6　常用基质的物理特性

常用基质	容重/（g/m^3）	密度/（g/m^3）	持水量/%	总孔隙度/%	通气孔隙/%	毛管孔隙/%
草炭	0.27	1.74	250.6	84.5	16.8	67.7
蛭石	0.46	2.52	144.1	81.7	15.4	66.3
珍珠岩	0.09	1.20	568.7	92.3	40.4	52.3
糠醛渣	0.21	1.78	129.3	88.2	47.8	40.4
棉籽壳	0.19	1.75	201.2	89.1	50.9	38.2
炉渣灰	0.98	1.94	37.5	49.5	12.5	37.0
锯末	0.19	—	—	78.3	34.5	43.8
炭化稻壳	0.15	—	—	82.5	57.5	25.0

表 8-7　常用基质的化学特性

常用基质	pH	电导率/（mS/cm）	阳离子代换量/（mmol/kg）	有机质/（g/kg）	碱解氮/（mg/kg）	有效磷/（mg/kg）	速效钾/（mg/kg）
草炭	5.80	1.04	48.50	262.2	1 251.3	84.2	114.2
蛭石	7.57	0.67	5.15	0.6	9.3	22.2	135.0
珍珠岩	7.45	0.07	1.25	0.9	15.1	10.8	69.6
糠醛渣	2.28	5.10	18.93	365.2	267.8	190.0	13 500.0
棉籽壳	7.67	4.70	15.32	252.1	731.0	131.5	5 200.0
炉渣灰	7.76	2.23	4.12	0	40.1	52.6	120.4

2．育苗基质的选配

（1）育苗基质的选配原则

① 选择使用当地资源丰富、价格低廉的轻基质。在应用蔬菜穴盘育苗技术时，如何选择育苗基质是关系到育苗成本和育苗质量的首要问题。在通常情况下，应充分挖掘和利用当地适合穴盘育苗用的轻基质资源，降低育苗基质成本，从而降低穴盘苗的销售价格。根据各地实际情况，选用炭化稻壳、棉籽壳、锯末、蛭石、珍珠岩等价格低廉的轻基质作穴盘育苗基质。

② 育苗基质以配制有机无机复合基质为好。在配制育苗基质时，应注意把有机基质和无机基质科学合理组配，更好地调节育苗基质的通气、水分和营养状况。

③ 育苗基质需具有与土壤相似的功能，利于根系缠绕，以便起坨。

④ 从生态环境角度考虑，要求育苗基质基本上不含活的病菌虫卵，不含或尽量少含有害物质，以防其随苗进入生长田后污染环境与食物链。

（2）适宜基质及配方的选择　我国穴盘育苗基质主要成分是草炭、蛭石、珍珠岩。由于加入珍珠岩后，基质容易产生青苔，绝大部分育苗场主要采用草炭加蛭石作为基质材料。草炭∶蛭石的（体积比）为 2∶1 或 3∶1，覆盖种子全部为蛭石。草炭和蛭石本身不但含有一定量的大量元素，还含有一定量的微量元素，但是对于大多数蔬菜苗期生长的需求量来说，仍不能满足，还要加入一定量的有机肥和无机肥。部分蔬菜穴盘育苗基质参考配方见表 8-8。

表 8-8　部分蔬菜穴盘育苗基质参考配方

蔬菜种类	适宜基质（体积比）
茄果类	菇渣∶草炭∶蛭石=2∶1∶1 中药渣∶蛭石∶草炭=2∶1∶1 玉米秸秆∶蛭石=3∶1 草炭∶蛭石=3∶1
大白菜	菇渣∶玉米秸秆∶蛭石 =2∶2∶1
青花菜	菇渣∶草炭∶蛭石=2∶1∶1 中药渣∶草炭∶蛭石=2∶1∶1
西瓜等瓜类	草炭∶珍珠岩∶蛭石=3∶1∶1

（3）基质用量的估算　在进行穴盘育苗之前，首先应该了解计划使用的穴盘种类，以及每立方米基质的装盘数量。常用的有 72 孔、128 孔和 288 孔三种，因此，所用基质数量也不尽相同，详见表 8-9。穴盘育苗基质多用草炭和蛭石配制而成，配制比例一般采用 2/3 草炭+1/3 蛭石，或者是 3/4 草炭+1/4 蛭石，根据表 8-9

数据可计算出草炭、蛭石的用量。

表 8-9　穴盘规格及用料

产地	规格/穴	上边口长/cm	下边口长/cm	深度/cm	容积/（mL/盘）	每方基质装盘/个	基质用量/（方/千盘）
美国	72	4.2	2.4	5.5	4 633	215	4.65
	128	3.1	1.5	4.8	3 643	274	3.65
	288	2.0	0.9	4.0	2 765	362	2.76
韩国	72	3.8	2.0	4.8	3 186	313	3.20
	128	3.0	1.4	6.5	4 559	219	4.57
	288	2.0	0.9	4.6	2 909	343	2.92

（4）基质消毒　育苗基质在使用之前应进行消毒，可采用化学药剂和杀菌剂进行消毒（表 8-10）。

表 8-10　育苗基质消毒方法

药剂名称	药剂浓度	用药量	方法及时间	注意事项
40%甲醛	50～100 倍	喷洒 10～20 kg/m^3	盖上薄膜闷 24 h	甲醛一定要充分挥发
福美双混合制剂	50%福美双、70%五氯硝基苯	各 20～25 g	充分混拌均匀后即可	药剂过量易发生药害，主要用于猝倒病、立枯病
代森锌混合制剂	65%代森锌、90%五氯硝基苯	各 20～25 g		
50%百菌清		100～200 g/m^3	先与少量基质混合	混合均匀

二、播种育苗

（一）种子处理

穴盘育苗对种子的质量要求较高，出苗率低，造成穴盘空格增加，形成浪费，出苗不整齐则使穴盘苗质量下降，难以形成好的商品。因此，蔬菜穴盘育苗通常需要对种子进行预处理。一般的种子可采用先浸种催芽再播种的方法，可形成非常整齐的种苗，发挥穴盘育苗的优势。

1．浸种

浸种的方法主要有温汤浸种法和药剂处理法。

(1)温汤浸种法　将种子放入50～60℃温水中，顺时针搅拌种子20～30 min，至水温降至室温时停止搅拌，然后浸泡一段时间，用清水冲洗干净后滤去水分，将种子风干后备用。不同蔬菜种子温水处理温度与时间详见表8-11。

表8-11　种子温水处理温度与时间

蔬菜种类	水温/℃	时间/min
番茄	50～55	30
甜椒	50～55	30
茄子	55～60	30
苦瓜	55～60	30
丝瓜	55～60	30
南瓜	55～60	30
冬瓜	55～60	30
芹菜	48～50	25
菊苣	48～50	25
球茎茴香	48～50	25
甘蓝	45～50	20
花椰菜	45～50	20
抱子甘蓝	45～50	20
羽衣甘蓝	45～50	20

(2)药剂处理　药剂处理种子的目的是杀灭附着在种子表面的病菌，种子先用清水浸泡2～4 h后再置入药剂中进行处理，药剂处理后应用清水将种子冲洗干净，风干后备用，否则易产生药害（表8-12）。

表8-12　药剂使用方法及病害防治

蔬菜种类	病害防治	药剂使用	药液浓度/倍	浸泡时间/min
番茄	病毒病	40%磷酸三钠或	10	20
		氢氧化钠	50	15
甜（辣）椒	早疫病	40%福尔马林	100	15～20
	病毒病	40%磷酸三钠	10	20
	炭疽病	硫酸铜	100	5
	细菌性斑点病	硫酸铜	100	5

蔬菜种类	病害防治	药剂使用	药液浓度/倍	浸泡时间/min
茄子	褐纹病	40%福尔马林	300	15
黄瓜	枯萎病	50%多菌灵或	500	60
		40%福尔马林	150	90

2．其他处理方法

另外，还有种子活化处理、微量元素浸种、种子包衣和种子丸粒化等种子处理方法，目前机械播种采用包衣种子和丸粒化种子较多。如日本 Sakata，Takll 和荷兰的一些公司，种子质量好且经过包衣，很多品种的出苗率可达 98%以上，可以不必经过种子处理直接播种，效果也好。

（二）装盘与播种

穴盘育苗对播种技术要求十分严格，蔬菜育苗穴盘自动精播生产线装置，是工厂化育苗的一组核心设备，它由育苗穴盘（钵）摆放机、送料及基质装盘（钵）机、压穴及精插机、覆土和喷淋机五大部分组成。这五大部分连在一起是自动生产线，拆开后每一部分又可独立作业。这种自动生产线装置在荷兰、日本、韩国、中国台湾等地都有产品，下面以韩国自动精播生产线装置为例介绍全自动播种机播种的作业程序，全自动播种机播种的作业程序包括摆盘、装盘、压穴、播种、覆盖和喷水等。在播种之前先调试好机器，并且进行保养，使各个工序运转正常以保证较好的播种质量。

1．摆盘

穴盘被育苗穴盘摆放机成摞装载到机器上，机器按照设定的速度自动地把育苗穴盘一张一张地摆放到传送带上，传送带将穴盘传送到装基质的作业处。

2．装盘

送料及基质装盘机的送料装置将育苗基质运送到储基质箱中，经控制机关自动把基质颠撒到传送中的穴盘上，传送带上的穴盘轻轻振动，基质即均匀地充满每个穴孔，装满基质的穴盘继续传送，在传送过程中，多余的基质被刮除装置从穴盘上面刮去。

3．压穴

装满基质的育苗穴盘被压穴装置轻压，使得每一个填满基质的穴孔中间都压有一播种穴，从而保证每粒种子能均匀地播在穴孔中间，并保持一致的深度，以利覆土厚度一致，出苗整齐。

4. 播种

压好播种穴的育苗穴盘被送到精播机下，精播机利用真空吸、放气原理，由种子吸管的管喙，将种子从种子盒中吸起，移动到育苗穴盘上方，再由减压阀自动放气，种子自然落进播种穴，每动作一次，播种一纵行。

精播机的生产厂家或型号不同，其播种方式也不同，自动精播生产线装置一般是在育苗盘行进中一行一行地播，而独立使用的自动或半自动的精播机，一次播种一张穴盘。

5. 覆盖

播完种的育苗穴盘被运送到覆土机的下方，覆土机将储存在基质箱内的基质均匀地覆盖在播过种子的穴孔上面，并保持一定的厚度。

6. 喷水

覆盖好基质的育苗穴盘被运送到喷淋机下，喷淋机将按照设计的水量，在穴盘的行走过程中把水均匀地喷淋到穴盘上。有些厂家的喷淋机原理是育苗穴盘行至喷淋机下时稍作停留，然后将整个穴盘一次性淋足水。

完成整个播种过程的育苗穴盘被运送到催芽室催芽。

（三）催芽

1. 发芽条件

种子发芽除具备自身条件（如成熟度、饱满度、生活力等）外，还必须具备适宜的环境条件。一般来说，种子发芽所需求的环境条件主要是温度、水分和氧气，有些蔬菜种子的发芽还需要一定的光照。

（1）温度　不同种类的蔬菜种子发芽时都要求一定的温度条件，一般情况下，喜温性的茄果类、瓜类和豆类蔬菜，最适宜的发芽温度为25～30℃；较耐寒的白菜类、根菜类等蔬菜，最适宜的发芽温度为15～25℃。超过或低于这个温度范围，蔬菜种子发芽会受到不同程度的影响。如果温度过低，低于种子发芽的最低温度时，种子里的多种酶活动停止，呼吸作用非常微弱；若再处于多水、嫌气条件下，种子很容易失活而腐烂。如果温度过高，超过了种子发芽的最高温度，种子里的多种酶活动也受到抑制，呼吸作用强烈，消耗过多的营养物质，使种子发芽不正常，这样很难培育成商品壮苗。一般而言，在一定的温度范围内，随着温度的增加，蔬菜种子发芽速度加快，但发芽率会降低；若在较低温度下，虽然发芽速度较慢，但发芽率可能会增加。

（2）水分　水是蔬菜种子发芽必需的先决条件，只有当种子充分吸水后，才能恢复旺盛的生命活动。种子吸水膨胀后会变软，使胚容易生长。同时由于种皮变软，增加了透气性，改善幼胚生长时的氧气供应状况。一般来说，种皮较薄的白菜、甘蓝、萝卜等十字花科蔬菜种子吸水较容易；而茄子、辣椒、西瓜、冬瓜、苦瓜、菠菜、葱等蔬菜种子的种皮较厚，吸水较为困难。蛋白质含量较高的蔬菜种子（如毛豆等豆类种子）吸水能力较强，吸水量较大；富含脂肪的蔬菜种子（如白菜、萝卜等）吸水能力较弱，吸水量较小；以糖类为主要成分的蔬菜种子的吸水能力介于以上两者之间。

各类蔬菜种子发芽时对其吸水量都有一定的范围要求，并非越多越好。如菜豆适宜的吸水量为种子风干重的 105%、番茄为 75%、黄瓜为 52%。若吸水过量甚至处于淹水状态，种子发芽就会受到严重影响，甚至导致种子因缺氧而腐烂；若吸水量不足，则种子发芽困难。

（3）氧气　氧气是蔬菜种子发芽必不可少的重要环境条件之一。一般蔬菜种子需氧量在 10%以上才能够正常发芽，但不同的蔬菜种子发芽时对氧气的需要量不尽相同，如萝卜种子在含氧量 21.4%时发芽率最高；而菜豆种子则在 2%、黄瓜在 5%的含氧量环境中即可正常发芽。种子发芽时如果氧气不足甚至无氧，种子就会进行无氧呼吸。若无氧呼吸时间过久，则会消耗较多的有机物，释放较少的能量，同时还会积累过多的酒精等有毒物质，使胚芽、胚根等中毒，严重者导致死亡。在浸种、催芽时通气不良，或播种后基质覆盖过厚，都会造成环境中氧气不足，使种子不能正常发芽，甚至造成烂种缺苗，因此，必须给蔬菜种子创造一个良好通气的发芽环境，使种子发芽有充足的氧气，才能保证种子正常发芽，为培育健壮的幼苗奠定基础。

（4）光照　光对蔬菜种子发芽并非都是必需的，但有些蔬菜种子的发芽除满足温度、水分和氧气 3 个条件外，还必须要有一定的光照条件才能发芽，通常将这些种子称之为需光种子。相反，有些蔬菜种子发芽是不需要光的，有光则对此类蔬菜种子发芽有抑制作用，这些种子称之为嫌光种子（或需暗种子）。一般按照种子发芽对光的要求，可将蔬菜种子分为以下三类。

①需光种子：此类种子在光下发芽良好，暗中几乎不能发芽或发芽不良。如莴苣、芹菜、胡萝卜等。

②嫌光种子：此类种子在黑暗条件下发芽良好，但在光下发芽不良。如韭菜、葱、洋葱、茄子、番茄、辣椒、南瓜等。

③中光种子：此类种子发芽对光照不敏感，在有光或黑暗条件下均能正常发芽。如豆类、菠菜等。

应当指出的是，种子发芽对光照的要求，其界限不是绝对的，常因品种、种子后熟程度及发芽条件的不同而发生变化。例如，莴苣种子本身是需光的，但有的品种是嫌光的。即使是同一个品种的种子，也会因种子后熟程度的提高，可以使原来需光的种子在黑暗条件下能正常发芽。

2. 催芽室

催芽一般在催芽室内完成，它是一个环境可控制的种子萌发室。催芽室的设计应便于穴盘码放在可移动的架子上，穴盘可以推出观察，或送到温室。催芽室内的温度由冷热系统控制，湿度主要靠弥雾加湿系统，光照可以配置，也可以不配置。催芽时要避免基质湿度过饱和，以保证埋在穴盘基质中的种子有足够的氧气供应，有利于种子萌发。一般在催芽室中种子的萌发率比温室至少高 10%。种子在催芽室萌发的优点是发芽率高、发芽速度快、发芽均匀度高、占用温室空间小，不需要投入很多精力控制适宜的温度、湿度水平；缺点是建造催芽室的成本高、生产流程中需要搬运穴盘、时间控制要求严，必须密切监视以便穴盘能及时从催芽室转移到温室，只有这样才可获得最好的发芽，避免种芽过分伸展。

在催芽室中穴盘不能采用手工浇水，因为那样可能会将种子冲出穴孔或将种子埋入穴孔基质里。穴盘进入催芽室之前，应浇灌适量的水，进入催芽室后将不再浇水，而是用喷雾加湿系统来维持催芽室内的湿度，使穴盘的湿度保持在原始状态，既不增加湿度也不损失湿度。喷雾系统要求很细的雾粒（雾滴直径为 10～50 μm），而且雾滴越细，雾粒分布越好，整个催芽室内的湿度分布就越均匀。

一旦穴盘从催芽室移出，应立即将他们放置在温室的栽培床上完成育苗的第 2 阶段。在此期间应保证温室内温度不宜过高，光照不宜过强，以便幼嫩的小苗能适应不同的生长环境。光照强度应低于 16 140 lx，土壤温度应保持在接近或略低于催芽室内温度，湿度应注意保持湿润。

三、苗期环境条件控制

蔬菜苗期需要水、肥、气、热、光五个环境因素的共同作用，才能使秧苗茁壮成长。水是指水分条件，包括基质湿度和空气湿度；肥是指基质肥料条件；气指气体条件，气体条件又包括育苗温室的气体和育苗基质中的气体；热指的是温度条件，包括室温、地温及昼夜温差；光指的是光照条件。这些环境条件共同影响着秧苗的生长发育，掌握和控制好育苗温室的环境才能育出壮苗。

（一）水分条件

水是穴盘苗生产中最重要的因素，对水质进行了解是非常必要的。劣质水会破坏土壤结构，阻止空气和水的渗透，引起对叶和根的直接盐害，造成个别离子中毒（如高硼或高氟化物）和个别离子缺乏（如低钙或低镁），改变基质的 pH；

降低对肥料的吸收，引起轻微甚至严重的营养缺乏，诱导霉菌和细菌的扩散，如腐霉病、疫病，造成植物生长迟缓，叶片变黄。在生产中，水分管理不善，会给穴盘苗生产者带来巨大的损失。浇水看起来简单容易，其实不然，在不适当的时间或用错误的方法浇水，就会影响穴盘苗的生产，尤其对那些需水量不同的蔬菜，浇水工作就变得更加复杂。

1. 水质

（1）水的 pH 和酸碱度　pH 表示水的酸碱度，pH 等于 7 表示水是中性的，pH 大于 7 表示碱性，pH 小于 7 表示酸性。生产使用水的 pH 范围应在 5.0～6.5，因为多数化学元素和化学物质如生长调节剂、杀菌剂、杀虫剂，在此酸碱度下是可溶的。水的 pH 并不直接影响生长基质的 pH，但水的酸碱度则直接对生长基质和植物的营养吸收有影响。

（2）可溶性盐类　在穴盘苗生产中，可溶性盐类是水质的重要组成部分，地位仅次于碱度。可溶性盐类的浓度是指所有溶解粒子的总量，包括每单位溶液的化肥量。可溶性盐类的浓度是用电导计来测量，用电导率（EC）表示，单位用 mS/cm 或 mmhos/cm 表示。一般来说，在不含化肥的灌溉水中的可溶性盐类浓度小于 1.0 mmhos/cm 才适宜生产。

许多穴盘苗对来自劣质水中的高含量盐类具有敏感性，高浓度可溶性盐类会降低萌发率，损伤根和根毛及灼伤叶片。穴盘中高浓度的可溶性盐类，可用中粗的、排水性好的基质，多加 5%～10%的水冲洗加以改善，不要让生长基质太干，否则易使根系周围的盐浓度增加 3～4 倍。

2. 基质水分含量

在蔬菜的不同生育阶段，基质水分的含量也不同（表 8-13）。

表 8-13　不同生育阶段基质水分含量（相当于最大持水量的百分比）

蔬菜种类	播种至出苗	子叶展开至 2 叶 1 心	3 叶 1 心至成苗
茄子	85～90	70～75	65～70
甜（辣）椒	85～90	70～75	65～70
番茄	75～85	65～70	60～65
黄瓜	85～90	75～80	75
芹菜	85～90	75～80	70～75
生菜	85～90	75～80	70～75
甘蓝	75～85	70～75	55～60

3. 水分管理

穴盘育苗供水最重要的是均匀度，一般采用自走式悬臂喷灌系统喷水或人工浇水，可设定喷洒量与时间，洒水均匀无死角、无重叠区，但由于穴盘苗孔穴小，每株幼苗生长空间有限，穴盘中央的幼苗容易互相遮光，并因湿度高造成徒长，而穴盘边缘的幼苗通风较好而容易失水，边际效应非常明显。因此为了维持正常生长及防止幼苗徒长，水量的平衡需要精密控制。植物的各个生长过程都需要水，绝对不允许穴盘苗完全干燥；反之，基质中的水分过于饱和也不行，它会造成根系缺氧。穴孔越小，含水量就越容易发生变化，穴盘苗就越脆弱。较深的穴孔为基质的排水和透气提供了更有利的条件。

当植物缺水时，植物会出现萎蔫，光合作用减弱，植物的生长迟缓，缩短了幼嫩细胞的寿命，叶片小，茎短，植株表皮坚硬。情况更加严重时，叶缘出现灼伤，并向内部延伸直到整片叶。在湿度极低的情况下，根部周围的可溶性盐可增加三、四倍，有时植物子叶或位置较低的叶子会脱落，当湿度控制恰当时，植物长得短粗，根系发达。浇水次数较多时，新生茎叶容易长得大而弱，植物倾向于徒长而变得过高。这些植物在强光和干的环境下也容易萎蔫，不便于运输或储存。若浇水太频繁，减少了基质透气性，会对根造成破坏。坏死的根系不能吸收养分和水分。另外，烂根和猝倒病会更加蔓延，造成杀菌剂的用量增加。总之，当湿度太高时，植物会长得过高、过弱、根系差、多病。

管理者在决定哪个穴盘需要浇水，哪个已达足够的湿度之前，需要考虑以下几个因素：对于没有覆盖的穴盘，基质表面颜色轻微地由深变浅，说明已开始变干，这种预示在萌发阶段尤其重要；当覆盖粗蛭石的穴盘颜色轻微变浅时，也说明基质需要更高的湿度。用手接触基质表面，并把手指插进基质里，可以感觉到基质的湿度。对于较深的穴盘，在浇水前要挖出一部分，观察下半部分是否有一定的湿度。托起穴盘估计它的重量，以此来判断基质湿度也是一种比较理想的测试方法，但要知道不同大小的穴盘在湿度水平不同时（湿、中等、干）的质量。计算距最后一次灌溉的时间，也可作为什么时候需要浇水的判断方法。另外还可以观察穴盘底部的基质是否是干的，以此决定是否该浇水。

穴盘苗在不同的发育阶段其水分管理要求也不一样，在种子萌发阶段，穴盘的下半部分基质绝对不能变干。在种子萌发幼苗长出时，主要是控制穴盘上半部分的湿度，相对湿度降到 80%，增加基质通气量，以利根部在通气较佳的基质中生长。真叶生长期，供水量应随幼苗成长而增加，浇水时一定要浇透，浇均匀，并且始终要保持基质湿润，不要让穴面基质干枯结痂，防止根毛受伤。但也要适当控制穴盘的湿度，尤其是下半部分的湿度，干湿度按一定周期控制，以利于根的发育。炼苗期要限制给水以健壮植株，在定植前 3～4 h 浇透水，利于起苗。

控制湿度水平要彻底了解湿度与温度、光照、空气湿度和养分的相互作用：①高温和强光会导致水分的蒸发和蒸腾作用加快，导致穴盘变干。②在低温、多云或通风差等造成的高湿环境下，穴盘干得慢，此时光合作用还很活跃，若水分充足，幼苗可能会徒长。③施肥应根据每次浇水时淋洗的量、是否用清水、使用化肥的次数以及化肥的类型做相应的调整。④当穴盘苗的根系完全发育好时，植物将快速吸收更多的水分；因此穴盘要比预计的干得快。若再加上晴天天热，穴盘苗几乎每天都会出现萎蔫现象。

在以下几种情况时水只浇到穴的一半比较合适：①天气由晴变冷、变阴。②温室湿度特别高。③穴的下半部分仍有毛细作用产生的湿度。④第二天早晨要对幼苗施肥。在实际育苗供水方面还应注意以下几点：①阴雨天日照不足且湿度高时不宜浇水；②喷水时间以上午为主，避免下午 3 点后喷水，以免夜间潮湿徒长；③穴盘边缘苗株易失水，必要时应补水。

（二）温度条件

温度条件是指育苗温室的气温和幼苗根际周围的地温，以及昼夜温差三个方面，不同蔬菜种类、不同生长阶段对温度的要求各不相同。一般种子播后催芽出苗阶段，是育苗期间需要温度最高的时期。待 60%以上种子拱土后，温度可适当降低，但仍需保持较高温度以保证出苗整齐。幼苗第 1 片真叶展开后，可将温度调整到蔬菜苗期适宜生长的温度。定植前 5～7 天逐渐加大放风，降低温度，以达到炼苗的目的（表 8-14、表 8-15）。

表 8-14 幼苗期温度管理标准

蔬菜种类	白天温度/℃	夜间温度/℃
茄子	25～28	18～21
甜、辣椒	25～28	18～21
番茄	20～23	15～18
黄瓜	25～28	15～16
甘蓝	18～22	12～16
绿菜花	18～22	12～16
抱子甘蓝	18～22	12～16
芦笋	25～30	18～21
花椰菜	18～22	12～16
甜瓜	25～28	17～20

蔬菜种类	白天温度/℃	夜间温度/℃
西葫芦	20～23	15～18
西瓜	25～30	18～21
芹菜	18～24	15～18
生菜	15～22	12～16

表 8-15 成苗期温室温度管理标准及苗龄

蔬菜种类	白天温度/℃	夜间温度/℃	苗龄/周
芦笋	21～27	14～16	8～10
青花菜	16～21	10～12	7～9
抱子甘蓝	16～21	10～16	7～9
甘蓝	16～21	10～16	7～9
花椰菜	16～21	10～16	7～9
芹菜	15～23	12～15	9～10
黄瓜	24～28	12～15	4～5
茄子	24～28	13～20	10～12
生菜	13～18	10～13	5～7
甜瓜	21～24	15～19	4～5
洋葱	15～18	12～16	10～12
西葫芦	18～21	12～15	4～5
番茄	18～24	13～15	7～9
西瓜	21～27	16～20	4～5

（三）光照条件

在冬天光照有限时，植物所有的生理过程会降低，特别是光合作用降低，造成植物生长减慢、茎段细长、叶片小、节间长。补充一定数量的光会使植物分枝增加，茎段粗短、健壮，枝叶茂盛，根系发达，结构紧凑。正确地补光，会提高穴盘苗的质量和生长速度。所有植物在幼苗期对光都比较敏感。真叶出现后，补光对植物通常比较有益，特别是第一片或第二片真叶出现后的 2～6 周效果最好。无论在什么地方，对幼苗补充光照都会加速生长，提高植物的质量。过了 6 周后，补光对植物就失去了价值，对种植者来说也不经济。

作物补光时间一般为 16～18 h，其中既包括白天开着灯的时间，也包括光照强度充足时把灯关闭的那部分时间。一般在自然光超过灯光 2 倍强度的时候要关灯。栽培者在冬天可以在下午 4 时开灯，到午夜关灯。补光时常用的灯是金属卤灯和高压钠灯，统称为 HID 灯。这两种灯都可以将电能有效地转化为可见光能，其功效也在多年的试用过程中得到证明。两种灯中，金属卤灯发出的光波较好，而高压钠灯的价格及操作费用都比较便宜。目前，很多温室内普遍安装的是高压钠灯。荧光灯比较有效，但为了达到正常的光强需要过多的固定装置，把很多自然光都挡掉了。白炽灯只有在光强要求较低的光周期处理中才使用。反射镜和灯一样重要，它可以使光分布均匀，避免苗床出现过热或照射不到的情况。补光和肥料、二氧化碳结合在一起，会加快作物的代谢，提高穴盘苗的质量。若补光能使同样面积的温室内生产更多的穴盘苗或以更高的价格出售，那么补光就值得考虑。在北方，栽培者至少要为几种作物的穴盘苗补光，帮助它们度过冬季。

（四）肥料条件

基质营养条件和基质酸碱度对秧苗的生命活动影响很大，基质中矿质元素的多少影响秧苗的营养生长和花芽分化速度，而基质酸碱度又影响根系对矿质元素的吸收，通常对于无土基质，pH 为 5.5～6.5 时所有的养分都是有效的。因此，育苗期间应十分注意基质的营养状况和酸碱度。

蔬菜在不同的生长阶段，其对养分的需求也不一样。当种子萌发至子叶完全伸展时，幼苗开始进行光合作用，此时每周应施用含 50～75 mg/kg 氮的肥料 1～2 次（多浇水就要多施肥），一般交替使用复合肥 20-10-20 和铵态氮含量低的肥料，如氮磷钾比例为 14∶0∶14 的复合肥。

在真叶生长阶段，幼苗需要更多的养分。根据浇水次数，每周应把氮的浓度增加到 100～150 mg/kg 1～2 次，再次交替使用复合肥 20-10-20 和 14-0-14 或类似的肥料，避免铵态氮含量太高。对多数穴盘苗来说，应保证 pH 在 5.8 左右，可溶性盐在 1.0 mmhos/cm 左右。一旦植物的叶片数目、株高及根系生长已经达到理想的状态，就需要在移栽或运输前控制或延缓植物的生长。穴盘育苗基质矿质元素含量标准见表 8-16，营养元素缺失典型症状见表 8-17。

表 8-16　穴盘育苗基质矿质元素含量标准

矿质元素	含量范围/（mg/L）
硝态氮（NHN_4^-）	＜20
氨态氮（NON_3^-）	40～100
磷（P）	3～5
钾（K）	60～150
钙（Ca）	80～200
镁（Mg）	30～70

表 8-17 营养元素缺失典型症状检索

缺失症状	缺失营养元素
a. 主要症状是黄叶	
b. 整片叶变黄	
c. 只有低位叶变黄，而后枯萎和脱落	氮
cc. 整株植物的叶片都受影响，有些已经变棕色	硫
bb. 叶脉间变黄	
c. 刚刚成熟或老叶的叶脉间变黄	镁
cc. 新叶叶脉间变黄，并且这是唯一症状	铁
d. 除新叶叶脉变黄外，灰色或棕色的斑点同时出现在变黄的叶片上	锰
dd. 在新叶叶脉间变黄的同时，叶的顶端和裂片边缘保持绿色，而后叶脉变黄，快速扩展到全片叶干枯	铜
ddd. 新叶非常小，有时伴有缺叶，节间短，看上去像簇生	锌
aa. 叶片变黄不是主要症状	
b. 症状出现在植物的基部	
c. 最初所有的叶片呈深绿色，而后生长缓慢，下位叶变紫色	磷
cc. 叶片边缘变黄而后枯萎，或小叶斑变枯扩散在老叶上	钾
bb. 症状出现在植物上部	
c. 顶端花苞坏死，叶片变厚，像皮革，变黄，幼茎、叶柄和花梗皱裂呈铁锈色，幼叶起皱	硼
cc. 新叶边缘变形，有时出现条状叶片，生长点停止生长，新叶颜色变淡绿色或不均匀黄色，根系生长短而粗	钙

（五）气体条件

1．氧气

氧气条件包括育苗温室的气体和育苗基质中的气体。育苗温室的氧气是提供秧苗进行呼吸作用的，应经常进行通风换气，保持温室内空气新鲜，满足蔬菜幼苗进行呼吸作用所需的氧气。育苗基质中的气体是指基质中的氧气含量，当基质中的氧气含量充足时，根系才能生成大量的根毛，形成强大的根系。如果基质中水分含量过多，或基质过于黏重，根系就会缺氧窒息，使地上部分萎蔫，生长停止。因此，在配制育苗基质时，一定要注意土质疏松、透气性好。

2．二氧化碳

光合作用必须使用二氧化碳，在秋、冬、春季，为保存温室内的热量通常会关闭通风口，在封闭的温室内，二氧化碳在白天很快被植物利用掉，致使二氧化碳的浓度低于外界空气中的含量（300 μL/L）而成为植物生长的抑制因子。没有足够的二氧化碳，光合作用就会受到限制，植物不能很好地生长，研究表明，环境中的二氧化碳浓度提高 3～5 倍，会增加作物的产量、提高作物的质量、缩短栽培周期。

二氧化碳与其他影响光合作用的因子（温度、光、湿度和养分）一起相互作用，影响光合作用。采用高浓度的二氧化碳生产穴盘苗，白天温度需要提高 3～6℃，而且要尽量提供更多的光。如果用补充光将白天延长，那么应该持续提供二氧化碳，直到没有光时才停止；若光受限，过多的二氧化碳也不会对植物有利，有足够的光，才需要更多的二氧化碳。若温室内湿度太高，会减少蒸腾作用并影响叶片气孔的开张，减少进入叶片内的二氧化碳量。随着二氧化碳增加，光合作用提高，植物需要更多的养分和水才能保证根和茎叶的加速生长、叶片的迅速扩大。因此，在此种情况下栽培者需要增加施肥次数，甚至是双倍，以满足植物快速生长的需要。

大多数作物的光合作用是在白天进行，因此二氧化碳的补充应发生在日出到日落前一小时或到 HID 灯关闭时。二氧化碳只能在风扇关掉或在通风口小于 5 cm 时加入。在较热的天气不要加二氧化碳，因为白天通常会启动制冷系统。理想的二氧化碳浓度不只是恢复到周围环境的水平，而是在白天应保持较高的浓度，穴盘苗一般用 600～1 500 μL/L 的二氧化碳，不要让二氧化碳超过 5 000 μL/L，这样会对人有危险。

四、穴盘苗质量控制

生产高质量的穴盘苗的关键是把温、光、水、气、肥等多种因素综合用于控制地上部分和根部生长的比率，但是首先要了解优质穴盘苗的特征：高度适中，节间短，分枝多；叶片纯绿，无黄叶或黄斑；充分伸展的叶片及与穴盘苗的规格相一致的叶片数目；没有明显的花芽和花；有健康、发达的根系，根上有明显的根毛，潮湿时苗容易拉出；没有病虫害；穴盘苗长得比较整齐；经过炼苗期，苗坚挺。

（一）控制地上部和根部的生长

为了控制穴盘苗地上部和根部的生长，种植者先要估计生长速度，确定是比栽培计划提前了还是推迟了。穴盘苗的生长是一个动态过程，在整个苗期使根和地上部的比例保持在理想的水平是比较困难的。因此，种植者应该根据生产计划调整幼苗的生长情况，或促进根的生长，或促进苗的生长，或加速或抑制穴盘苗的生长。

1．地上部的生长过量

地上部的生长过量或地上部对根的比例太高是造成苗质量差的主要原因。其症状是苗长得较高，茎徒长，叶大而软，根系生长不理想，苗的可拉性差，难以移栽。纠正地上部生长高于根系的方法有：降低温度，减少水分用量，改用多含硝态氮和钙的肥料，增加光强，使用化学生长调节剂。

一个良好的干湿循环（形成一定的水分胁迫）会促进根的生长，同时又能保证地上部的生长不会太快。冬天若基质在两天内或春天基质在一天内没干，要察看基质的保水性和透气性，可能是颗粒太细，没有足够的空气流通空间或排水空间，也可能在充填穴盘时过度压实基质或叠放时把基质压实了，而减少了空气流通的空间，也可能是当幼苗特别小时，浇水喷头的压力太大造成基质结构紧密。

2．根的生长过盛

有时，根系过于发达，而地上部太小，结果地上部对根的比率过低，其症状是叶小，颜色浅，节间短且顶端小，根多，穴盘苗易拉。一般在湿度低、光照强及温暖的地区经常遇到此类问题。促进地上部生长的正确方法有：增加温度；提高水分用量；多用含铵和磷的肥料，少用含硝态氮和钙多的肥料；降低光照水平；增加穴盘苗周围的湿度；减少化学生长调节剂的使用。

为了防止基质太干，需要频繁浇水并浇透，但还要注意不要浇得太多。水分太多，在基质中滞留得太久，就会引起烂根及叶部病害。

3．生产滞后

当穴盘苗的生长晚于计划的生长时间，需要加速穴盘苗的生长时，可以采取以下措施：日平均温度增加 3℃；选用干湿循环浇水法；使用铵/尿素含量高的肥料（如 20-10-20），氮的水平在 150～250 mg/kg，并多次使用；提高光照水平（16 140～26 900 lx）。注意检查基质的 pH 和 EC，以避免根的生长和养分的吸收出现大的问题。

4．生产超前

当穴盘苗的生长早于计划的生长时间时，需延缓穴盘苗的生长，方法有：日平均温度降低 3℃或更多；适当控制基质湿度；使氮的水平低于 100 mg/kg，使用硝态氮含量高和含钙的肥料（14-0-14 或 13-2-13-6-3）；增加光照水平高于 26 900 lx 但不超过 43 040 lx；慎重选用生长调节剂。同时要注意检测基质的 pH 和 EC，防止基质干燥的情况下根系周围的可溶性盐的浓度增加。

（二）控制穴盘苗的高度

穴盘苗过高导致不易移栽，苗弱且易折断，不能尽早开花，根系差，不耐储运，且易患病虫害；反之，苗太小，很难移栽，根系差，叶片数量少，购买后在移栽前仍需在穴盘内栽培一段时间，因此，应控制穴盘苗在合理的高度范围内。

1．温度

夜间的高温易造成种苗的徒长，因此在植物的许可温度范围内，尽量降低夜间温度，加大昼夜温差，有利于培养壮苗。

2．光照

植物形态与光有关，植物自种子萌发后若处于黑暗中生长，易形成黄化苗，其上胚轴细长、子叶卷曲无法平展且无法形成叶绿素，植物接收光照后，则叶绿素形成，叶片生长发育，且光会抑制节间的伸长，故植物在弱光下节间伸长而徒长，在强光下节间较短缩。不同光质亦会影响植物茎的生长，能量高、波长短的红光会抑制茎的生长，远红光会促进节间伸长，因此红光与远红光量之比会影响节间的长度。因此在穴盘苗生产上，为顾及成本不宜人工补光，但在温室覆盖材质上，必须选择透光率高的材料。

3．水分

适当的限制供水可有效矮化植株并且使植物组织紧密，将叶片水分控制在轻微的缺水下，使茎部细胞伸长受阻，但光合作用仍正常进行，如此便有较多的养分蓄积至根部用于根部的生长，可缩短地上部的节间长度，增加根部含量，对穴盘苗移植后恢复生长极为有利。

4．常用的生长调节剂

常用的生长调节剂有 B_9（比久）、矮壮素、多效唑、烯效唑，另外，农药粉锈宁的矮化效果也很好，但不宜应用于瓜类，否则易产生药害。B_9 的化学成分容易在土壤中分解，因此通常使用叶面喷施，施用浓度为（1 000～1 300）$\times10^{-6}$。a-rest 既可浇灌也可喷施，施用浓度为（50～150）$\times10^{-6}$，矮壮素的施用浓度是（100～300）$\times10^{-6}$，多效唑一般使用（5～15）$\times10^{-6}$，烯效唑的施用浓度是多效唑的一半。

（三）炼苗

穴盘苗由播种至幼苗养成的过程中水分或养分几乎充分供应，且在保护设施内幼苗生长良好。当穴盘苗达到出圃标准，经包装储运定植到无设施条件保护的田间，面对各种生长逆境，如干旱、高温、低温、储运过程的黑暗弱光等，往往造成种苗品质降低，定植成活率差，降低农户对穴盘苗的接受力度。如何经过适当处理使穴盘苗在移植定植后迅速生长，穴盘种苗的炼苗就显得非常重要。

穴盘苗在供水充裕的环境下生长，地上部发达，有较大的叶面积，但在移植后，田间阳光直射及风的吹袭下叶片蒸腾速率快，容易发生缺水，导致幼苗叶片脱落以减少水分损失，并伴随光合作用减弱而影响幼苗恢复生长的能力。若出圃定植前进行适当控水，则植物叶片角质层增厚或脂质累积，可以反射太阳辐射减少叶片温度上升，减少叶片水分蒸腾，以增加对缺水的适应力。

夏季高温季节，采用遮阳棚育苗或在有水帘风机降温的设施内育苗，使种苗的生长处于相对优越的环境条件下，这样一旦定植于露地，难以适应田间的酷热和强光，出圃前应增加光照，尽量创造与田间比较一致的环境使其适应，以避免或减少损失。冬季温室育苗，温室内环境条件比较适宜蔬菜的生长，种苗从外观上看质量非常优良，但定植后难以适应外界的严寒，容易出现冻害和冷害，成活率也大打折扣，因此，在出圃前必须炼苗，通风降温 3～5 d，可以起到理想的效果。

（四）包装运输

1．种苗的包装内容

包括包装材料的选择、包装设计和装潢、包装技术标准等。包装材料可以根据运输要求选择硬质塑料或瓦楞纸板等，包装设计应根据苗的大小、育苗盘规格、运输距离的长短、运输条件等确定包装的规格尺寸、包装技术等。

2．种苗的运输内容

种苗的运输涉及种苗专用运输设备的配制，如封闭式运输车辆、种苗搬运车辆、运输防护架等；运输距离的长短、运输条件等直接影响运输方式的确定、运输成本的核算和运输标准的建立等。

在进行运输时，应把种苗包装在特定的容器内，这样不仅装卸方便，而且能保证在运输过程中，种苗处于适宜的环境中，减少运输中种苗的损失。

传统包装方法是：运输前将苗起出，排放整齐，每 50～100 株扎为一捆，根部不带土壤或蘸一层薄泥后用塑料薄膜包严，放入箱中进行运输，少量苗则直接带土坨运输。

穴盘无土苗为不使根部基质松散、脱落而影响苗的正常生长，有利取苗和机械化移栽，一般将苗连同育苗盘一起放入专用纸箱或塑料箱中进行运输。运输箱一般高 20～25 cm，有一定强度，便于运输时叠放，一般一盘一箱为宜。

种苗的运输一般采用汽车，也有少量用火车或飞机。美国由于公路运输高度发达，高速公路遍布全国，从南部到北部只需一昼夜时间，因此种苗的运输基本全部采用汽车运输。我国由于交通条件的限制，蔬菜和花卉种苗的长途运输较为少见。用于种苗运输的汽车一般要求能够密封，有控温设备，以保证冬季运输不致种苗受冻，高温季节运输不致因通风降温不好而使种苗黄化。

在种苗运输过程中，应保持适当的温度、湿度等条件，防止秧苗冻害、高温危害和根系缺水等的发生，维持或适当抑制苗的生理活性，保持种苗良好的素质。运输种苗时，以保持适当低温为宜。运输的适温因种苗的种类、运输距离的远近、种植条件等的不同而异，对远距离运输的种苗，温度条件更应严格控制，一般情况下，番茄种苗运输的适温为10～15℃，在4℃以下或26℃以上的温度条件下运输都会降低定植以后的成活率。冬季运输时，一定要将种苗密封好，避免冷风造成种苗失水萎蔫。在运输过程中，种苗是处于一个对生长发育不利的环境中，没有光照，水分和肥料的供应也受到影响，生长发育基本处于停滞状态，如果温度过高，呼吸作用旺盛，还会消耗种苗积累的营养。因此，运输过程对种苗本身的素质是不利的，必须尽量创造适宜的运输环境和减少运输时间，包装、运输和运输后的定植都要求尽量迅速及时；如果运输时间较长，应适当通风见光。

任务四　花卉穴盘育苗技术

随着城市建设进程的加快，各大公园、广场节假日对不同季节草花品种和数量的需求与日俱增，传统的营养钵育苗已不能满足生产需要。近几年花卉育苗已逐渐采用穴盘轻基质形式，打破了传统的育苗方式。

近年来，不断从国外引进花卉种子，而国内育苗技术相对落后。穴盘播种育苗的特点是每一株苗都有独立的生长空间，互不竞争水分养分，幼苗根系发育完整，移植后生长发育快速整齐，成活率接近100%，商品率高。因此，穴盘育苗是目前花卉生产普遍使用的一种育苗方法。花卉种子的高质量和先进的育苗技术是提高花卉栽培质量的两个必要条件。

花卉种子小、价格高是花卉生产中一个突出问题。因为种子小，往往造成幼苗阶段生长缓慢且娇嫩，苗期时间过长，成苗率低；种子价格高，导致成本高，影响生产的收益，给花卉企业带来损失和风险。采用穴盘育苗方式，可以大大提高花卉育苗的发芽率和整齐度，缩短培育时间，提高花卉的商品价格和商品率，尤其对使用小粒种子育苗的盆花和花坛苗来说，无疑是一次很重要的技术进步。

一、穴盘育苗

1．播种期确定

根据品种的生物学特性和用花日期，确定播种期。比如矮牵牛，“五一”供花，需要在前 1 年的 12 月下旬播种；而国庆节供花的，需要在 6 月下旬播种。另外，在依据生物学特性的基础上，还要考虑育苗环境对花期的影响。例如，冬季温室育苗生育期就要比夏季育苗时间长，同样冬季温室育苗，温度高生育期就相对短。此外，播种密度大，生育期就相对长；光照弱，生育期也相对长。

2．穴盘的选择

穴盘使用的规格应按所育花卉种类的不同而有其相应的规格，这样才能使种苗得以正常、快速的生长。一般大穴格所培育的苗在叶面积、株高、鲜重上都比小穴格的大，因大穴格的物理性能比较好，介质、养分的含量较多，对植株根部的生长限制较少，但其单位面积的产量要比小穴格的少许多。而穴盘的种类、形状及深度的不同，对植株的长势也有影响，例如方形穴格比圆形穴格的容积大，更利于根系的生长，但在湿度的均匀度上略逊色于圆形穴格。而长筒形穴格更适宜直根系的花卉种苗生长，其长势比使用短筒形穴格育苗更强壮，根系生长好。

3．育苗基质选择

穴盘苗生产的一个最重要的因子是基质的质量。为适宜作物生长，要求基质必须具有四个方面的性质：①供给水分；②供给养分；③保证根际的气体交换；④为植株提供支撑。

基质要求通透性、保水保肥性能好，含肥分少，干净无病原菌，且不带有杂草子。穴格孔径愈小则介质要求愈细腻。介质的理化性状必须均匀一致。通常介质的 pH 应保持在 5.5～6.5，EC 在 0.75～1.00 mmhos/cm 为宜，且不含肥料成分，以确保种子发芽顺利，整齐一致。基质的种类很多，为适应不同的卉育苗的需要，基质的配比也有所区别。一般原则是种子越小，需要的基质越细。基质的主要组成有草炭土（CSP）、椰糠、珍珠岩、蛭石等。基质的基本要求是无菌、无虫卵、无杂物及杂草种子，有良好的保水性和透气性，pH 为 5.5～6.5，EC 低于 0.75 mmhos/cm。生产中常将草炭和珍珠岩（或蛭石）以（3～3.5）：1 的比例混合。育苗基质原则上是新基质，不使用旧的材料，即使如此，在播种前最好也用 600～1 000 倍液的多菌灵或百菌清消一次毒。用于播种的基质必须具备轻质、疏松、卫生、理化性状稳定等特点。pH 为 5.5～6.5，EC 在 0.65～9.75。最理想的基质是进口播种专用泥炭，或进口播种专用泥炭与优质腐叶土混合使用。如要求不高，也可使用国产泥炭，或优质腐叶土与珍珠岩混合物。进口泥炭虽然价格高，但是出苗率高，出苗效果好，因此，总体算起来基本不增加成本。育苗基质使用前必须经过消毒，也可用高温消毒，温度在45～71℃。播种后用蛭石覆盖。

4．装穴盘

将混合好的基质填装穴盘，可机械操作也可人工填装。注意使每个穴盘孔填装均匀，并轻轻镇压，基质不可装得过满，应略低于穴盘孔的高度，使每个穴盘孔的轮廓清晰可见，并且使基质中间略低于四周。播种前1 d淋湿基质，达到刚好浇透的程度，即穴孔底部有水渗出。

二、环境控制

建立种苗适宜的生长环境是育好种苗的基础。包括土壤环境、空气环境控制。土壤环境控制主要是对基质中 pH、EC、水分进行控制；空气环境控制主要是对各品种所需的光照、温度的控制。穴盘育苗需要在一定的环境条件下完成，如温度、湿度（浇水）、光照、肥料等。最好在专门的育苗室（发芽室）内进行，借助各种控制条件和检测仪器使其在标准状态发芽、发育。对于大型、专业化的生产企业来说，也确实需要这样的育苗室（发芽室）。对于一般的生产企业来说，也需要有可调温的温室。

温度是决定育苗的首要环境条件。当温室的温度低于发芽温度时需要进行加热，加热方式有空气加热和基质加热，空气加热如燃油暖风机加热、水暖管道加热等；基质加热如地热线加热等。如温室内温度太高，可选湿帘风机降温系统进行降温，如果温度差别在2～3℃范围内可使用温室的其他系统，如遮阴、通风、喷雾等系统和装置帮助降温，这样可以节约生产成本。但最大的问题是，从第一阶段到第四阶段是温度下降的要求，如果背离了季节的变化、光靠强制性的温度调节，容易造成成本上升，所以一定要根据季节的变化合理安排生产。

合理的湿度和适当的喷淋措施是培育健壮花苗的关键，从相对湿度接近100%的第一阶段，到基质见干见湿、只要不出现萎蔫现象就尽量少浇水的第四阶段，也决定了湿度和水分的管理是一个复杂的过程。正确地把握幼苗生产的四个阶段并逐步减少基质的含水量是一项重要的管理内容，及时调整自动喷淋（雾）的次数和时间就能控制湿度和水分。蒸发量小、空气湿度大时少喷水，相反，就要多喷水，下午喷最后一遍水时要保证夜间叶面无水珠。

三、肥水管理

肥水管理在种苗的整个生长过程中是关键，每个阶段都有着不同要求。

（1）子叶阶段　当出苗达到80%左右时，应对整个苗床进行控水，要求干到基质表面发白，用手挤压基质看不见水时，浇透水。

（2）长真叶阶段　出现第一片真叶时，开始施用 40 mg/L 的氮肥，在以后的生长过程中，随着真叶数量的增多，施肥浓度也随之增加，施用氮肥的浓度不超过 150 mg/L，并结合施用高钙肥来促使种苗根系的生长。此期间对水分的控制是要求基质表面干到发白，但用手挤压能看见自由水。

（3）炼苗阶段　此期间主要是对水分控制，促使根系生长，让根系布满穴盘，便于移栽时提苗。同时要减少水肥供给，进行低温或高温锻炼，使小苗能够适应外界的种植环境。

四、病虫害防治

猝倒病是整个苗期防治的关键，主要采取以下措施：基质消毒要彻底，在温室管理过程中要定期施用杀菌药液进行防治，并要做到温室内空气流通，以减少病害的发生，达到综合防治的目的。

根据不同的季节出现的害虫选用适当的杀虫剂进行防治，如温室白粉虱是温室内四季均可发生的害虫，它为刺吸式口器，在防治时应选用内吸型药剂效果为好，或在温室放置黄色的粘虫板以诱杀。

五、穴盘苗的矮化技术

穴盘苗的矮化主要是通过强光照、昼夜温差、水分的干湿交替和激素来控制的。由于花卉种苗一般作为观赏，不提供食用，可以用激素来进行控制矮化，目前常用的激素有多效唑、矮壮素等，施用激素前应了解各种激素被植物吸收的部位以确定不同的施药方式，如多效唑、烯效唑、A-Rest 可以被植物的根茎叶吸收，这类激素施用时可以喷洒也可以灌根；比久只能被植物叶片吸收，在施用时只能喷洒。施用激素的时间选在冷凉的气候环境下使用效果最好，一般要求在傍晚和早晨进行。使用激素时对浓度的要求尤为重要，同一种激素在不同植物上的使用浓度都是不一样的，考虑生产的安全性，必须先试验再使用。

六、种苗的质量标准

不同品种的穴盘苗有不同的出圃要求。一般来说，需要穴盘苗无病虫害，根系布满穴盘，可以用手提苗。穴盘苗采用特制的种苗箱，配有垫板进行包装，苗箱的长宽比穴盘的长宽略大一点，高度一般在 45 cm 左右，垫板主要是为了让包装箱内放置多层，起到支撑的作用，可根据种苗的高度定做不同规格的垫板，可以减少运输成本。不同季节运输有不同的要求，夏季由于温度过高，特别是运输路途比较远的，必须将包装好的种苗放置在16℃的环境中预冷4 h再发苗；冬季运输过程中必须注意保温，避免在运输的过程中产生冻害。

技能训练

实训8-1 工厂化育苗设施调查

一、实训目的

通过对几种园艺育苗设施类型的实地调查、测量和分析，掌握本地区主要工厂化育苗设施的结构特点、性能和在育苗的应用。

二、实训原理

育苗设施是利用一定的园艺设施创造适合园艺作物生长发育的小气候环境，实现规模化的周年育苗生产。

三、主要仪器与用具

皮尺、钢卷尺、测角仪等测量用具。

四、实训方法与步骤

（1）识别本地温室、大棚、中棚、小棚等几种工厂化育苗设施类型的特点，观察各种类型设施的场地选择、设施方位和整体规划情况。分析各种类型设施在结构上的异同、性能的优劣和节能措施等。

（2）测量并记载不同设施的结构规格、配套附属设施的型号。

①中小棚的方位，长、宽、高尺寸，用材种类和规格等，覆盖材料的种类和尺寸。

②塑料大棚的方位，长、宽、高尺寸，用材种类和规格等，覆盖材料的种类和尺寸。

③塑料温室的方位，温室长度、跨度和高度尺寸，覆盖材料的种类和尺寸，主要建筑材料的种类与规格，配套设施的种类和型号等。

④玻璃温室的方位，温室长度、跨度和高度尺寸，覆盖材料的种类和尺寸，主要建筑材料的种类与规格，配套设施的种类和型号等。

⑤硬质塑料板材温室的方位，温室长度、跨度和高度尺寸，覆盖材料的种类和尺寸，主要建筑材料的种类与规格，配套设施的种类和型号等。

⑥遮阳网、防虫网、防雨棚的结构类型、覆盖材料和覆盖方式等。

五、实训注意事项

每个班分成若干个小组，以小组为单位进行调查。

六、实训结果处理

对记录的结果进行分析，比较各种育苗设施的特点，撰写实训报告。

实训 8-2 花卉穴盘育苗技术

一、实训目的

通过进行花卉的穴盘育苗操作，掌握穴盘育苗技术的工艺流程，了解穴盘育苗所必需的设施。

二、实训原理

穴盘育苗是采用轻型基质和穴盘进行育苗的现代育苗方式。穴盘育苗涉及营养供应、基质选配和育苗环境控制等环节。穴盘育苗的特点是每一株幼苗都拥有独立的空间，水分、养分互不竞争，幼苗的根系完整，可以大大提高花卉育苗的发芽率和整齐度，移植后的成活率接近100%，移植后的生长发育快速整齐，商品率高，缩短培育时间，提高花卉的商品价格和商品率。

三、实训材料与用具

育苗穴盘、育苗基质、肥料、标签、育苗苗床、方形水盆或水池、花卉种子。

四、实训方法与步骤

1. 穴盘和育苗基质的认识

比较各种规格的穴盘在结构上的差异，比较各种育苗基质和土壤的差异，比较其与传统育苗方法的区别。

穴盘的穴格及形状与幼苗根系的生育息息相关，穴格体积大，基质容量大，其水分、养分蓄积量大，对供给幼苗水分的调节能力也大；另外，相对可以提高通透性，对根系的发育也较为有利。但穴格越大，穴盘单位面积内的穴格数目越少，会影响单位面积的产量，价格或成本会增加。穴盘的规格有288目、200目、128目或50目，主要视育苗时间的长短、根系深浅和商品苗（移植苗）的规格来确定。对使用过的穴盘，再次使用前必须消毒，常用方法是600倍液多菌灵，800～1 000倍液杀灭尔等杀菌剂洗刷或喷洒，之后用清水冲洗2～3次。

基质的种类很多，为适应不同花卉育苗的需要，基质的配比也有所区别。一般原则是种子越小，需要的基质越细。基质的主要组成有草炭土（CSP）、椰糠、珍珠岩、蛭石、泥炭等。基质的基本要求是无菌、无虫卵、无杂物及杂草种子，有良好的保水性和透气性，pH 5.5～6.5，EC低于0.75 mmhos/cm。

2. 育苗基质的混配

育苗基质原则上是新基质，不使用旧的材料，即使如此，在播种前最好也用600～1 000倍液的多菌灵或百菌清进行消毒。生产中常将草炭和珍珠岩（或蛭石）以（3～3.5）∶1的比例混合，或将泥炭、蛭石和珍珠岩按照1∶1∶1的比例进行配制，按照1 m^3基质添加3 kg复合肥的标准，将育苗基质和肥料混合后装盘。

装穴盘可机械操作，也可人工填装。注意尽量使每个穴孔填装均匀，并轻轻镇压，使基质中间略低于四周。基质不可填装过满，应略低于穴盘孔的高度，使每个穴孔的轮廓清晰可见。播种前一天应淋湿基质，达到刚好浇透的程度，即穴孔底部有水渗出的程度。淋湿的方法采用自动间歇喷水或手工多遍喷水的方式，让水分缓慢渗透基质。

3. 播种

穴盘育苗一般是每个穴孔放一粒种子，无论是机械播种还是人工播种都要力求种子落在穴孔正中。播种后较大粒种子要覆一层基质（蛭石等），小粒种子可不覆土。

4. 浇水

播种覆盖后贴好标签，进行浸水处理，将育苗盘放在苗床上，有条件可以机械喷水。

5. 育苗管理

穴盘育苗的生育期分为四个阶段。这四个阶段的生长状态与所需要的温度、湿度（相对湿度）、光照、肥料等环境和管理条件各有区别，分别讲解。

育苗后组织同学定期进行浇水，注意育苗温室内的温度和湿度控制。

6. 具体要点如下

（1）温度　当温室的温度低于发芽温度时需要进行加热，加热方式有空气加热和基质加热，空气加热如燃油暖风机加热、水暖管道加热等；基质加热如地热线加热等。如温室内温度太高，可选湿帘风机降温系统进行降温，如果温度差别在 2～3℃范围内可使用温室的其他系统如遮阴、通风、喷雾等系统和装置帮助降温，这样可以节约生产成本。根据季节的变化合理安排生产。

（2）湿度　合理的湿度和适当的喷淋措施是培育健壮花苗的关键，从相对湿度接近 100%的第一阶段到基质见干见湿、只要不出现萎蔫现象就尽量少浇水的第四阶段，也决定了湿度和水分的管理是一个复杂的过程。正确地把握幼苗生产的四个阶段并逐步减少基质的含水量是一项重要的管理内容，及时调整自动喷淋（雾）的次数和时间就能控制湿度和水分。蒸发量小，空气湿度大时少喷水，相反就要多喷水，下午喷最后一遍水时要保证夜间叶面无水珠。

（3）光照　掌握喜光种子和嫌光种子。第二阶段以后必须见光，结合温度的情况，可以适当遮阴，遮阴程度从 40%～60%不等。随着各阶段的递进需要的光照逐步增强，这是一条基本的规律。

（4）施肥　一般种子从第三阶段就一定要施肥，但有些种子从第二阶段就必须施肥，否则就会大大延长育苗的时间，像四季海棠和瓜叶菊就属于这一类型。这其中的规律可以认同为第二阶段较长的种子需要施肥。其施肥的量是从低浓度向高浓度逐渐增加的。以氮肥浓度为标准可从 100×10^{-6} 开始，每周增加（50～100）$\times10^{-6}$，视花苗的长势和叶色来判断幼苗对肥料的需要量。使用穴盘育苗最好使用液体肥料，这样比较容易控制其浓度，也可以使用缓效控施肥，切忌使用带有挥发性的氮肥，以免对幼苗造成伤害。

五、注意事项

每位同学应独立进行穴盘育苗操作，并挂上标签牌。

六、作业

育苗期间加强管理，育苗后 3 周进行现场考核，统计出苗率和成活率等指标，撰写实验报告书。

复习思考题

1．什么是穴盘育苗？

2．工厂化育苗的概念是什么？

3．不同花卉进行穴盘育苗时如何选取适宜的穴盘？

4．花卉穴盘育苗的四个阶段，各有什么特点？

5．怎样改进穴盘育苗有利于花卉根系生长？

6．工厂化育苗的特点是什么？

7．穴盘育苗的质量主要受哪些因素影响？

8．工厂化育苗设施、设备有哪些？

9．工厂化穴盘育苗的苗期管理技术要点是什么？

10．工厂化穴盘育苗的程序是什么？

11．育苗基质要求是什么？如何进行基质的消毒？

12．环境条件对幼苗的影响有哪些？

附录1　蔬菜园艺工国家职业标准

1　职业概况

1.1　职业名称

蔬菜园艺工。

1.2　职业定义

从事菜田耕整、土壤改良、棚室修造、繁种育苗、栽培管理、产品收获、采后处理等生产活动的人员。

1.3　职业等级

本职业共设五个等级，分别为：初级（国家职业资格五级）、中级（国家职业资格四级）、高级（国家职业资格三级）、技师（国家职业资格二级）、高级技师（国家职业资格一级）。

1.4　职业环境

室内外，常温。

1.5　职业能力特征

具有一定的学习能力、表达能力、计算能力、颜色辨别能力、空间感和实际操作能力，动作协调。

1.6　基本文化程度

初中毕业。

1.7　培训要求

1.7.1　培训期限

全日制职业学校教育，根据其培养目标和教学计划确定。晋级培训期限：初级不少于150标准学时；中级不少于120标准学时；高级不少于100标准学时；技师不少于100标准学时；高级技师不少于80标准学时。

1.7.2　培训教师

培训初、中级的教师应具有本职业技师及以上职业资格证书或本专业中级及以上专业技术职务任职资格；培训高级技师的教师应具有本职业高级技师职业资格证书或本专业高级及以上专业技术职务任职资格；培训高级技师的教师应具有本职业高级技师职业资格证书 2 年以上或本专业高级及以上专业技术职务任职资格。

1.7.3 培训场地与设备

满足教学需要的标准教室、电化教室、实验室和教学基地，具有相关的仪器设备及教学用具。

1.8 鉴定要求

1.8.1 适用对象

从事或准备从事本职业的人员。

1.8.2 申报条件

——初级（具备以下条件之一者）

（1）经本职业初级正规培训达规定标准学时数，并取得结业证书。

（2）在本职业连续工作 1 年以上。

——中级（具备以下条件之一者）。

（1）取得本职业初级职业资格证书后，连续从事本职业工作 2 年以上，经本职业中级正规培训达规定标准学时数，并取得结业证书。

（2）取得本职业初级职业资格证书后，连续从事本职业工作 4 年以上。

（3）连续从事本职业工作 5 年以上。

（4）取得主管部门审核认定的、以中级技能为培养目标的中等以上职业学校本职业（专业）毕业证书。

——高级（具备以下条件之一者）

（1）取得本职业中级职业资格证书后，连续从事本职业工作 2 年以上，经本职业高级正规培训达规定标准学时数，并取得结业证书。

（2）取得本职业中级职业资格证书后，连续从事本职业工作 4 年以上。

（3）大专以上本专业或相关专业毕业生取得本职业中级职业资格证书后，连续从事本职业工作 2 年以上。

——技师（具备以下条件之一者）

（1）取得本职业高级职业资格证书后，连续从事本职业工作 5 年以上，经本职业技师正规培训达规定标准学时数，并取得结业证书。

（2）取得本职业高级职业资格证书后，连续从事本职业工作 8 年以上。

（3）大专以上本专业或相关专业毕业生，取得本职业高级职业资格证书后，连续从事本职业工作 2 年以上。

——高级技师（具备以下条件之一者）

（1）取得本职业技师职业资格证书后，连续从事本职业工作 3 年以上，经本职业高级技师正规培训达规定标准学时数，并取得结业证书。

（2）取得本职业技师职业资格证书后，连续从事本职业工作 5 年以上。

1.8.3 鉴定方式

分为理论知识考试和技能操作考核。理论知识考试采用闭卷笔试方式，技能操作考核采用现场实际操作方式。理论知识考试和技能操作考核均采用百分制，成绩皆达 60 分及以上者为合格。技师、高级技师还需进行综合评审。

1.8.4 考评人员与考生配比

理论知识考试考评人员与考生配比为 1∶15，每个标准教室不少于 2 名考评人员；技能操作考核考评员与考生配比为 1∶5，且不少于 3 名考评员。综合评审委员会不少于 5 人。

1.8.5 鉴定时间

理论知识考试时间与技能操作考核时间各为 90 min。

1.8.6 鉴定场所及设备

理论知识考试在标准教室里进行，技能操作考核在具有必要设备的实验室及田间现场进行。

2 基本要求

2.1 职业道德

职业道德基本知识：

（1）敬业爱岗，忠于职守

（2）认真负责，实事求是

（3）勤奋好学，精益求精

（4）遵纪守法，诚信为本

（5）规范操作，注意安全

2.2 基础知识

2.2.1 专业知识

（1）土壤和肥料基础知识

（2）农业气象常识

（3）蔬菜栽培知识

（4）蔬菜病虫草害防治基础知识

（5）蔬菜采后处理基础知识

（6）农业机械常识

2.2.2 安全知识

（1）安全使用农药知识

（2）安全用电知识

（3）安全使用农机具知识

（4）安全使用肥料知识

2.2.3 相关法律、法规知识

（1）农业法的相关知识

（2）农业技术推广法的相关知识

（3）种子法的相关知识

（4）国家和行业蔬菜产地环境、产品质量标准，以及生产技术规程

3 工作要求

本标准对初级、中级、高级、技师和高级技师的技能要求依次递进，高级别涵盖低级别的要求。

3.1 初级

职业功能	工作内容	技能要求	相关知识
一、育苗	（一）种子处理	1. 能够识别常见蔬菜的种子； 2. 能进行常温浸种和温汤浸种； 3. 能进行种子催芽	1. 种子识别知识； 2. 浸种知识； 3. 催芽知识
	（二）营养土配制	1. 能按配方配制营养土； 2. 能进行营养土消毒	1. 基质特性知识； 2. 营养土消毒方法
	（三）设施准备	1. 能准备育苗设施； 2. 能进行育苗设施消毒	1. 育苗设施类型、结构知识； 2. 消毒剂使用方法
	（四）苗床准备	能准备苗床	苗床制作知识
	（五）播种	能整平床土，浇足底水，适时、适量并适宜深度撒播、条播、点播或穴播，覆盖土及保温或降温材料	播种方式和方法
	（六）苗期管理	1. 能调节温度、湿度； 2. 能调节光照； 3. 能分苗和到苗； 4. 能炼苗； 5. 能防治病虫草害	1. 分苗知识； 2. 炼苗知识； 3. 苗期施药方法

职业功能	工作内容	技能要求	相关知识
二、定植（直播）	（一）设施准备	1. 能准备栽培设施； 2. 能进行栽培设施消毒	1. 栽培设施类型、结构知识； 2. 消毒剂使用方法
	（二）整地	1. 能耕翻土壤； 2. 能整平地块； 3. 能开排灌沟	土壤结构知识
	（三）施基肥	能普施基肥，并结合深翻使土肥混匀，还能沟施基肥	1. 有机肥使用方法； 2. 化肥使用方法
	（四）作畦	能作平畦、高畦或垄	栽培畦的类型、规格知识
	（五）移栽（播种）	能开沟或开穴，浇好移栽（播种）水，适时并适宜深度、密度移栽（播种）	1. 移栽（播种）密度知识 2. 移栽（播种）方法
三、田间管理	（一）环境调控	1. 能调节温度、湿度； 2. 能调节光照； 3. 能防治土壤盐渍化； 4. 能通风换气，防止氨气、二氧化硫、一氧化碳有害气体中毒	环境调控方法
	（二）肥水管理	1. 能追肥、补充二氧化碳； 2. 能给蔬菜浇水； 3. 能进行叶面追肥	适时追肥、浇水知识
	（三）植株调整	1. 能插架绑蔓（吊蔓）； 2. 能摘心、打杈、摘除老叶和病叶； 3. 能保花保果、疏花疏果	植株调整方法
	（四）病虫草害防治	能防治病虫草害	施药方法
	（五）采收	能按蔬菜外观质量标准采收	采收方法
	（六）清洁田园	能清理植株残体和杂物	田园清洁方法
四、采后处理	（一）质量检测	能按标准判定产品外观质量	产品外观特性知识
	（二）整理	能按蔬菜外观质量标准整理产品	蔬菜整理方法
	（三）清洗	1. 能清洗产品； 2. 能空水	蔬菜清洗方法
	（四）分级	能按蔬菜外观质量标准对产品分级	蔬菜分级方法
	（五）包装	能包装产品	蔬菜包装方法

3.2 中级

职业功能	工作内容	技能要求	相关知识
一、育苗	（一）种子处理	1. 能根据作物种子特性确定温汤浸种的温度、时间和方法； 2. 能根据作物种子特性确定催芽的温度、时间和方法； 3. 能进行开水烫种和药剂处理； 4. 能采用干热法处理种子	1. 开水烫种知识； 2. 种子药剂处理知识； 3. 种子干热处理知识
	（二）营养土配制	1. 能根据蔬菜作物的生理性特性确定配制营养土的材料及配方； 2. 能确定营养土消毒药剂	1. 营养土特性知识； 2. 基质和有机肥病虫源知识； 3. 农药知识； 4. 肥料特性知识
	（三）设施准备	1. 能确定育苗设施的类型和结构参数； 2. 能确定育苗设施消毒所使用的药剂	1. 育苗设施性能、应用知识； 2. 育苗设施病虫源知识
	（四）苗床准备	能计算苗床面积	苗床面积知识
	（五）播种	1. 能确定播种期； 2. 能计算播种量	1. 播种量知识； 2. 播种期知识
	（六）苗期管理	1. 能针对栽培作物的苗期生育特性确定温、湿度管理措施； 2. 能针对栽培作物的苗期生育特性确定光照管理措施； 3. 能确定分苗、调整位置时期； 4. 能确定炼苗时期和管理措施； 5. 能确定病虫防治药剂	1. 壮苗标准知识； 2. 苗期温度管理知识； 3. 苗期水分管理知识； 4. 苗期光照管理知识
二、定植（直播）	（一）设施准备	1. 能确定栽培设施类型和结构参数； 2. 能确定栽培设施消毒所使用的药剂	1. 栽培设施性能、应用知识； 2. 栽培设施病虫源知识
	（二）整地	1. 能确定土壤耕翻适期和深度； 2. 能确定排灌沟布局和规格	1. 地下水位知识； 2. 降雨量知识
	（三）施基肥	能确定基肥施用种类和数量	1. 蔬菜对营养元素的需要量知识； 2. 土壤肥力知识； 3. 肥料利用率知识

职业功能	工作内容	技能要求	相关知识
二、定植（直播）	（四）作畦	能确定栽培畦的类型、规格及方向	栽培畦特点知识
	（五）移栽（播种）	1. 能确定移栽（播种）日期； 2. 能确定移栽（播种）密度； 3. 能确定移栽（播种）方法	1. 适时移栽（直播）知识； 2. 合理密植知识
三、田间管理	（一）环境调控	1. 能确定温、湿度管理措施； 2. 能确定光照管理措施； 3. 能确定土壤盐渍化综合防治措施； 4. 能确定有害气体的种类、出现的时间和防止方法	1. 田间温度要求知识； 2. 田间水分要求知识； 3. 田间光照要求知识； 4. 土壤盐渍化知识
	（二）肥水管理	1. 能确定追肥的种类和比例； 2. 能确定追肥时期和方法； 3. 能确定浇水时期和数量； 4. 能确定叶面追肥的种类、浓度、时期和方法	1. 蔬菜追肥知识； 2. 蔬菜灌溉知识
	（三）植株调整	1. 能确定插架绑蔓（吊蔓）的时期和方法； 2. 能确定摘心、打杈、摘除老叶和病叶的时期和方法； 3. 能确定保花保果、疏花疏果的时期和方法	营养生长与生殖生长的关系知识
	（四）病虫草害防治	能确定病虫草害防治使用的药剂和方法	田间用药方法
	（五）采收	1. 能按蔬菜外观质量标准确定采收时期； 2. 能确定采收方法	1. 采收时期知识； 2. 外观质量标准知识
	（六）清洁田园	能对植株残体、杂物进行无害化处理	无害化处理知识
四、采后处理	（一）质量检测	1. 能确定产品外观质量标准； 2. 能进行质量检测采样	抽样知识
	（二）整理	能准备整理设备	整理设备知识
	（三）清洗	能准备清洗设备	清洗设备知识
	（四）分级	能准备分级设备	分级设备知识
	（五）包装	能选定包装材料和设备	包装材料和设备知识

3.3 高级

职业功能	工作内容	技能要求	相关知识
一、育苗	苗期管理	1. 能根据秧苗长势，调整管理措施； 2. 能识别常见苗期病虫害，并确定防治措施	1. 苗情诊断知识； 2. 苗期病虫害症状知识
二、田间管理	（一）环境调控	能根据植株长势，调整环境调控措施	蔬菜与生长环境知识
	（二）肥水管理	1. 能识别常见的缺素和营养过剩症状； 2. 能根据植株长势，调整肥水管理措施	常见缺素和营养过剩症知识
	（三）植株调整	能根据植株长势，修改植株调整措施	蔬菜生长相关性知识
	（四）病虫草害防治	1. 能组织、实施病虫草害综合防治； 2. 能识别常见蔬菜病虫害	常见蔬菜病虫害知识
三、采后处理	（一）质量检测	能定性检测蔬菜中的农药残留和亚硝酸盐	农药残留和亚硝酸盐定性检测方法
	（二）分级	能选定分级标准	现有标准知识
四、技术管理	（一）落实生产计划	能组织、实施年度生产计划	出口安排知识
	（二）制定技术操作规程	能制定技术操作规程	蔬菜栽培管理知识

3.4 技师

职业功能	工作内容	技能要求	相关知识
一、育苗	苗期管理	1. 能识别苗期各种生理性病害，并制定防治措施； 2. 能识别苗期各种侵染性病害、虫害，并制定防治措施	苗期病虫害知识
二、田间管理	（一）环境调控	能鉴别因环境调控不当引起的生理性病害，并根据植株长势制定防治措施	蔬菜生理障碍知识
	（二）肥水管理	能识别各种缺素和营养过剩症状，并制定防治措施	1. 缺素症知识； 2. 营养过剩症知识
	（三）病虫草害防治	1. 能制订病虫草害综合防治方案； 2. 能识别各种蔬菜病虫害	1. 蔬菜病虫害知识； 2. 菜田除草知识
三、采后处理	（一）质量检测	能制定企业产品质量标准	蔬菜产品质量标准知识
	（二）分级	能制定产品分级标准	蔬菜质量知识
	（三）包装	能根据产品特性设计包装	包装设计知识

职业功能	工作内容	技能要求	相关知识
四、技术管理	（一）编制生产计划	1. 能够调研蔬菜生产量、供应期和价格； 2. 能安排蔬菜生产茬口； 3. 能制订农资采购计划； 4. 能对现有人员进行合理分工	1. 周年生产知识； 2. 人员管理知识
	（二）技术评估	能评估技术措施应用效果，对存在的问题提出改进方案	评估方法
	（三）种子鉴定	1. 能测定种子的纯度和发芽率； 2. 能鉴定种子的生活力	种子鉴定知识
	（四）技术开发	1. 能针对生产中存在的问题，提出攻关课题，并开展试验研究； 2. 能有计划地引进试验示范推广新技术	田间试验设计与统计知识
五、培训指导	（一）制订培训计划	能制订初、中级工培训计划	初中级职业标准
	（二）培训与指导	1. 能准备初、中级培训资料、实验用材和实习现场； 2. 能给初、中级授课、实验示范和实训示范； 3. 能指导初、中级生产	农业技术培训方法

3.5 高级技师

职业功能	工作内容	技能要求	相关知识
一、技术管理	（一）编制种植计划	1. 能对市场调研结果进行分析，调整种植计划； 2. 能预测市场的变化，研究提出新的茬口； 3. 引进推广新的农用资材	1. 市场预测知识； 2. 耕作制度知识
	（二）技术开发	能预测蔬菜的发展趋势，并提出攻关课题，开展试验研究	蔬菜产销动态知识
	（三）资源调配	能合理配置本单位的生产资源	资源管理知识
二、培训指导	（一）制订培训计划	能制订高级、技师和高级技师培训计划	高级工、技师和高级技师职业标准
	（二）培训与指导	1. 能准备高级、技师和高级技师培训资料、实验用材和实习现场； 2. 能给高级、技师和高级技师授课、实验示范和实训示范； 3. 能指导高级、技师和高级技师生产	1. 教育学基础知识； 2. 心理学基础知识

4　比重表

4.1　理论知识

项　目		初级/%	中级/%	高级/%	技师/%	高级技师/%
基本要求	职业道德	5	5	5	5	5
	基础知识	10	10	10	10	10
相关知识	育苗	25	30	10	5	
	定植（直播）	20	20			
	田间管理	30	25	40	20	
	采后处理	10	10	15	10	
	技术管理			20	25	50
	培训指导				25	35
合　计		100	100	100	100	100

4.2　技能操作

项　目		初级/%	中级/%	高级/%	技师/%	高级技师/%
工作要求	育苗	35	40	10	5	
	定植（直播）	20	15			
	田间管理	35	35	50	25	
	采后处理	10	10	10	10	
	技术管理			30	40	65
	培训指导				20	35
合　计		100	100	100	100	100

附录 2　主要蔬菜工厂化育苗技术规范

1　范围

本标准规定工厂化蔬菜育苗技术操作规范，本标准适用于机械化播种、工厂化育苗、商品化供应种苗的现代化种苗生产技术操作规范。

2　术语和定义

下列术语和定义适用于本标准。

工厂化育苗是以不同规格的专用穴盘作容器，用草炭、蛭石等轻质材料作基质，通过精量播种（1 穴 1 粒）、覆土、浇水，一次成苗的现代化育苗技术。其优点是：节约种子，生产成本低；机械化程度高，大大提高了工作效率；出苗整齐，病虫害少；穴盘苗的移植过程不伤根系，定植后成活率高，不需缓苗；种苗适于长途运输，便于商品化供应。

3　适于工厂化育苗的蔬菜种类

主要种类有：番茄、茄子、辣椒、黄瓜、南瓜、冬瓜、丝瓜、苦瓜、西瓜、甜瓜、金瓜、瓠瓜、菜豆、豇豆、豌豆、甘蓝、花椰菜、羽衣甘蓝、芹菜、落葵、生菜、莴笋、空心菜、洋葱、芦笋、甜玉米、香椿等。

4　穴盘选择

4.1　一般选用黑色聚氯乙烯吸塑盘或聚氨酯泡沫塑料模塑育苗盘。

4.2　苗盘孔穴数有 50 孔、72 孔、98 孔、128 孔、200 孔、288 孔、392 孔、512 孔等多种规格。

4.3　在生产中应兼顾生产效益和种苗质量，根据所需种苗种类、成苗标准、生产季节选用适当的穴盘。

5　种子处理

5.1　种子选择　培育优质蔬菜种苗，应选用优质、抗病、丰产的蔬菜品种或根据客户要求，种子要纯净度高、发芽率高、生长势强。

5.2 测定种子发芽率 宝山区工厂化育苗的播种流水线采用空气压缩机控制的真空泵吸取种子。每次吸取 1 粒，所播种子发芽率不高时，则造成空穴，影响育苗数，为了充分利用育苗空间，降低成本，必须做好待播种子的发芽试验，根据发芽试验的结果确定播种面积与数量。

5.3 种子处理 种子处理可控制种子表面携带的病原菌，保护种子和幼苗免遭病原菌的侵袭，也可通过种子处理打破种子休眠，促进种子发芽和幼苗生长。种子处理有浸种、包衣和丸粒化等方法。一般用常规的浸种处理。

6 基质选择

6.1 育苗基质的选择是蔬菜工厂化穴盘育苗技术的一项重要内容，关系到育苗成本和种苗质量。

6.2 因穴盘的穴格小，所以穴盘育苗对基质的理化性质要求很高，要求基质保肥、保水力强，透气性好，不易分解，能支撑种苗等特点。

6.3 常用的育苗基质由草炭、蛭石、岩棉、炉渣灰、珍珠岩、炭化稻壳、腐熟的有机质等材料配制而成，并根据种苗生长期长短和需肥特点添加化学肥料。

6.4 我们现在常用的基质是立陶宛生产的 Klasmsnn 草炭。

7 播种

应用全自动机械播种。装盘、压穴、播种、覆盖和喷水一系列程序均在播种流水线上自动完成。

8 催芽

8.1 为促进种子尽快萌发出苗，要将播好种子的穴盘置于催芽室在适宜的温湿度条件下进行催芽。

8.2 当苗盘中 60%左右的种子萌发，有少量拱出表层时，将苗盘及时转移到育苗室。如果催芽时间过长会造成秧苗徒长，催芽期间，每天要检查种子萌芽程度。

8.3 一些主要蔬菜的催芽温度和催芽时间及湿度见附表 2-1。

附表 2-1 主要蔬菜浸种、催芽温度时间一览表

蔬菜种类	浸种温度/℃	浸种时间/h	催芽温度/℃	催芽时间/d
黄 瓜	20～30	4～6	25～30	1～2
西葫芦	20～30	6～10	25～28	2～3

蔬菜种类	浸种温度/℃	浸种时间/h	催芽温度/℃	催芽时间/d
西　瓜	25～30	12～24	26～30	3～4
甜　瓜	25～30	4～8	26～30	1～2
番　茄	25～30	6～8	25～27	2～4
茄　子	25～30	12～36	25～30	4～8
辣　椒	25～30	8～24	25～30	3～6
白　菜	20～25	2～4	±20	1～1.5
甘　蓝	20～25	2～4	18～20	1～1.5
花椰菜	20～25	3～4	18～20	1～1.5
芹　菜	20～25	24～36	15～20	5～10
菠　菜	20～25	8～12	15～20	2～3
莴　苣	15～20	3～4	15～20	1～2
菜　豆	20～25	2～4	22～25	2～4
豇　豆	25～30	3～4	25～30	2～3
大　葱	±20	12		
洋　葱	±20	12		
韭　菜	15～20	8～12		

9　苗期管理

9.1　温度　温度过高，幼苗生长太快，引起徒长；温度过低，幼苗发育迟缓，形成弱苗或僵苗。只有在一定温度范围内，幼苗才能很好地生长发育。蔬菜幼苗生长期对温度的要求见附表 2-2。

附表 2-2　幼苗期温度管理标准

蔬菜种类	白天温度/℃	夜间温度/℃
茄子	25～28	18～21
甜辣椒	25～28	18～21
番茄	20～23	15～18
黄瓜	25～28	15～16
甘蓝	18～22	12～16
绿菜花	18～22	12～16
抱子甘蓝	18～22	12～16
芦笋	25～30	18～21
花椰菜	18～22	12～16
甜瓜	25～28	17～20

蔬菜种类	白天温度/℃	夜间温度/℃
西葫芦	20～23	15～18
西瓜	25～30	18～21
芹菜	18～24	15～18
生菜	15～22	12～16

9.2　光照　光照强度在光补偿点以上，幼苗才能通过光合作用积累光合产物，健壮生长。喜光作物在弱光下，幼苗会出现茎细弱、叶色淡、根系不发达等现象；反之，若光太强则表现出光抑制现象，影响幼苗生长。冬春季遇连续阴雨天要及时增光补光；夏季或秋季中午注意遮阴。

9.3　水肥

9.3.1　喷灌　利用微喷系统进行喷灌。水分管理要保持基质见干见湿，晴好天气，一般是每天早晨 6:00—7:00 喷灌，下午局部发干时，可用喷枪补水。阴雨天要适当控制水分。苗盘刚转移到育苗室后，要尽量控制水分，以避免秧苗徒长。

9.3.2　追肥　秧苗长出 1 片真叶后，可开始结合喷灌进行追肥，肥料选用三元复合肥（N∶P∶K=20∶10∶20），苗小浓度低，苗大浓度要适当增加，一般应用浓度是（100～250）$\times 10^{-6}$，根据苗期和秧苗种类确定施肥浓度和次数。

9.3.3　穴盘位置调整　注意观察喷灌系统各喷头之间出水量的差异，发现秧苗出现带状生长不均匀时，应及时调整穴盘位置，促进秧苗生长均匀。

9.3.4　边际补充灌溉　各苗床的四周边际与中间相比，水分蒸发速度比较快，尤其在晴天高温情况下蒸发量要大 1 倍左右，所以每次喷灌后要及时检查，并对苗床四周 10～15 cm 处的秧苗进行补充灌溉。

9.4　病虫害防治

9.4.1　病害

9.4.1.1　苗期主要病害有：猝倒病、立枯病、霜霉病、灰霉病、病毒病、菌核病、疫病等。

9.4.1.2　由环境因素引起的生理性病害有：冻害、热害、烧苗、旱害、盐害、涝害、沤根、有害气体毒害、药害等。

9.4.1.3　病害以预防为主，做好综合防治，提高幼苗素质，控制育苗环境，及时调整并杜绝各种传染途径，做好育苗器具、种子、工作人员及育苗环境的消毒，再辅以经常性检查，尽早发现病害，及时进行化学防治。

9.4.2　虫害

9.4.2.1　因工厂化育苗在相对较密闭的环境，一般都安装有防虫网，所以出现的虫害很少，如果出现虫害要及时使用化学农药进行防治。

9.4.2.2　一般常用药剂有：75%百菌清、64%杀毒矾、72%普力可等；严禁使用剧毒、高毒农药；出口蔬菜要严格按要求使用化学农药。

9.5　定植前炼苗

9.5.1　秧苗在移出育苗温室前必须进行炼苗，以适应定植点的环境。

9.5.2　秧苗定植在有加温设施的温室中，只需保持运输过程中的环境温度。

9.5.3　定植在没加温设施的大棚内，要提前 3～5 d 降温、通风、炼苗。

9.5.4　定植在露地的，要在定植前 7～10 d 逐渐降温，使温室内的温度逐渐与露地相近，防止幼苗因不适应环境而产生冷害。

9.5.5　幼苗移出育苗温室前 2～3 d 应施肥 1 次，并进行杀虫、杀菌剂的喷洒，做到带肥、带药出室。

9.6　秧苗标准　出苗时，秧苗要健壮，叶色正常，根系发达，无病虫害，具有本品种特征，叶片数达到要求（见附表 2-1），育苗天数因蔬菜种类、穴孔大小和生产季节不同而有差异。

10　种苗运输

10.1　成苗后应及时销售，以防出现秧苗徒长和根系老化。

10.2　运输时要将苗盘摆放在有架子的运输车上运输，轻拿轻放。

10.3　天气寒冷时运输应注意保温。

附录 3　茄果类蔬菜工厂化育苗生产技术规程

1　范围

本标准规定了茄果类蔬菜工厂化育苗的生产设施、基质、管理技术、病虫害防治技术以及成苗标准。本标准适用于本地区在钢架大棚、连栋温室等保护地栽培条件下茄果类蔬菜工厂化育苗。

2　规范性引用文件

下列文件中的条款通过本标准的引用而成为本标准的条款。凡是注日期的引用文件，其随后所有的修改单（不包括勘误的内容）或修订版均不适用于本标准，然而，鼓励根据本标准达成协议的各方研究是否可使用这些文件的最新版本。凡是不注日期的引用文件，其最新版本适用于本标准。

GB 4285　农药安全使用标准

GB 8079　蔬菜种子

GB/T 8321（所有部分）　农药合理使用准则

GB/T 18407.1　农产品安全质量　无公害蔬菜产地环境要求

NY 5005—2001 无公害食品茄果类蔬菜

3　产地环境

产地环境应符合 GB/T 18407.1 的规定。

4　育苗设施

温、湿、光等环境条件可控的设施齐全的连栋温室或钢架大棚；能控温控湿的催芽室，电热温床，育苗播种生产线及播种机械；根据需要选用的不同型号育苗穴盘，移动育苗床等。

5 基质配制

5.1 基质配方

基质宜用菇渣：草炭：蛭石 =2：1：1，中药渣：蛭石：草炭 =2：1：1，玉米秸秆：蛭石 =3：1，草炭：蛭石 =3：1；每千盘穴盘备用基质 3.65 m^3。

5.2 消毒

有条件时，可用蒸汽消毒，温度控制在 80℃，时间控制在 10 min；也可采用药剂消毒，每立方米基质加 50%多菌灵可湿性粉剂 200 g，混合均匀后用塑料薄膜覆盖密封 5～7 d 后使用。

5.3 装盘

采用 72 孔或 128 孔的标准穴盘。先用 70%的百菌清 500 倍液消毒，晾干备用。基质含水量保持在 30%～32%。

6 生产管理技术

6.1 品种选择

适宜保护地栽培。番茄品种选用 R-144、金鹏 1 号、金鹏 2 号、浙粉 202 号、苏粉 8 号、宝大 908、宝大 906 等；甜椒宜选用以色列的麦卡比、考曼奇、91 号甜椒等；辣椒选育苏椒 5 号、通研 2 号、3 号等；茄子选用双龙、黑旋风、黑媚等。

6.2 壮苗标准

壮苗标准：株高 10～12 cm，茎粗 2.5～3 mm，4～5 片真叶，茎秆粗壮，子叶完整，叶色浓绿，生长旺盛，根系将基质紧紧缠绕，形成完整的根坨，无黄叶、无病虫害。

6.3 播种

6.3.1 播种期的确定

春早熟栽培适宜播种期为 10 月中旬至 12 月中旬；夏秋季育苗，茄子与甜椒应在 7 月下旬至 8 月上旬开始播种，番茄于 8 月上旬播种。

6.3.2 播种

采用自动化机械精量播种。播种后，覆盖厚度以 1 cm 为宜。浇足水后催芽。

6.3.3 催芽

催芽气温控制在 28～30℃。空气相对湿度 85%，若空气过于干燥，可向地面洒水增湿。催芽后 36 h 开始检查种子发芽情况，若发现种子开始顶土，将穴盘移出。

6.4 苗期管理

6.4.1 温度

出苗前白天温度控制在 28～30℃，夜温保持在 18～20℃；子叶出土后白天温度 25℃左右，夜温保持在 15～18℃；真叶出现后，白天 27～32℃，夜间 18～21℃；2～3 片真叶后，白天温度控制在 20～25℃，夜温控制在 15～20℃。

6.4.2 光照

夏秋育苗，晴天每天下午三时后要揭开遮阳网。冬春育苗设施内保温膜要及时揭开，在阴雨天也要揭开，增加棚内光照。

6.4.3 水肥管理

出苗前一般不浇水。出苗后，正常情况保持育苗盘见干见湿，基质现白时，即可根据天气情况浇水，至育苗盘底部开始滴水时为宜。定植前 2～3 d，不宜浇水。一般子叶平展心叶刚露后，结合补苗浇 3 次宝利丰营养液喷雾，浓度为 70×10^{-6} mg/L。

6.5 病虫害防治

6.5.1 防治原则

坚持预防为主、综合防治的原则。使用药剂防治应符合 GB 4285、GB/T 8321 的要求。

6.5.2 病虫害防治

茄果类蔬菜育苗期间，主要病害有猝倒病、立枯病；虫害有蚜虫、白粉虱、斜纹夜蛾、小菜蛾等。

①防治猝倒病、立枯病。第一片真叶展平时喷一遍 72.2%普力克水剂 600 倍液预防。发现此病，立即拔除病株，并用 72.2%普力克水剂 800 倍液防治，7 d 左右喷一次。

②防治蚜虫、白粉虱。各类蚜虫可用 2.5%功夫乳油 3 000～4 000 倍液喷布或用 25%吡虫啉 5 000 倍液防治，还可进行黄板诱蚜。

采用 2.5%敌杀死乳油 2 000 倍液，20%除尽悬浮剂或 20%米满悬浮剂 1 500 倍防治夜蛾科害虫。

7 包装运输

根据运输距离选择不同的包装容器（纸箱、木条箱、木箱、塑料箱），远距离运输时，每箱装苗量不宜过大。运输过程中注意防风遮阳，并保持一定的湿度。

附录4　西瓜工厂化嫁接育苗生产技术规程

1　范围

本标准规定了西瓜工厂化嫁接育苗的产地环境、育苗、嫁接及管理技术、病虫害防治技术。

本标准适用于本地区在保护地栽培条件下西瓜工厂化嫁接育苗。

2　规范性引用文件

下列文件中的条款通过本标准的引用而成为本标准的条款。凡是注日期的引用文件，其随后所有的修改单（不包括勘误的内容）或修订版均不适用于本标准，然而，鼓励根据本标准达成协议的各方研究是否可使用这些文件的最新版本。凡是不注日期的引用文件，其最新版本适用于本标准。

GB 4285　农药安全使用标准

GB 8079　蔬菜种子

GB/T 8321（所有部分）　农药合理使用准则

GB/T 18407.1　农产品安全质量　无公害蔬菜产地环境要求

NY 5005—2001 无公害西瓜

3　产地环境

产地环境应符合 GB/T 18407.1 的规定。

4　育苗

4.1　品种选择

选用高产、抗逆能力强，适宜保护地栽培的早春红玉、红小玉、小兰、黑美人、特小凤、万福来、京欣1号、抗病京欣、8424等。

4.2　砧木选择

选择亲和力好、抗逆性强的砧木品种，本地以瓠瓜和南瓜为主。如瓠瓜品种的长瓠瓜、相生，南瓜品种的新土佐等。

4.3　基质选择

宜采用草炭：珍珠岩：蛭石体积比为 3：1：1 的基质，也可购买西瓜专用育苗基质。配制基质时每立方米加入优质 15-15-15 磷氮钾三元复合肥 1.0～1.2 kg，或采用西瓜专用配方营养液。育苗前基质要进行消毒。

4.4　播种催芽

4.4.1　播期

采用插接方法育苗。冬春季节育苗播期为 1 月至 2 月上旬，夏秋季节育苗播期为 7 月底至 8 月初。瓠瓜砧木较接穗提前 5～7 d 播种，即瓠瓜出苗后播种西瓜；南瓜砧木提前 2～5 d 播种。

4.4.2　浸种

温汤浸种，后在室温下浸种，南瓜浸种 12 h，瓠瓜 24 h，西瓜 6～8 h，浸种后用清水冲洗 2～3 遍，搓洗掉种子上的黏液。无籽西瓜种子在浸种前需机械处理，以利出芽。

4.4.3　催芽

将种子装入方盘中，并用湿布盖好，置于 28℃下催芽，待种子露白时即可播种。

4.4.4　播种

选育 72 孔的穴盘进行播种。播种前，穴盘先进行消毒。一穴一粒，播后覆盖 1 cm 厚的基质或蛭石。

5　嫁接

5.1　嫁接时期

西瓜播种后 7～8 d 嫁接，接穗子叶全展砧木子叶展平、第一片真叶显露至初展。

5.2　嫁接环境

嫁接前 2 d，喷正源牌 56%恶霉灵、甲基硫菌灵可湿性粉剂 1 200 倍液防病，嫁接前一天，砧木、接穗都浇足水。嫁接时的空气湿度保持 75%以上、温度 20～28℃、适当遮阴。

5.3　嫁接步骤

嫁接时先去除砧木真叶，用竹签从心叶一侧斜插 5～7 mm 深，勿使胚轴表皮裂开。将接穗从子叶下 1 cm 削成楔形，然后取出竹签，把接穗插入砧木，使两者子叶成“十”字形，用嫁接夹固定。及时移入成活区内，并盖好薄膜和遮阳网。

6 嫁接苗管理

6.1 温度

嫁接后 3～5 d 内，白天温度保持在 24～26℃；夜间温度保持在 18～20℃。嫁接 10 d 后，白天温度保持在 20～30℃。夜间温度保持在 16～18℃。

6.2 湿度

嫁接后密闭棚膜，保持空气湿度＞95%，3～4 d 后开始少量通风，1 周后逐渐加大通风量，10 d 后逐渐恢复到普通苗床管理，空气湿度在 65%～85%。

6.3 光照

嫁接后 3 d 内，白天用遮阳网进行遮光；3 d 后，逐渐增加见光时间；7 d 后在中午前后强光时遮光；10 d 后恢复到普通苗床的管理。

6.4 抹芽

及时摘除砧木的不定芽，摘除时注意不要伤及接穗和砧木子叶。

6.5 病虫害防治

6.5.1 防治原则

坚持预防为主、综合防治的原则。使用药剂防治应符合 GB 4285、GB/T 8321 的要求。

6.5.2 病虫害防治

西瓜育苗期间，病害有猝倒病、炭疽病等；虫害有蚜虫、菜青虫、斜纹夜蛾、小菜蛾等。病虫害防治推荐用药参见本标准附录 A。

7 种苗出圃

当嫁接苗子叶完整，茎秆粗壮，接口愈合良好，真叶 2～3 片，叶色浓绿，根系完好，无病虫害后即可出圃。

附录 A
（资料性附录）
病虫害防治推荐用药及浓度

病虫害防治推荐用药及浓度见表 A.1。

表 A.1　病虫害防治推荐用药及浓度

名称	发生时期	防治方法
猝倒病	嫁接前 2 天、嫁接成活后	用甲基托布津、代森锰锌预防；发病后用 72.2%普力克 400～600 倍液浇灌苗床或 80%亨绿 2 号按每平方米 3～4 g，稀释 600～800 倍液淋施或喷雾
炭疽病	嫁接成活期	百菌清 800 倍液、80%疽炭福美 800 液倍，或百菌清烟雾剂熏蒸 1～2 次
蚜虫	成活后	2.5%功夫乳油 3 000～4 000 倍液、10%吡虫啉可湿性粉剂 3 000 倍液
菜青虫	成活后	2.5%敌杀死乳油 2 000 倍液
斜纹夜蛾	成活后	20%除尽悬浮剂或 20%米满悬浮剂 1 500 倍液

附录5　青花菜工厂化穴盘育苗生产技术规程

1　范围

本标准规定了青花菜工厂化育苗的产地环境、生产管理技术、成苗标准及包装运输。

本标准适用于本地区在保护地栽培条件下茄果类蔬菜工厂化育苗。

2　规范性引用文件

下列文件中的条款通过本标准的引用而成为本标准的条款。凡是注日期的引用文件，其随后所有的修改单（不包括勘误的内容）或修订版均不适用于本标准，然而，鼓励根据本标准达成协议的各方研究是否可使用这些文件的最新版本。凡是不注日期的引用文件，其最新版本适用于本标准。

GB 4285　农药安全使用标准

GB 8079　蔬菜种子

GB/T 8321（所有部分）　农药合理使用准则

GB/T 18407.1　农产品安全质量　无公害蔬菜产地环境要求

NY 5005—2001 无公害食品茄果类蔬菜

3　产地环境

产地环境应符合 GB/T 18407.1 的规定。

4　生产管理技术

4.1　品种选择

选择高产、抗逆能力强，商品性好的品种。选用真秀、优秀、未来、喜鹊等品种。

4.2　穴盘选择

选用 128 孔穴盘。使用前进行消毒。

4.3 基质配制与消毒

基质选用体积比为菇渣∶草炭∶蛭石 =2∶1∶1，中药渣∶蛭石∶草炭 =2∶1∶1，玉米秸秆∶蛭石 =3∶1，草炭∶蛭石 =3∶1。每千盘穴盘备用基质3.65 m^3。

有条件时，可用蒸汽消毒，温度控制在80℃，时间控制在10 min；也可采用药剂消毒，每立方米基质加50%多菌灵可湿性粉剂200 g，混合均匀后用塑料薄膜覆盖密封5～7 d后使用。基质含水量应控制在30%～35%；衡量的标准是“手握成团、一触即散”。

4.4 播种

采用自动化精量播种，将播种生产线上的打穴器，调整至打孔深度0.8 cm左右。播种后用蛭石覆土1 cm，浇透水后进行催芽。

4.5 催芽

催芽温度控制在25～28℃，空气相对湿度85%，每隔12 h检查一次，当苗盘中60%左右的种子开始顶土，即可将苗盘摆放移入苗床。

4.6 苗期管理

4.6.1 温度

出苗前白天温度保持在25～28℃，夜间温度保持在18～20℃；子叶出土后，白天温度保持在15～22℃，夜间温度保持在12～15℃，并注意水分管理和防止高温，防止徒长。幼苗生长期，白天温度保持在18～22℃，夜间温度保持在12～16℃。

4.6.2 肥水管理

夏秋高温季节育苗，每天上午9点喷水一次，如水分蒸发量过大，下午4点可再喷水一次；每次要喷匀喷透。畦边缘苗易失水，必要时应补水。冬春季水分蒸发量相对较小，1～2天喷水一次。原则上基质发白及补充水分，出苗至第1片真叶出现，要适当控制水分，基质中水分含量较低时才适当喷水，喷水要在上午进行，一般不在下午3点后喷水，以免夜间潮湿徒长，防止形成高脚苗。真叶生长期，晴天每天上午浇1次水，浇水一定要浇透，而且要均匀，防止僵苗。阴雨天控制浇水。苗期一般不用追肥，如果苗生长势较差，可用2%～3%的尿素喷叶面追肥，也可用专用叶面肥喷施。

4.6.3 光照

夏秋育苗，晴天每天下午3点半后要揭开遮阳网。冬春育苗设施内保温膜要及时揭开，在阴雨天也要揭开，增加棚内光照。

4.7 壮苗标准

苗粗壮，苗龄22～25 d，4叶1心或5叶1心，高度16～20 cm，根茎粗3～4 mm，叶色浓绿，生长旺盛，无黄叶、无病虫害，根系将基质紧紧缠绕，形成完整的根坨。

4.8 病虫害防治

4.8.1 防治原则

坚持预防为主、综合防治的原则。使用药剂防治应符合 GB 4285、GB/T 8321 的要求。

4.8.2 病害防治

花菜苗期主要病害有猝倒病、立枯病、早疫病。猝倒病可喷 15%恶霉灵水剂 450 倍液或 72.2%普力克水剂 400 倍液防治，立枯病可喷 20%甲基立枯磷乳油 1 200 倍液防治，早疫病喷施百菌清、代森锰锌 500 倍液防治。

4.8.3 虫害防治

花菜苗期的主要虫害有蚜虫、夜蛾、菜青虫等。蚜虫可用 1.0%吡虫啉 1 000 倍液防治，夜蛾、菜青虫用毒丝本、功夫乳油 1 000～1 500 倍液防治，还可进行黄板诱捕蚜虫。

5 包装运输

根据运输距离选择不同的包装容器（纸箱、木条箱、木箱、塑料箱），远距离运输时，每箱装苗量不宜过大。运输过程中注意防风遮阳，并保持一定的湿度。

附录6　大白菜工厂化育苗生产技术规程

1　范围

本标准规定了大白菜工厂化育苗产地环境及生产管理技术措施。

本标准适用本地区大白菜工厂化育苗。

2　规范性引用文件

下列文件中的条款通过本标准的引用而成为本标准的条款。凡是注日期的引用文件，其随后所有的修改单（不包括勘误的内容）或修订版均不适用于本标准，然而，鼓励根据本标准达成协议的各方研究是否可使用这些文件的最新版本。凡是不注日期的引用文件，其最新版本适用于本标准。

GB 4285　农药安全使用标准

GB 8079　蔬菜种子

GB/T 8321（所有部分）　农药合理使用准则

GB/T 18407.1　农产品安全质量　无公害蔬菜产地环境要求

NY 5005—2001 无公害食品白菜类蔬菜

3　产地环境要求

产地环境质量符合 GB/T 18407.1 的规定。

4　生产管理技术

4.1　品种选择

选择高产、抗逆能力强，商品性好的小杂 56、小杂 55、鲁春白 1 号、夏丰、夏阳、庆农、双冠、鲁白 6 号、青杂 5 号等品种。

4.2　成苗标准

苗粗壮，子叶完整，叶色浓绿，生长旺盛，根系将基质紧紧缠绕，形成完整的根坨，无黄叶、无病虫害。

4.3　穴盘选择

选用 128 孔穴盘，使用前进行消毒。

4.4　基质配制

基质宜用菇渣：玉米秆：草炭：膨化鸡粪体积比为 2：2：1：0.01；草炭：蛭石=2：1。每千盘 128 孔穴盘备用基质 3.65 m^3，基质配好后装盘消毒。有条件时，可用蒸汽消毒，温度控制在 80℃，时间控制在 10 min；也可采用药剂消毒，每立方米基质加 50%多菌灵可湿性粉剂 200 g，混合均匀后用塑料薄膜覆盖密封 5～7 d 后使用。

4.5　播种

采用机械化精量播种，覆土 0.5 cm，浇足水。

4.6　苗期管理

4.6.1　温度

日温 18～22℃，夜温 12～16℃，最高温度不超过 33℃。

4.6.2　湿度

保持土壤湿润，白天酌情通风，降低空气相对湿度。

4.6.3　光照

夏秋育苗，晴天每天下午 3 点后要揭开遮阳网。冬春育苗设施内保温膜要及时揭开，在阴雨天也要揭开，增加棚内光照。

4.6.4　肥水管理

夏秋季节育苗，每天上午 9 点喷水一次，如水分蒸发量过大，下午 4 点可再喷一次；冬春季节育苗，1～2 天喷水一次。苗期一般不追肥，如果苗长势较差，可用 0.3%的尿素叶面追肥。

4.7　病虫害防治

4.7.1　防治原则

坚持预防为主、综合防治的原则。使用药剂防治应符合 GB 4285、GB/T 8321 的要求。

4.7.2　病害防治

大白菜苗期主要病害有猝倒病、立枯病、早疫病。猝倒病可喷 15%恶霉灵水剂 450 倍液或 72.2%普力克水剂 400 倍液防治，立枯病可喷 20%甲基立枯磷乳油 1 200 倍液防治，早疫病喷施百菌清、代森锌 500 倍液防治。

4.7.3　虫害防治

大白菜苗期的主要虫害有蚜虫、夜蛾、菜青虫等。蚜虫可用 10%吡虫啉 3 000 倍液防治，夜蛾、菜青虫用毒丝本、功夫乳油 1 000～1 500 倍液防治，还可进行黄板诱捕蚜虫。

附录 7　番茄穴盘育苗技术规范

番茄穴盘育苗技术规范为使番茄育苗技术规范化，现将番茄穴盘育苗技术要点介绍如下。

1.1　穴盘选择

冬春季育 2 叶 1 心子苗选用 288 孔苗盘；育 4～5 叶苗选用 128 苗孔盘；育 6 叶苗选用 72 孔苗盘。夏季育 3 叶 1 心苗选用 288 孔苗盘。

1.2　基质准备

每 1 000 盘美国的 288 孔苗盘备用基质 2.76 m^3，韩国的 288 孔苗盘备用基质 2.92 m^3；美国的 128 孔苗盘备用基质 3.65 m^3，韩国的 128 孔苗盘备用基质 4.57 m^3，美国的 72 孔苗盘备用基质 4.65 m^3，韩国的 72 孔苗盘备用基质 3.2 m^3。

1.3　基质配制（体积比）

草炭∶蛭石=2∶1 或草炭∶蛭石∶菇渣=1∶1∶1，覆盖料一律用蛭石。

1.4　肥料施用方法与施用量

冬春季配制基质时每立方米加入 1∶1∶1 的氮、磷、钾三元复合肥 2.5 kg，或每立方米基质加入 1.2 kg 尿素和 1.2 kg 磷酸二氢钾，肥料与基质混拌均匀后备用。苗期 3 叶 1 心后，结合喷水进行 1～2 次叶面喷肥。

夏季配制基质，每立方米加入 1∶1∶1 的氮、磷、钾三元复合肥 2.0 kg。

1.5　品种

番茄春季早熟栽培宜选用金鹏 1 号、金鹏 2 号、浙粉 2 号、苏粉 8 号、宝大 906、宝大 908 等。夏季栽培选用金鹏 1 号、金鹏 2 号、A188 等。

1.6　播种期

冬春季穴盘育苗主要为早春保护地生产供苗，定植期日光温室从 2 月中旬开始直到 3 月下旬结束（塑料大棚），故播种期从 12 月中旬到次年 1 月中旬，视用户需要而定。夏季穴盘育苗是为秋大棚生产供苗，播种期在 7 月 5—15 日。

1.7　播前种子处理

检测发芽率，选择种子发芽率大于 90%以上的籽粒饱满、发芽整齐一致的种子。播前用温汤浸种法浸泡，夏季播前用 40%磷酸三钠处理 20 min，然后用清水将种子上的药液冲洗干净，风干后播种或丸粒化后再播种。

1.8　播种深度

72 孔盘＞1.0 cm；128 孔、200 孔和 208 孔盘 0.5～1.0 cm。以浇水后各格室清晰可见为宜。

1.9　水分管理

将育苗盘喷透水，使基质持水量达到 200%以上；苗期子叶展开至 2 叶 1 心，水分含量为持水量的 65%～70%；3 叶 1 心至商品苗出售，水分含量为 60%～65%。

1.10　温度管理

摆放催芽室中（白天 25℃，夜间 20℃）3～4 d，当苗盘中 60%左右种子种芽伸出，即可将苗盘摆放进育苗温室。日温 25℃左右、夜温 16～18℃为宜。当夜温偏低时，考虑用地热线加温或采用临时加温措施，以免影响出苗速率和出现猝倒病。2 叶 1 心后夜温可降至 13℃左右，但不要低于 10℃。白天酌情通风，降低空气相对湿度。

1.11　病虫害防治

主要病害是猝倒病、立枯病、早疫病、病毒病；虫害为蚜虫、白粉虱。

①防治猝倒病、立枯病。播种前进行基质消毒，控制浇水，浇水后放风，降低空气湿度；子苗期夜温不得低于 10℃，发病初期喷洒百菌清、多菌灵、代森锌 800 倍液。

② 防治早疫病。在播种前用福尔马林进行种子处理，发病初期喷施百菌清、代森锌、波尔多液。

③ 防治病毒病。在夏季高温干旱的条件下，加上蚜虫的危害，易发生病毒病。防治方法是播种前用 10%的磷酸三钠浸种 20 min，取出冲洗干净。在苗期注意遮阴降温，保持土壤湿润。

④ 防治蚜虫。主要喷施乐果乳剂、功夫乳油、好年冬、虫螨克，还可用灭蚜乳油加上发烟剂进行熏烟，效果比直接喷药好。

⑤ 防治白粉虱。可喷施扑虱灵、功夫乳油、绿浪或 1%溴氰菊酯施放烟剂，还可进行黄板诱蚜。

1.12　分苗和补苗

一次成苗的需在第一片真叶展开时，抓紧将缺苗孔补齐。用 72 孔育苗盘育番茄苗，大多先播在 288 孔苗盘内，当小苗长至 1～2 片真叶时，移至 72 孔苗盘内，这样可提高前期温室有效利用，减少能耗。

1.13　苗龄与商品苗标准

春季商品苗标准视穴盘孔穴大小而异，选用 72 孔苗盘的，株高 18～20 cm，茎粗 4.5 mm，叶面积在 90～100 cm^2，达 6～7 片真叶并现小花蕾，需 60～65 d

苗龄；128 孔苗盘育苗，株高 10～12 cm，茎粗 2.5～3 mm，4～5 片真叶，叶面积在 25～30 cm^2，需苗龄 50 d。夏季苗龄需 20 d，株高 13～15 cm，茎粗 3 mm，叶面积 30～35 cm^2。

1.14 商品苗销售

商品苗达到上述标准时，其根系将基质紧紧缠绕，当苗从穴盘拔起时不会出现散坨现象。用户取苗时可将菜苗层层排放在纸箱或筐里，如果取苗前浇透水，穴盘苗可远距离运输，其定植成活率可达 100%。

参考文献

[1] 马志峰. 园艺植物种苗生产技术. 北京：中国农业出版社，2010.

[2] 别之龙，黄丹枫. 工厂化育苗原理与技术. 北京：中国农业出版社，2008.

[3] 周余华，杨士虎. 种苗工程. 北京：中国农业出版社，2009.

[4] 龚维红. 园艺植物种苗生产技术. 苏州：苏州大学出版社，2009.

[5] 刘弘. 植物组织培养技术. 北京：机械工业出版社，2012.

[6] 曹春英. 植物组织培养. 北京：中国农业科学技术出版社，2006.

[7] 顾绘. 蔬菜工厂化育苗技术. 南京：江苏人民出版社，2011.

[8] 蒋有条. 瓜类嫁接栽培. 北京：金盾出版社，2000.

[9] 段敬杰. 瓜果菜嫁接与高效栽培. 郑州：河南科学技术出版社，2003.

[10] 韩世栋. 蔬菜栽培. 北京：中国农业出版社，2001.

[11] 韩秋萍，王本辉. 蔬菜病虫害. 北京：金盾出版社，2009.

[12] 辜松. 蔬菜工厂化育苗嫁接育苗生产装备与技术. 北京：中国农业出版社，2006.

[13] 陈贵林，乜兰春，李建文，等. 蔬菜嫁接育苗（第二版）. 北京：中国农业出版社，2010.

[14] 向朝阳. 蔬菜园艺技术职业技能培训鉴定指南. 北京：中国农业出版社，2007.

[15] 方栋龙. 苗木生产技术. 北京：高等教育出版社，2005.

[16] 葛红英. 穴盘种苗生产. 北京：中国农业出版社，2005.

[17] 董晨玲. ABT 生根粉在林木育苗中的应用实验. 植物学通报，2000，21（2）：156-163.

[18] 陈耀华. 园林苗圃与花圃. 北京：中国林业大学出版社，2000.

[19] 王玉英，高新一. 果树林木嫁接技术手册. 北京：金盾出版社，2007.

[20] 俞玖. 园林苗圃学. 北京：中国林业出版社，1989.

[21] 王国东，张力飞. 园林苗圃. 大连：大连理工大学出版社，2012.

[22] 王玉英，高新一. 植物无性繁殖实用技术. 北京：金盾出版社，2003.